普通高等教育"十一五"国家级规划教材
全国高职高专教育土建类专业教学指导委员会规划推荐教材

地基与基础(第二版)

(土建类专业适用)

本教材编审委员会组织编写
杨太生　主编
胡兴福　主审

中国建筑工业出版社

图书在版编目(CIP)数据

地基与基础/本教材编审委员会组织编写. —2 版. —北京:
中国建筑工业出版社,2007
普通高等教育"十一五"国家级规划教材. 全国高职高专教
育土建类专业教学指导委员会规划推荐教材. 土建类专业适用
ISBN 978-7-112-09240-6

Ⅰ. 地… Ⅱ. 本… Ⅲ. ①地基—高等学校:技术学校—
教材②基础(工程)—高等学校:技术学校—教材 Ⅳ. TU47

中国版本图书馆 CIP 数据核字(2007)第 052753 号

普通高等教育"十一五"国家级规划教材
全国高职高专教育土建类专业教学指导委员会规划推荐教材
地基与基础(第二版)
(土建类专业适用)
本教材编审委员会组织编写
杨太生　主编
胡兴福　主审

*

中国建筑工业出版社出版、发行(北京西郊百万庄)
各地新华书店、建筑书店经销
北京天成排版公司制版
北京建筑工业印刷厂印刷

*

开本:787×1092 毫米　1/16　印张:14¾　字数:360 千字
2007 年 6 月第二版　2011 年 8 月第二十次印刷
定价:25.00 元
ISBN 978-7-112-09240-6
(20887)

版权所有　翻印必究
如有印装质量问题,可寄本社退换
(邮政编码 100037)

本书内容是根据本课程的教学基本要求并按照国家颁布的有关设计新规范、新标准编写的。

全书共分十章，包括土的物理性质及工程分类，地基中的应力计算，土的压缩性与地基沉降计算，土的抗剪强度与地基承载力，土压力与土坡稳定，建筑场地的工程地质勘察，天然地基上浅基础设计，桩基础设计，地基处理，区域性地基等内容。

本书可作为土建学科高等职业学校、高等专科学校建筑工程专业及相关专业的教学用书，也可作为相关工程技术人员的参考书。

为更好地支持本课程的教学，我们向使用本书的教师免费提供教学课件，有需要者请与出版社联系，邮箱：jzsgjskj@163.com。

* * *

责任编辑：朱首明　刘平平
责任设计：赵明霞
责任校对：安　东　关　健

本教材编审委员会名单

主　任：杜国城

副主任：杨力彬　张学宏

委　员（按姓氏笔画为序）：

丁天庭　于　英　王武齐　危道军　朱勇年

朱首明　杨太生　林　密　周建郑　季　翔

胡兴福　赵　研　姚谨英　葛若东　潘立本

魏鸿汉

修订版序言

2004年12月，在"原高等学校土建学科教学指导委员会高等职业教育专业委员会"（以下简称"原土建学科高职委"）的基础上重新组建了全国统一名称的"高职高专教育土建类专业教学指导委员会"（以下简称"土建类专业教指委"），继续承担在教育部、建设部的领导下对全国土建类高等职业教育进行"研究、咨询、指导、服务"的责任。组织全国的优秀编者编写土建类高职高专教材并推荐给全国各院校使用是教学指导委员会的一项重要工作。2003年"原土建学科高职委"精心组织编写的"建筑工程技术"专业11门主干课程教材《建筑识图与构造》、《建筑力学》、《建筑结构》（第二版）、《地基与基础》、《建筑材料》、《建筑施工技术》（第二版）、《建筑施工组织》、《建筑工程计量与计价》、《建筑工程测量》、《高层建筑施工》、《工程项目招投标与合同管理》，较好地体现了土建类高等职业教育"施工型"、"能力型"、"成品型"的特色，以其权威性、先进性、实用性受到全国同行的普遍赞誉，自2004年面世以来，被全国各高职高专院校相关专业广泛选用，并于2006年全部被教育部和建设部评为国家级和部级"十一五"规划教材。但经过两年多的使用，土建类专业教指委、教材编审委员会、编者和各院校都感到教材中还存在许多不能令人满意的地方，加之近年来新材料、新设备、新工艺、新技术、新规范不断出现，对这套教材进行修订已刻不容缓。为此，土建类专业教指委土建施工分委员会于2006年5月在南昌召集专门会议，对各位主编提出的修订报告进行了认真充分的研讨，形成了新的编写大纲，并对修订工作提出了具体要求，力求使修订后的教材能更好地满足高职教育的需求。修订版教材将于2007年由中国建筑工业出版社陆续出版、发行。

教学改革是一项在艰苦探索中不断前行的工作，教材建设将随之不断地革故鼎新。相信这套修订版教材一定会加快土建类高等职业教育走向"以就业为导向、以能力为本位"的进程。

高职高专教育土建类专业教学指导委员会
2006年11月

序 言

　　高等学校土建学科教学指导委员会高等职业教育专业委员会（以下简称土建学科高等职业教育专业委员会）是受教育部委托并接受其指导，由建设部聘任和管理的专家机构。其主要工作任务是，研究如何适应建设事业发展的需要设置高等职业教育专业，明确建设类高等职业教育人才的培养标准和规格，构建理论与实践紧密结合的教学内容体系，构筑"校企合作、产学结合"的人才培养模式，为我国建设事业的健康发展提供智力支持。在建设部人事教育司的领导下，2002年，土建学科高等职业教育专业委员会的工作取得了多项成果，编制了土建学科高等职业教育指导性专业目录；在"建筑工程技术"、"工程造价""建筑装饰技术"、"建筑电气技术"等重点专业的专业定位、人才培养方案、教学内容体系、主干课程内容等方面取得了共识；制定了建设类高等职业教育专业教材编审原则；启动了建设类高等职业教育人才培养模式的研究工作。

　　近年来，在我国建设类高等职业教育事业迅猛发展的同时，土建学科高等职业教育的教学改革工作亦在不断深化之中，对教育定位、教育规格的认识逐步提高；对高等职业教育与普通本科教育、传统专科教育和中等专业教育在类型、层次上的区别逐步明晰；对必须背靠行业、背靠企业，走校企合作之路，逐步加深了认识。但由于各地区的发展不尽平衡，既有理论又能实践的"双师型"教师队伍尚在建设之中等原因，高等职业教育的教材建设对于保证教育标准与规格，规范教育行为与过程，突出高等职业教育特色等都有着非常重要的现实意义。

　　"建筑工程技术"专业（原"工业与民用建筑"专业）是建设行业对高等职业教育人才需求量最大的专业，也是目前建设类高职院校中在校生人数最多的专业。改革开放以来，面对建筑市场的逐步建立和规范，面对建筑产品生产过程科技含量的迅速提高，在建设部人事教育司和中国建设教育协会的领导下，对该专业进行了持续多年的改革。改革的重点集中在实现三个转变，变"工程设计型"为"工程施工型"，变"粗坯型"为"成品型"，变"知识型"为"岗位职业能力型"。在反复论证人才培养方案的基础上，中国建设教育协会组织全国各有关院校编写了高等职业教育"建筑施工"专业系列教材，于2000年12月由中国建筑工业出版社出版发行，受到全国同行的普遍好评，其中《建筑构造》、《建筑结构》和《建筑施工技术》被教育部评为普通高等教育"十五"国家级规划教材。土建学科高等职业教育专业委员会成立之后，根据当前建设类高职院校对"建筑工程技术"专业教材的迫切需要；根据新材料、新技术、新规范急需进入教学内容的现实需求，积极组织全国建设类高职院和建筑施工企业的专家，在对该专业课程内容体系充分研讨论证之后，在原高等职业教育"建筑施工专业"系列教材的基础上，组织编写了《建筑识图与构造》、《建筑力学》、《建筑结构》（第二版)、《地基与基础》、《建筑材料》、《建筑施工技术》(第二版)、《建筑施工组织》、《建筑工程计量与计价》、《建筑工程测量》、《高层建筑施工》、《工程项目招投标与合同管理》等11门主干课程教材。

  教学改革是一个不断深化的过程，教材建设是一个不断推陈出新的过程，希望这套教材能对进一步开展建设类高等职业教育的教学改革发挥积极的推进作用。

土建学科高等职业教育专业委员会
2003年7月

修 订 版 前 言

随着高等职业教育的深入发展,课程体系和教学内容的改革已经成为高职教学改革的重点,而教学内容的主要载体是教材,课程体系主要是由教材体系来体现的,因此教材建设将随之不断完善,以推广课程体系和教学内容的改革成果。

本次教材修订工作主要依据全国高职高专教育土建类专业教学指导委员会提出的修订要求和新制定的高职建筑工程技术专业人才培养方案对本课程的教学基本要求,以及地基基础技术的发展进行修订。淘汰了一些已过时或应用面不广的内容,增加了一些与职业能力密切相关的内容,并针对专业人才培养目标定位和地基基础技术的发展,对相应内容进行了调整和变更。力求做到理论和工程实际相联系,培养技术应用能力为主线,反映高等职业教育的特点。

本次教材修订中,在各章文前增加了"学习重点",文后增加了"本章小结"和"实践教学内容",可供教师组织教学和学生复习参考,使教材更具有教学的指导性。并通过实践教学环节,加深对本章重点内容的理解,理论联系实际,掌握相应的职业能力和技能。

本书绪论、第一章、第二章、第五章由山西建筑职业技术学院杨太生修订,第三章、第四章由大连水产学院职业技术学院苏德利修订,第六章、第八章由泰州职业技术学院陈鹏修订,第七章由黑龙江建筑职业技术学院王秀兰修订,第九章、第十章由湖北城建职业技术学院陈松才修订。本书由杨太生任主编,王秀兰任副主编,四川建筑职业技术学院胡兴福任主审。

本书在修订过程中,得到不少院校和读者的关注与支持,并参考了一些公开出版和发表的文献,在此一并致谢。

限于编者的理论水平和实践经验,第二版仍难免存在疏漏和错误,恳请广大读者和同行专家批评指正。

前　言

　　本书是根据高等学校土建学科教学指导委员会高等职业教育专业委员会制定的建筑工程技术专业教育标准、培养方案及主干课程教学基本要求，并按照国家颁布的《建筑地基基础设计规范》（GB 5007—2002）等有关设计新规范、新标准编写的。

　　编写过程中，编者结合长期教学实践的经验，以培养技术应用能力为主线，对基本理论的讲授以应用为目的，教学内容取材以必须够用为原则，注意针对性和实用性，强调基本概念、基本原理和基本方法，并尽力做到理论与工程实际相联系，力求反映高等职业教育的特点。

　　本书由杨太生任主编，王秀兰任副主编。参加本书编写工作的有杨太生（绪论、第一、二章）、苏德利（第三、四章）、袁萍（第五章、土工试验指导书）、陈鹏（第六、八章）、王秀兰（第七章）、陈松才（第九、十及章实践教学内容与要求）。

　　本书由四川建筑职业技术学院胡兴福副教授担任主审，并提出了许多宝贵意见，编者非常感谢主审胡兴福严谨、认真的审稿工作。在本书的编写过程中得到了山西建筑职业技术学院、黑龙江建筑职业技术学院、四川建筑职业技术学院、大连水产学院职业技术学院、湖北城建职业技术学院、泰州职业技术学院等单位的大力支持，并参考了一些公开出版和发表的文献，在此一并致谢。

　　限于编者的理论水平和实践经验，加之编写时间仓促，书中不妥之处在所难免，恳请广大读者和同行专家批评指正。

目 录

绪论 ··· 1

第一章 土的物理性质及工程分类 ···································· 4
 第一节 土的成因 ·· 4
 第二节 土的组成 ·· 6
 第三节 土的物理性质指标 ··· 9
 第四节 土的物理状态指标 ··· 12
 第五节 土的压实性与渗透性 ·· 15
 第六节 地基岩土的工程分类 ·· 16
 第七节 岩土的野外鉴别方法 ·· 19
 复习思考题 ·· 22
 习题 ·· 22

第二章 地基中的应力计算 ·· 24
 第一节 土体自重应力的计算 ·· 24
 第二节 基底压力的计算 ·· 26
 第三节 竖向荷载作用下地基附加应力计算 ·· 30
 复习思考题 ·· 37
 习题 ·· 38

第三章 土的压缩性与地基沉降计算 ································ 39
 第一节 概述 ··· 39
 第二节 土的压缩性 ··· 39
 第三节 地基最终沉降量的计算 ·· 44
 第四节 建筑物的沉降观测与地基允许变形值 ··· 51
 复习思考题 ·· 54
 习题 ·· 54

第四章 土的抗剪强度与地基承载力 ································ 55
 第一节 概述 ··· 55
 第二节 土的抗剪强度 ·· 56
 第三节 土的抗剪强度试验方法 ·· 61
 第四节 地基的破坏形式与地基承载力 ··· 65
 复习思考题 ·· 71
 习题 ·· 71

第五章 土压力与土坡稳定 ·· 72
 第一节 土压力的类型与影响因素 ·· 72

第二节　静止土压力计算 …………………………………………… 73
　　第三节　朗肯土压力理论 …………………………………………… 74
　　第四节　库伦土压力理论 …………………………………………… 76
　　第五节　几种常见情况的土压力计算 ……………………………… 79
　　第六节　挡土墙设计 ………………………………………………… 82
　　第七节　土坡稳定分析 ……………………………………………… 86
　　第八节　支护结构 …………………………………………………… 89
　　复习思考题 …………………………………………………………… 93
　　习题 …………………………………………………………………… 94

第六章　建筑场地的工程地质勘察 ……………………………………… 95
　　第一节　概述 ………………………………………………………… 95
　　第二节　工程地质勘察报告 ………………………………………… 98
　　第三节　基槽检验与地基的局部处理 ……………………………… 105
　　复习思考题 …………………………………………………………… 108

第七章　天然地基上浅基础设计 ………………………………………… 109
　　第一节　概述 ………………………………………………………… 109
　　第二节　基础埋置深度的确定 ……………………………………… 116
　　第三节　基础底面尺寸的确定 ……………………………………… 122
　　第四节　无筋扩展基础设计 ………………………………………… 126
　　第五节　扩展基础设计 ……………………………………………… 129
　　第六节　钢筋混凝土梁板式基础简介 ……………………………… 140
　　第七节　减少不均匀沉降的措施 …………………………………… 146
　　复习思考题 …………………………………………………………… 150
　　习题 …………………………………………………………………… 150

第八章　桩基础设计 ……………………………………………………… 152
　　第一节　概述 ………………………………………………………… 152
　　第二节　桩的承载力 ………………………………………………… 156
　　第三节　桩基础设计 ………………………………………………… 166
　　复习思考题 …………………………………………………………… 180
　　习题 …………………………………………………………………… 180

第九章　地基处理 ………………………………………………………… 181
　　第一节　概述 ………………………………………………………… 181
　　第二节　机械压实法 ………………………………………………… 183
　　第三节　强夯法 ……………………………………………………… 185
　　第四节　换土垫层法 ………………………………………………… 186
　　第五节　排水固结法 ………………………………………………… 188
　　第六节　挤密法和振冲法 …………………………………………… 191
　　第七节　化学加固法 ………………………………………………… 195
　　复习思考题 …………………………………………………………… 200

  习题 ································· 200
第十章　区域性地基 ··············· 202
  第一节　湿陷性黄土地基 ··········· 202
  第二节　膨胀土地基 ··············· 205
  第三节　红黏土地基 ··············· 208
  第四节　地震区的地基基础问题 ····· 209
  复习思考题 ························· 213
土工试验指导书 ···················· 214
主要参考文献 ······················ 224

绪 论

一、土力学、地基与基础的概念

土是地壳岩石经过物理、化学、生物等风化作用的产物，是各种矿物颗粒组成的松散集合体，是由固体颗粒、水和空气组成的三相体系。土从大类上可以分成颗粒间互不连接、完全松散的无黏性土和颗粒间虽有连接，但连接强度远小于颗粒本身强度的黏性土。土的最主要特点是它的松散性和三相组成，这是它在强度、变形等力学性质上与其他连续固体介质根本不同的内在原因。

土力学是运用力学基本原理和土工测试技术，研究土的生成、组成、密度或软硬状态等物理性质以及土的应力、变形、强度和稳定性等静力、动力性状及其规律的一门学科。由于土与其他连续固体介质的根本不同，仅靠具备系统理论和严密公式的力学知识，尚不能描述土体在受力后所表现的性状及由此引起的工程问题，而必须借助经验、现场实验、室内试验辅以理论计算，因此也可以说土力学是一门依赖于实践的学科。

土层受到建筑物的荷载作用后，其原有的应力状态就会发生变化，使土层产生附加应力和变形，并随着深度增加向四周土中扩散并逐渐减弱。我们把土层中附加应力和变形所不能忽略的那部分土层称为地基，把埋入土层一定深度的建筑物向地基传递荷载的下部承重结构称为基础。由于土的压缩性比建筑材料大得多，我们通常把建筑物与土层接触部分的断面尺寸适当扩大，以减小接触部分的压强。

地基具有一定深度与范围，当地基由两层及两层以上土层组成时，将直接与基础接触的土层称为持力层，持力层以下的土层称为下卧层，对承载力低于持力层的下卧层称为软弱下卧层。上部结构、地基与基础的相互关系如图 0-1 所示。

良好的地基一般应具有较高的承载力与较低的压缩性，以满足地基基础设计的两个基本条件（强度条件与变形条件）。软弱地基的工程性质较差，需经过人工地基处理才能达到设计要求。我们把不需处理而直接利用天然土层的地基称为天然地基；把经过人工加工处理才能作为地基的称为人工地基。人工地基施工周期长、造价高，因此建筑物一般宜建造在良好的天然地基上。

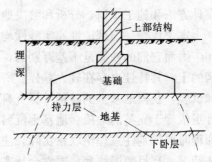

图 0-1 上部结构、地基与基础示意图

基础根据不同的分类方法可以有多种形式（在后续章节中将详细介绍），但不论是何种基础形式，其结构本身均应具有足够的承载力和刚度，在地基反力作用下不发生破坏,并应具有改善沉降与不均匀沉降的能力。

二、地基基础在建筑工程中的重要性

由房屋荷载传递路径可知,上部结构荷载将通过墙、柱传给基础,再由基础传给地基。由此可见,没有一个坚固而耐久的地基基础,上部结构即使建造的再结实,也是要出问题的。基础是建筑物十分重要的组成部分,应具有足够的强度、刚度和耐久性以保证建筑物的安全和使用年限。地基虽不是建筑物的组成部分,但它的好坏却直接影响整个建筑物的安危。实践证明,建筑物的事故很多是与地基基础有关的,轻则上部结构开裂、倾斜,重则建筑物倒塌,危及生命与财产安全。例如:著名的意大利比萨斜塔,由于地基不均匀沉降,使南北两侧沉降差达 1.8m;加拿大特朗斯康谷仓,由于地基强度破坏发生整体滑动使谷仓倾倒;我国重点文物保护单位苏州虎丘塔,由于地基不均匀沉降,塔身向东北方向严重倾斜,塔顶偏离中心线 2.3m;唐山某学院书库,1976 年地震时地基液化失效,使一层楼全部沉入地面以下,室外地面与二层楼地面相近。地基基础事故的例子在建筑工程史上为数不少,应引以为鉴。

地基基础设计要充分掌握地基土的工程性质,从实际出发作多种方案比较,更不能盲目套用,以免发生工程事故。并且地基基础位于地面以下,系隐蔽工程,一旦发生质量事故,补救和处理往往比上部结构困难的多,有时甚至是不可能的。地基基础工程的造价和工期占建筑总造价和总工期的比例与多种因素有关,一般约占 20%～25%,对高层建筑或需地基处理时,则所需费用更高,工期更长,因此搞好地基基础设计具有很重要的意义。

三、本课程的基本内容与特点

"地基与基础"是土木建筑专业的一门重要课程,其任务是保证各类建筑物安全可靠,使用正常,不发生上述各种地基基础工程质量事故。为此需要学习和掌握土力学的基本理论与地基基础设计原理,运用这些原理和概念并结合建筑物设计方法和施工知识,分析和解决地基基础的工程问题。

本课程是一门理论性和实践性均较强的课程。由于地基土形成的自然条件不同,因而它们的性质是千差万别的,不同地区的土有不同的特性,即使是同一地区的土,其特性也存在较大差异。所以,在设计地基基础前,必须通过各种测试和试验,获得地基土的各种计算资料,从某种意义上讲,一个优秀的地基基础设计更依赖于完整的地质、地基土资料和符合实际情况的周密分析。读者在学习本课程时要特别注意理论联系实际,注意理论的适用条件和应用范围,不可不问具体情况,盲目照搬硬套,要学会从实际出发分析问题和解决问题。

本课程是一门综合性很强的课程,它涉及到工程地质、土力学、建筑力学、建筑结构、建筑材料、施工技术等学科领域。因此在学习本课程时,即要注意与其他学科的联系,又要注意紧紧抓住土的应力、强度和变形这一核心问题。学会阅读和使用工程地质勘察资料,掌握土的现场原位测试和室内土工试验。并应用这些基本知识和原理,结合建筑结构和施工技术等知识,解决地基基础工程问题。

本教材共分十章,第一章"土的物理性质及工程分类"是本课程的基础,要理解它们的物理意义，要熟练掌握土的物理性质指标的换算方法，了解六大类岩土的分类依据。第二章至第四章是土力学的基本理论部分，也是本课程的重点内容，要求掌握土中三种应力的分布规律及计算方法；学会常用的两种沉降计算方法，了解地基容许变形值和土的压缩性指标等概念；掌握土的抗剪强度定律、抗剪强度测定方法和工程应用，掌握地基承载力的概念和应用。第五章"土压力与土坡稳定"，要求了解影响土压力的因素，掌握各种土压力产生的条件、计算方法和工程应用，掌握重力式挡土墙设计和土坡稳定分析原理。其余五章是关于地基基础勘察、设计的内容，其中一般建筑物的基础设计是本课程的又一重点内容。要求了解工程地质勘察的目的、方法，并能阅读和应用建筑场地的工程地质勘察报告，掌握天然地基浅基础设计及各种基础的构造，掌握各类软弱地基处理的方法和适用条件，了解区域性地基基础的特点。

　　读者在学习本课程时，要特别注意土的特性，搞清概念，抓住重点，掌握原理，理论联系实际，学会设计、计算与工程应用。

第一章 土的物理性质及工程分类

[学习重点]

1. 粒组划分、颗粒级配、有效粒径、限定粒径、结合水、自由水、毛细水、重力水、界限含水量、塑限、液限、塑性指数、液性指数、压实性、渗透性等概念。
2. 土体三相组成中各相的特性及三相比例关系对土的性质的影响。
3. 土的物理性质指标的定义、表达式及各项指标的换算。
4. 颗粒分析、密度、含水率、土粒相对密度、塑限、液限、击实等指标的测定及工程中的应用。
5. 塑性指数、液性指数、灵敏度的表达式及工程上的应用。
6. 地基岩土工程分类的方法及名称。

建议从土的三相组成中各项的特性，物理性质指标的定义和换算去加深理解三相比例关系对土体性质的影响；通过土工试验和常见土的野外鉴别等实践环节掌握主要指标的测定、工程应用和岩土工程分类等知识与技能。

第一节 土 的 成 因

一、土的生成

土是岩石经风化、剥蚀、破碎、搬运、沉积等过程的产物，是由固体颗粒、水和气体组成的三相分散体系。在漫长的地质历史中，地壳岩石在相互交替的地质作用下风化、破碎为散碎体，在风、水和重力等作用下，被搬运到一个新的位置沉积下来形成"沉积土"。

风化作用与气温变化、雨雪、山洪、风、空气、生物活动等（也称为外力地质作用）密切相关，一般分为物理风化、化学风化和生物风化三种。由于气温变化，岩石胀缩开裂，崩解为碎块的属于物理风化，这种风化作用只改变颗粒的大小与形状，不改变矿物成分，形成的土颗粒较大，称为原生矿物；由于水溶液、大气等因素影响，使岩石的矿物成分不断溶解水化、氧化，碳酸盐化引起岩石破碎的属于化学风化，这种风化作用使岩石的矿物成分发生改变，土的颗粒变的很细，产生次生矿物；由于动、植物的生长使岩石破碎的属于生物风化，这种风化作用具有物理风化和化学风化的双重作用。

在地质学中，把地质年代划分为五大代（太古代、元古代、古生代、中生代和新生代），每代又分若干纪，每纪又分若干世。上述"沉积土"基本是在离我们最近的新生代第四纪（Q）形成的，因此我们也把土称为第四纪沉积物。由于沉积的历史不长（见表1-1），尚未胶结岩化，通常是松散软弱的多孔体，与岩石的性质有很大的差别。根据不同的成因条件，主要的第四纪沉积物有残积物、坡积物、洪积物、冲积物、海洋沉积物、湖泊沉积物、冰川沉积物及风积物等。

第四纪地质年代　　　　　　　　　　表 1-1

纪	世		距今年代（万年）
第四纪 Q	全新世	Q_4	2.5
	更新世	晚更新世 Q_3	15
		中更新世 Q_2	50
		早更新世 Q_1	100

二、土的结构和构造

土的结构是指在土生成过程中所形成土粒的空间排列及其连接形式，通常认为有单粒结构、蜂窝结构和絮状结构三种。

单粒结构是由砂粒或更粗大的颗粒在水或空气中沉积形成。由于颗粒自重大于颗粒之间的引力，每个颗粒在自重作用下单独下沉达到稳定状态。如图 1-1 所示，松散的单粒结构是不稳定的，在荷载作用下变形较大；密实的单粒结构是良好的天然地基。

图 1-1　单粒结构
（a）松散；（b）密实

蜂窝结构是由粉粒（粒径在 0.005～0.075mm）在水中下沉时形成的。由于颗粒之间的引力大于自重力，下沉的颗粒遇到已沉积的颗粒时，就停留在最初的接触点上不再下沉，形成具有较大空隙的蜂窝结构，如图 1-2 所示。

絮状结构是由黏粒（粒径≤0.005mm）集合体组成。这些颗粒不因自重而下沉，长期悬浮在水中，在水中运动时形成小链环状的土集粒而下沉，碰到另一个小链环被吸引，形成空隙很大的絮状结构，如图 1-3 所示。

在上述三组结构中，以密实的单粒结构土的工程性质最好，后两种结构土，如因扰动破坏天然结构，则强度低、压缩性大，不可作为天然地基。

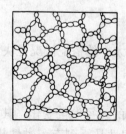

图 1-2　蜂窝结构　　　　　图 1-3　絮状结构

土的构造是指土体中各结构单元之间的关系，是从宏观的角度研究土的组成，其主要特点是土的成层性和裂隙性。成层性是指土粒在沉积过程中，由于不同阶段沉积的物质成分、颗粒大小等不同，沿竖向呈现出成层特征；裂隙性是指土体被许多不连续的小裂隙所分割，破坏了土的整体性，强度低，渗透性高，工程性质差。有些坚硬和硬塑状态的黏性土具有此种构造。

三、土的工程特性

土与其他具有连续固体介质的建筑材料相比，具有压缩性高、强度低、透水性大三个显著的工程特性。

土的压缩主要是在压力作用下，土颗粒位置发生重新排列，导致土孔隙体积减小和孔隙中水和气体排出的结果。反映材料压缩性高低的指标为弹性模量 E（土称为变形模量），随着材料性质不同而有很大差别。例如：HPB235 钢筋 $E=2.1\times10^5$ MPa；C20 混凝土 $E=2.55\times10^4$ MPa；卵石 $E=(40\sim50)$ MPa；饱和细砂 $E=(8\sim16)$ MPa。当应力数值和材料厚度相同时，卵石和饱和细砂的压缩性比钢筋或混凝土的压缩性高许多倍，而软塑或流塑状态的黏性土往往比饱和细砂的压缩性还要高，足以说明土的压缩性很高。

土的强度是指土的抗剪强度。无黏性土的强度来源于土粒表面粗糙不平产生的摩擦力，黏性土的强度除摩擦力外还有黏聚力。无论摩擦力和黏聚力，其强度均小于建筑材料本身强度，因此土的强度比其他建筑材料都低的多。

材料的透水性可以用实验来说明：将一杯水倒在桌面上可以保留较长时间，说明木材透水性小；若将水倒在混凝土地板上，也可保留一段时间；若将水倒在室外土地上，则发现水即刻不见。这是由于土体中固体矿物颗粒之间有无数孔隙，这些孔隙是透水的。因此土的透水性大，尤其是粗颗粒的卵石或粗砂，其透水性更大。

土的工程特性与土的生成条件有着密切的关系，通常流水搬运沉积的土优于风力搬运沉积的土；土的沉积年代越长，则土的工程性质越好。土的工程特性的优劣与建筑工程设计和施工关系密切，需高度重视。

第二节 土 的 组 成

土是由固体颗粒、水和气体组成的三相分散体系。固体颗粒构成土的骨架，是三相体系中的主体，水和气体填充土骨架之间的空隙，土体三相组成中每一相的特性及三相比例关系对土的性质有显著影响。

一、土中固体颗粒

土中固体颗粒的大小、形状、矿物成分及粒径大小的搭配情况是决定土的物理力学性质的主要因素。

（一）粒组的划分

自然界的土都是由大小不同的土粒所组成，土的粒径发生变化，其主要性质也相应发生变化。例如土的粒径从大到小，则可塑性从无到有；黏性从无到有；透水性从大到小；毛细水从无到有。工程上将各种不同的土粒按其粒径范围，划分为若干粒组，见表 1-2。

第一章 土的物理性质及工程分类

土粒粒组的划分　　　　　　　　　表1-2

粒组统称	粒组名称		粒径范围(mm)	一　般　特　性
巨粒	漂石(块石)粒		$d>200$	透水性很大，无黏性，无毛细水
	卵石(碎石)粒		$60<d\leqslant200$	
粗粒	砾粒	粗粒	$20<d\leqslant60$	透水性大，无黏性，毛细水上升高度不超过粒径大小
		细粒	$2<d\leqslant20$	
	砂粒		$0.075<d\leqslant2$	易透水，无黏性，遇水不膨胀，干燥时松散，毛细水上升高度不大
细粒	粉粒		$0.005<d\leqslant0.075$	透水性小，湿时稍有黏性，遇水膨胀小，干时稍有收缩，毛细水上升高度较大，易冻胀
	黏粒		$d\leqslant0.005$	透水性很小，湿时有黏性、可塑性，遇水膨胀大，干时收缩显著，毛细水上升高度大，但速度慢

（二）土的颗粒级配

土的颗粒级配是指大小土粒的搭配情况，通常以土中各个粒组的相对含量（即各粒组占土粒总量的百分数）来表示。

天然土常常是不同粒组的混合物，其性质主要取决于不同粒组的相对含量。为了了解其颗粒级配情况，就需进行颗粒分析试验，工程上常用的方法有筛分法和密度计法两种。《土的分类标准》规定：筛分法适用于粒径在 0.074~60mm 的土。它用一套孔径不同的标准筛，按从上至下筛孔逐渐减小放置，将称过重量的烘干土样放入，经筛析机振动将土粒分开，称出留在各筛上的土重，即可求出占土粒总重的百分数；密度计法适用于粒径小于 0.074mm 的土，根据粒径不同，在水中下沉的速度也不同的特性，用密度计进行测定分析。

将试验结果绘制颗粒级配曲线如图 1-4 所示。图中纵坐标表示小于（或大于）某粒径的土粒含量百分比；横坐标表示土粒的粒径，由于土体中粒径往往相差很大，为清楚表示，将粒径坐标取为对数坐标表示。

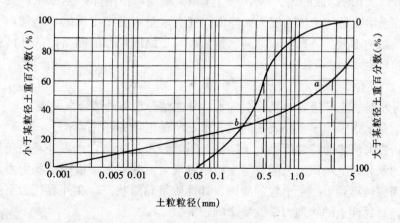

图 1-4　颗粒级配曲线

7

从级配曲线 a 和 b 可看出，曲线 a 所代表的土样所含土粒粒径范围广，粒径大小相差悬殊，曲线较平缓；而曲线 b 所代表的土样所含土粒粒径范围窄，粒径较均匀，曲线较陡。当土粒粒径大小相差悬殊时，较大颗粒间的孔隙被较小的颗粒所填充，土的密实度较好，称为级配良好的土，粒径相差不大，较均匀时称为级配不良的土。

为了定量反映土的级配特征，工程上常用两个级配指标来描述：

不均匀系数 $$C_u = \frac{d_{60}}{d_{10}} \tag{1-1}$$

曲率系数 $$C_c = \frac{d_{30}^2}{d_{10} \cdot d_{60}} \tag{1-2}$$

式中　d_{10}——有效粒径，小于某粒径的土粒质量占总质量的10%时相应的粒径；

　　　d_{60}——限定粒径，小于某粒径的土粒质量占总质量的60%时相应的粒径；

　　　d_{30}——小于某粒径的土粒质量占总质量的30%时相应的粒径。

不均匀系数 C_u 反映大小不同粒组的分布情况，C_u 越大，表示土粒分布越不均匀，土的级配良好。曲率系数 C_c 则是反映级配曲线的整体形状。一般认为 $C_u < 5$ 的土视为级配不好；$C_u > 10$，同时 $C_c = 1 \sim 3$ 时为级配良好的土。

（三）土粒的矿物成分

土粒的矿物成分决定于母岩的矿物成分及风化作用。粗大的土粒往往是岩石经物理风化作用形成的原生矿物，其矿物成分与母岩相同，常见的如石英、长石、云母等，一般砾石、砂等都属此类。这种矿物成分的性质较稳定，由其组成的土表现出无黏性、透水性较大、压缩性较低等性质。细小的土粒主要是岩石经化学风化作用形成的次生矿物，其矿物成分与母岩完全不相同，如黏土矿物的蒙脱石、伊利石、高岭石等。次生矿物性质不稳定，具有较强的亲水性，遇水膨胀，脱水收缩。上述三种黏土矿物的亲水性依次减弱，蒙脱石最大，伊利石次之，高岭石最小。

二、土中水

土中水按其形态可分为液态水、固态水、气态水。固态水是指土中的水在温度降至0℃以下时结成的冰。水结冰后体积会增大，使土体产生冻胀，破坏土的结构，冻土融化后使土体强度大大降低。气态水是指土中出现的水蒸气，一般对土的性质影响不大。液态水除结晶水紧紧吸附于固体颗粒的晶格内部外，还存在结合水和自由水两大类。

（一）结合水

结合水是受土粒表面电场吸引的水，分强结合水和弱结合水两类。

强结合水指紧靠于土粒表面的结合水，所受电场的作用力很大，几乎完全固定排列，丧失液体的特性而接近于固体。弱结合水是强结合水以外，电场作用范围以内的水，但电场作用力随着与土粒距离增大而减弱，可以因电场引力从一个土粒的周围转移到另一个土粒的周围。其性质呈黏滞状态，在外界压力下可以挤压变形，对黏性土的物理力学性质影响较大。

（二）自由水

自由水是不受土粒电场吸引的水，其性质与普通水相同，分重力水和毛细水两类。

重力水存在于地下水位以下的土孔隙中，它能在重力或压力差作用下流动，能传递水压力，对土粒有浮力作用。毛细水存在于地下水位以上的土孔隙中，由于水和空气交界处弯液面上产生的表面张力作用，土中自由水从地下水位通过毛细管（土粒间的孔隙贯通，形成无数不规则的毛细管）逐渐上升，形成毛细水。根据物理学可知，毛细管直径越小，毛细水的上升高度越高，故粉粒土中毛细水上升高度比砂类土高，在工程中要注意地基土湿润、冻胀及基础防潮。

三、土中气体

土中气体常与大气连通或以封闭气泡的形式存在于未被水占据的土孔隙中，前者在受压力作用时能够从孔隙中挤出，对土的性质影响不大；后者在受压力作用时被压缩或溶解于水中，压力减小时又能有所复原，对土的性质有较大影响，如透水性减小，延长变形稳定的时间等。

第三节 土的物理性质指标

一、土的三相图

土是由固体颗粒、水和气体组成的三相分散体系，三相的相对含量不同，对土的工程性质有重要的影响。表示土的三相组成比例关系的指标，称为土的三相比例指标。为便于分析，将互相分散的三相，抽象地各自集中起来，如图 1-5 所示，图中符号意义如下：

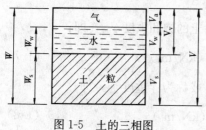

图 1-5 土的三相图

W_s——土粒重量；
W_w——土中水重量；
W——土的总重量，$W=W_s+W_w$；
V_s——土粒体积；
V_w——土中水体积；
V_a——土中气体体积；
V_v——土中孔隙体积，$V_v=V_w+V_a$；
V——土的总体积，$V=V_s+V_w+V_a$。

二、指标定义

土的物理性质指标共 9 个，其中重度 γ、含水量 w、相对密度 d_s 三个指标可以由室内试验直接测得，故称为基本指标。

（一）土的重度 γ

土单位体积的重量称为土的重度，即：

$$\gamma = \frac{W}{V} \quad (kN/m^3) \tag{1-3}$$

土的重度一般用环刀法测定。天然状态下土的重度变化范围在 16~22kN/m³ 之间，$\gamma > 20kN/m^3$ 的土一般是比较密实的，$\gamma < 18kN/m^3$ 时一般较松软。

（二）土的含水量 w

土中水的重量与土粒重量之比称为土的含水量，用百分数表示，即：

$$w = \frac{W_w}{W_s} \times 100\% \tag{1-4}$$

土的含水量通常用烘干法测定，亦可近似采用酒精燃烧法快速测定。

土的含水量反映土的干湿程度。含水量愈大，说明土愈湿，一般说来也就愈软。天然状态下土的含水量变化范围较大，一般砂土 0～40%，黏性土 20%～60%，甚至更高。

（三）土粒相对密度 d_s

土粒重量与同体积 4℃ 时水的重量之比称为土粒相对密度（或称为土粒比重），即：

$$d_s = \frac{W_s}{V_s} \cdot \frac{1}{\gamma_w} \tag{1-5}$$

式中 γ_w——纯水在 4℃ 时的重度，$\gamma_w = 9.8 \text{kN/m}^3$，实用上常近似取值 10kN/m^3。

土粒的相对密度通常用比重瓶法测定。由于天然土是由不同的矿物颗粒所组成，而这些矿物颗粒的相对密度各不相同，因此试验测定的是平均相对密度。

土粒相对密度的变化范围不大，一般砂土为 2.65～2.95，黏性土为 2.70～2.75。

（四）土的干重度 γ_d，饱和重度 γ_{sat} 和有效重度 γ'

土单位体积中土粒的重量称为土的干重度 γ_d，即：

$$\gamma_d = \frac{W_s}{V} \quad (\text{kN/m}^3) \tag{1-6}$$

土的干重度反映土的紧密程度，工程上常用它作为控制人工填土密实度的指标。

土孔隙中全部充满水时单位体积的重量称为土的饱和重度 γ_{sat}，即：

$$\gamma_{sat} = \frac{W_s + V_v \cdot \gamma_w}{V} \quad (\text{kN/m}^3) \tag{1-7}$$

水下土单位体积的重量称为土的有效重度，或称为浮重度 γ'，即：

$$\gamma' = \frac{W_s - V_s \cdot \gamma_w}{V} \quad (\text{kN/m}^3) \tag{1-8}$$

处于水下的土，由于受到水的浮力作用，使土的重力减轻，土受到的浮力等于同体积的水重 $V \cdot \gamma_w$。

（五）土的孔隙比 e 和孔隙率 n

土中孔隙体积与土粒体积之比称为土的孔隙比，即：

$$e = \frac{V_v}{V_s} \tag{1-9}$$

土的孔隙比可用来评价天然土层的密实程度。一般 $e < 0.6$ 的土是密实的低压缩性土；$e > 1$ 的土是疏松的高压缩性土。

土中孔隙体积与土的总体积之比称为土的孔隙率，用百分数表示，即：

$$n = \frac{V_v}{V} \times 100\% \tag{1-10}$$

土的孔隙率亦用来反映土的密实程度，一般粗粒土的空隙率比细粒土的小。

（六）土的饱和度 S_r

土中水的体积与孔隙体积之比称为土的饱和度，用百分数表示，即：

$$S_r = \frac{V_w}{V_v} \times 100\% \tag{1-11}$$

土的饱和度反映土中孔隙被水充满的程度。当土处于完全干燥状态时 $S_r = 0$；当土处于完全饱和状态时 $S_r = 100\%$。

三、指标换算

上述表示土的三相比例关系的指标中，只要通过试验直接测定土的重度 γ、土的含水量 w、土粒相对密度 d_s，便可根据定义，利用三相图推算出其他各个指标。

为便于推导，令 $V_s = 1$，利用指标定义得土的三相比例指标换算图（图1-6）。

由式（1-9）得　　$V_v = e$
所以　　　　　　$V = 1 + e$
由式（1-5）得　　$W_s = V_s \cdot d_s \cdot \gamma_w = d_s \cdot \gamma_w$
由式（1-4）得　　$W_w = W_s \cdot w = d_s \cdot \gamma_w \cdot w$
所以　　　　　　$W = W_s + W_w = d_s \cdot \gamma_w (1+w)$

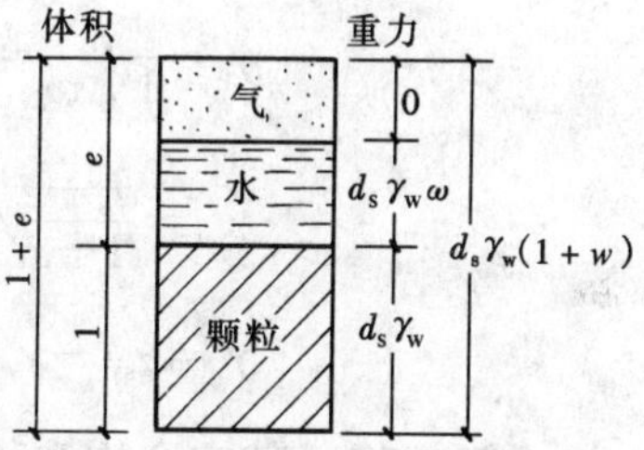

图1-6　三相比例指标换算图

根据图1-6，可由指标定义得换算公式（见表1-3）

土的三相比例指标换算公式　　　　　表1-3

指标名称	符号	表达式	单位	换算公式	备注
重度	γ	$\gamma = \dfrac{W}{V}$	kN/m³	$\gamma = \dfrac{d_s + s_r e}{1+e}$ $\gamma = \dfrac{d_s(1+w)\gamma_w}{1+e}$	试验测定
土粒相对密度	d_s	$d_s = \dfrac{W_s}{V_s} \cdot \dfrac{1}{\gamma_w}$		$d_s = \dfrac{s_r e}{w}$	试验测定
含水量	w	$w = \dfrac{W_w}{W_s} \times 100\%$		$w = \dfrac{s_r e}{d_s} \times 100\%$ $= \left(\dfrac{\gamma}{\gamma_d} - 1\right) \times 100\%$	试验测定
孔隙比	e	$e = \dfrac{V_v}{V_s}$		$e = \dfrac{d_s \gamma_w (1+w)}{\gamma} - 1$	
孔隙率	n	$n = \dfrac{V_v}{V} \times 100\%$		$n = \dfrac{e}{1+e} \times 100\%$	
饱和度	S_r	$s_r = \dfrac{V_w}{V_v} \times 100\%$		$s_r = \dfrac{w d_s}{e} = \dfrac{w \gamma_d}{n \gamma_w}$	
干重度	γ_d	$\gamma_d = \dfrac{W_s}{V}$	kN/m³	$\gamma_d = \dfrac{\gamma}{1+w}$	
饱和重度	γ_{sat}	$\gamma_{sat} = \dfrac{W_s + V_v \gamma_w}{V}$	kN/m³	$\gamma_{sat} = \dfrac{d_s + e}{1+e} \gamma_w$	
浮重度	γ'	$\gamma' = \dfrac{W_s - V_s \gamma_w}{V}$	kN/m³	$\gamma' = \gamma_{sat} - \gamma_w = \dfrac{(d_s - 1)\gamma_w}{1+e}$	

【例 1-1】 某土样测得重量为 1.87N，体积为 100cm³，烘干后重量为 1.67N，已知土粒的相对密度 $d_s=2.66$，试求：γ、w、e、s_r、γ_d、γ_{sat}、γ'。

【解】

$$\gamma = \frac{W}{V} = \frac{1.87 \times 10^{-3}}{100 \times 10^{-6}} = 18.7 \text{kN/m}^3$$

$$w = \frac{W_w}{W_s} \times 100\% = \frac{1.87 - 1.67}{1.67} \times 100\% = 11.98\%$$

$$e = \frac{d_s \gamma_w (1+w)}{\gamma} - 1 = \frac{2.66 \times 10(1+0.1198)}{18.7} - 1 = 0.593$$

$$s_r = \frac{w d_s}{e} = \frac{0.1198 \times 2.66}{0.593} = 0.537 = 53.7\%$$

$$\gamma_d = \frac{\gamma}{1+w} = \frac{18.7}{1+0.1198} = 16.7 \text{kN/m}^3$$

$$\gamma_{sat} = \frac{d_s + e}{1+e} \gamma_w = \frac{2.66 + 0.593}{1+0.593} \times 10 = 20.4 \text{kN/m}^3$$

$$\gamma' = \gamma_{sat} - \gamma_w = 20.4 - 10 = 10.4 \text{kN/m}^3$$

【例 1-2】 某完全饱和土，已知干重度 $\gamma_d = 16.2$kN/m³，含水量 $w=20\%$，试求土粒相对密度 d_s、孔隙比 e 和饱和重度 γ_{sat}。

【解】 已知完全饱和土 $S_r = 1$

由公式 $S_r = \dfrac{w \gamma_d}{n \gamma_w}$ 得 $n = \dfrac{w \gamma_d}{S_r \gamma_w} = \dfrac{0.2 \times 16.2}{1 \times 10} = 0.324$

由公式 $n = \dfrac{e}{1+e}$ 得 $e = \dfrac{n}{1-n} = \dfrac{0.324}{1-0.324} = 0.48$

代入公式 $d_s = \dfrac{S_r e}{w} = \dfrac{1 \times 0.48}{0.2} = 2.40$

$$\gamma_{sat} = \frac{d_s + e}{1+e} \gamma_w = \frac{2.4 + 0.48}{1+0.48} \times 10 = 19.46 \text{kN/m}^3$$

第四节　土的物理状态指标

一、无黏性土的密实度

无黏性土一般是指具有单粒结构的碎石土与砂土，土粒之间无粘结力，呈松散状态。它们的工程性质与其密实程度有关，密实状态时，结构稳定，强度较高，压缩性小，可作为良好的天然地基；疏松状态时，则是不良地基。

（一）碎石土的密实度

碎石土的颗粒较粗，试验时不易取得原状土样，规范根据重型圆锥动力触探锤击数 $N_{63.5}$ 将碎石土的密实度划分为松散、稍密、中密和密实（表1-4），也可根据野外鉴别方法确定其密实度（表1-5）。

碎石土的密实度　　　　　　　　　　　　　　　　　　　　　表 1-4

重型圆锥动力触探锤击数 $N_{63.5}$	密实度	重型圆锥动力触探锤击数 $N_{63.5}$	密实度
$N_{63.5} \leqslant 5$	松散	$10 < N_{63.5} \leqslant 20$	中密
$5 < N_{63.5} \leqslant 10$	稍密	$N_{63.5} > 20$	密实

注：1. 本表适用于平均粒径小于等于 50mm 且最大粒径不超过 100mm 的卵石、碎石、圆砾、角砾。对于平均粒径大于 50mm 或最大粒径大于 100mm 的碎石土，可按表 1-5 鉴别其密实度；
　　2. 表内 $N_{63.5}$ 为经综合修正后的平均值。

碎石土的密实度野外鉴别方法　　　　　　　　　　　　　　　表 1-5

密实度	骨架颗粒含量和排列	可 挖 性	可 钻 性
密实	骨架颗粒含量大于总重的 70%，呈交错排列，连续接触	锹镐挖掘困难，用撬棍方能松动，井壁一般稳定	钻进极难，冲击钻探时，钻杆、吊锤跳动剧烈，孔壁较稳定
中密	骨架颗粒含量等于总重的 60%～70%，呈交错排列，大部分接触	锹镐可挖掘，井壁有掉块现象，从井壁取出大颗粒处能保持颗粒凹面形状	钻进较困难，冲击钻探时，钻杆、吊锤跳动不剧烈，孔壁有坍塌现象
稍密	骨架颗粒含量等于总重的 55%～60%，排列混乱，大部分不接触	锹可挖掘，井壁易坍塌，从井壁取出大颗粒后，砂土立即塌落	钻进较容易，冲击钻探时，钻杆、稍有跳动，孔壁易坍塌
松散	骨架颗粒含量小于总重的 55%，排列十分混乱，绝大部分不接触	锹易挖掘，井壁极易坍塌	钻进很容易，冲击钻探时，钻杆无跳动，孔壁极易坍塌

注：1. 骨架颗粒系指与表 1-4 注 1 相对应粒径的颗粒；
　　2. 碎石土的密实度应按表列各项要求综合确定。

（二）砂土的密实度

通常采用相对密实度 D_r 来判别，其表达式为：

$$D_r = \frac{e_{\max} - e}{e_{\max} - e_{\min}} \tag{1-12}$$

式中　e——砂土在天然状态下的孔隙比；

$e_{\max}$——砂土在最松散状态下的孔隙比，即最大孔隙比；

$e_{\min}$——砂土在最密实状态下的孔隙比，即最小孔隙比。

由上式可以看出：当 $e = e_{\min}$ 时，$D_r = 1$，表示土处于最密实状态；当 $e = e_{\max}$ 时，$D_r = 0$，表示土处于最松散状态。判定砂土密实度的标准如下：

　　　　　$0.67 < D_r \leqslant 1$　　　　密实

　　　　　$0.33 < D_r \leqslant 0.67$　　中密

　　　　　$0 \leqslant D_r \leqslant 0.33$　　 松散

相对密实度从理论上讲是判定砂土密实度的好方法，但由于天然状态的 e 值不易测准，测定 $e_{\max}$ 和 $e_{\min}$ 的误差较大等实际困难，故在应用上存在许多问题。规范根据标准贯入试验锤击数 N 来评定砂土的密实度（表 1-6）。

砂土的密实度 表1-6

标准贯入试验锤击数 N	密实度	标准贯入试验锤击数 N	密实度
$N \leqslant 10$	松散	$15 < N \leqslant 30$	中密
$10 < N \leqslant 15$	稍密	$N > 30$	密实

二、黏性土的物理特征

黏性土的主要物理状态特征是其软硬程度。由于黏性土主要成分是黏粒，土颗粒很细，土的比表面大（单位体积的颗粒总表面积），与水相互作用的能力较强，故水对其工程性质影响较大。

（一）界限含水量

当土中含水量很大时，土粒被自由水所隔开，土处于流动状态；随着含水量的减少，逐渐变成可塑状态，这时土中水分主要为弱结合水；当土中主要含强结合水时，土处于固体状态。如图1-7所示。

图1-7 黏性土的物理状态与含水量的关系

黏性土由一种状态转变到另一种状态的分界含水量称为界限含水量。液限是土由流动状态转变到可塑状态时的界限含水量（也称为流限或塑性上限）；塑限是土由可塑状态转变到半固态时的界限含水量（也称为塑限下限）；缩限是土由半固态转变到固态时的界限含水量。工程上常用的界限含水量有液限和塑限，其测试方法见土工试验指导书。缩限常用收缩皿法测试，是土由半固态不断蒸发水分，体积逐渐缩小，直到体积不再缩小时的含水量。

（二）塑性指数

液限与塑限的差值（计算时略去百分号）称为塑性指数，用符号 I_P 表示，即：

$$I_P = w_L - w_P \tag{1-13}$$

塑性指数表示土的可塑性范围，它主要与土中黏粒（直径小于0.005mm的土粒）含量有关。黏粒含量增多，土的比表面增大，土中结合水含量高，塑性指数就大。

塑性指数是描述黏性土物理状态的重要指标之一，工程上常用它对黏性土进行分类。

（三）液性指数

土的天然含水量与塑限的差值除以塑性指数称为液性指数，用符号 I_L 表示，即：

$$I_L = \frac{w - w_P}{I_P} = \frac{w - w_P}{w_L - w_P} \tag{1-14}$$

由上式可见：$I_L < 0$，即 $w < w_P$，土处于坚硬状态；$I_L > 1.0$，即 $w > w_L$，土处于流动状态。因此，液限指数是判别黏性土软硬程度的指标。规范根据液限指数将黏性土划分为坚硬、硬塑、可塑、软塑及流塑五种状态(见表1-7)。

黏性土的状态 表1-7

液限指数 I_L	$I_L \leqslant 0$	$0 < I_L \leqslant 0.25$	$0.25 < I_L \leqslant 0.75$	$0.75 < I_L \leqslant 1$	$I_L > 1$
状态	坚硬	硬塑	可塑	软塑	流塑

(四) 黏性土的灵敏度和触变性

黏性土的一个重要特征是具有天然结构性,当天然结构被破坏时,黏性土的强度降低,压缩性增大。反映黏性土结构性强弱的指标称为灵敏度,用 S_t 表示。

$$S_t = \frac{q_u}{q_0} \tag{1-15}$$

式中 q_u——原状土强度;

q_0——与原状土含水量、重度等相同,结构完全破坏的重塑土强度。

根据灵敏度可将黏性土分为:

$S_t > 4$ 高灵敏度

$2 < S_t \leqslant 4$ 中灵敏度

$1 < S_t \leqslant 2$ 低灵敏度

土的灵敏度愈高,结构性愈强,扰动后土的强度降低愈多。因此对灵敏度高的土,施工时应特别注意保护基槽,使结构不扰动,避免降低地基承载力。

黏性土扰动后土的强度降低,但静置一段时间后,土粒、离子和水分子之间又趋于新的平衡状态,土的强度又逐渐增长,这种性质称为土的触变性。

第五节　土的压实性与渗透性

一、土的压实性

压实是指采用人工或机械以夯、碾、振动等方式,对土施加夯压能量,使土颗粒原有结构破坏,空隙减小,气体排出,重新排列压实致密,从而得到新的结构强度。对于粗粒土,主要是增加了颗粒间的摩擦和咬合;对于细粒土,则有效地增强了土粒间的分子引力。

在试验室进行击实试验是研究土压实性质的基本方法。击实试验分轻型和重型两种,轻型击实试验适用于粒径小于 5mm 的黏性土,重型击实试验适用于粒径不大于 20mm 的土。试验时,将含水量为一定值的扰动土样分层装入击实筒中,每铺一层后,均用击锤按规定的落距和击数锤击土样,直到被击实的土样(共 3~5 层)充满击实筒。由击实筒的体积和筒内击实土的总重计算出湿密度 ρ,再根据测定的含水量 w,即可算出干密度 $\rho_d = \dfrac{\rho}{1+w}$。用一组(通常为 5 个)不同含水量的同一种土

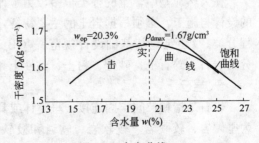

图1-8　击实曲线

样,分别按上述方法进行试验,即可绘制一条击实曲线,如图1-8所示。由图可见,对某一土样,在一定的击实功能作用下,只有当土的含水量为某一适宜值时,土样才能达到最密实。击实曲线的极值为最大干密度ρ_{dmax},相应的含水量即为最优含水量w_{op}。

影响土压实的因素很多,包括土的含水量、土类及级配、击实功能、毛细管压力、孔隙压力等,其中前三种是主要影响因素。

在工程中,填土的质量标准常用压实系数来控制,压实系数定义为工地压实达到的干密度ρ_d与击实试验所得到的最大干密度ρ_{dmax}之比,即$\lambda=\dfrac{\rho_d}{\rho_{dmax}}$。压实系数愈接近1,表明对压实质量的要求越高。

二、土的渗透性

土中水在各种势能的作用下,通过土中的孔隙,从势能高的位置向势能低的位置流动,这种现象称为土的渗流。水流通过土中孔隙难易程度的性能称为土的渗透性。早在1856年,法国学者达西在稳定流和层流条件下,用饱和粗颗粒土进行了大量的渗透试验,测定水流通过试样单位截面积的渗流量,获得了渗流量与水力梯度的关系,从而得到渗流速度与水力梯度和土体渗透性质的基本规律,即达西渗透定律。

影响土的渗透性因素除了渗透水的密度和黏滞性等性质外,其他因素主要有土颗粒大小和级配、孔隙比、矿物成分、微观结构和宏观构造,这些因素在不同土类中有不同的影响。粗粒土的渗透性主要取决于孔隙通道的截面积,细粒土的渗透性主要取决于黏土矿物表面活性作用和原状土的孔隙比大小。

水在土体中渗流,渗透水流作用在土颗粒上的作用力称为渗透力。当渗透力较大时,就会引起土颗粒的移动,使土体产生变形,称为土的渗透变形。若渗透水流把土颗粒带出土体(如流砂、管涌等),造成土体的破坏,称为渗透破坏。这种渗透现象会危及建筑物的安全与稳定,必须采取措施加以防治。例如在进行深基坑开挖时,由于施工的需要,通常要人工降低地下水位,若降低的水位与原地下水位之间有较大的水位差,就会产生较大的渗流,使基坑背后土层产生渗透变形而下沉,造成邻近建筑物的不均匀沉降,导致建筑物开裂甚至破坏。

第六节 地基岩土的工程分类

在天然地基中,土的种类很多,为了评价岩土的工程性质以及进行地基基础的设计与施工,必须根据岩土的主要特征,按工程性能近似的原则对岩土进行工程分类。《建筑地基基础设计规范》(GB 50007—2002)把作为建筑地基的岩土,分为岩石、碎石土、砂土、粉土、黏性土和人工填土六类。

一、岩石

岩石是指颗粒间牢固连接,呈整体或具有节理裂隙的岩体。其坚硬程度划分为坚硬岩、较硬岩、较软岩、软岩和极软岩(表1-8);其完整程度划分为完整、较完整、较破碎、破碎和极破碎(表1-9)。当缺乏试验资料时,可在现场通过观察定性划分,划分标准见表 1-10 和表 1-11。

岩石坚硬程度的划分　　　　　表 1-8

坚硬程度类别	坚硬岩	较硬岩	较软岩	软岩	极软岩
饱和单轴抗压强度标准值 f_{rk}(MPa)	$f_{rk}>60$	$30<f_{rk}\leqslant60$	$15<f_{rk}\leqslant30$	$5<f_{rk}\leqslant15$	$f_{rk}\leqslant5$

岩石完整程度的划分　　　　　表 1-9

完整程度等级	完整	较完整	较破碎	破碎	极破碎
完整性指数	>0.75	0.55~0.75	0.35~0.55	0.15~0.35	<0.15

注:完整性指数为岩体纵波波速与岩块纵波波速之比的平方。选定岩体、岩块测定波速时应有代表性。

岩石坚硬程度的定性划分　　　　　表 1-10

名称		定性鉴别	代表性岩石
硬质岩	坚硬岩	锤击声清脆,有回弹,振手,难击碎;基本无吸水反映	未风化—微风化的花岗岩、闪长岩、辉绿岩、玄武岩、安山岩、片麻岩、石英岩、硅质砾岩、石英砂岩、硅质石灰岩等
	较硬岩	锤击声较清脆,有轻微回弹,稍振手,轻难击碎;有轻微吸水反映	1. 微风化的坚硬岩 2. 未风化—微风化的大理岩、板岩、石灰岩、钙质砂岩等
软质岩	较软岩	锤击声不清脆,无回弹,轻易击碎;指甲可刻出印痕	1. 中风化的坚硬岩和较硬岩 2. 未风化—微分化的凝灰岩、千枚岩、砂质泥岩、泥灰岩等
	软岩	锤击声哑,无回弹,有凹痕,易击碎;浸水后,可捏成团	1. 强风化的坚硬岩和较硬岩 2. 中风化的较软岩 3. 未风化—微分化的凝灰岩、泥质砂岩、泥岩等
极软岩		锤击声哑,无回弹,有较深凹痕,手可捏碎;浸水后,可捏成团	1. 风化的软岩 2. 全风化的各种岩石 3. 各种半成岩

岩石完整程度的划分　　　　　表 1-11

名称	结构面组数	控制性结构面平均间距(m)	代表性结构类型	名称	结构面组数	控制性结构面平均间距(m)	代表性结构类型
完整	1~2	>1.0	整状结构	破碎	>3	<0.2	碎裂状结构
较完整	2~3	0.4~1.0	块状结构	极破碎	无序	—	散体状结构
较破碎	>3	0.2~0.4	镶嵌状结构				

二、碎石土

碎石土是指粒径大于 2mm 的颗粒含量超过全重 50% 的土。按其颗粒形状及粒组含量可分为漂石、块石、卵石、碎石、圆砾、角砾（表1-12）。

三、砂土

砂土是指粒径大于2mm的颗粒含量不超过全重50%、粒径大于0.075mm的颗粒含量超过全重50%的土。按粒组含量可分为砾砂、粗砂、中砂、细砂和粉砂（表1-13）。

碎石土的分类　　　　表1-12

土的名称	颗粒形状	粒组含量
漂石 块石	圆形及亚圆形为主 棱角形为主	粒径大于200mm的颗粒含量超过全重50%
卵石 碎石	圆形及亚圆形为主 棱角形为主	粒径大于20mm的颗粒含量超过全重50%
圆砾 角砾	圆形及亚圆形为主 棱角形为主	粒径大于2mm的颗粒含量超过全重50%

注：分类时应根据粒组含量栏从上到下以最先符合者确定。

砂土的分类　　　　表1-13

土的名称	粒组含量
砾砂	粒径大于2mm的颗粒含量占全重25%~50%
粗砂	粒径大于0.5mm的颗粒含量超过全重50%
中砂	粒径大于0.25mm的颗粒含量超过全重50%
细砂	粒径大于0.075mm的颗粒含量超过全重85%
粉砂	粒径大于0.075mm的颗粒含量超过全重50%

注：分类时应根据粒组含量栏从上到下以最先符合者确定。

四、粉土

粉土是指粒径大于0.075mm的颗粒含量不超过全重50%、塑性指数$I_P \leqslant 10$的土。其性质介于砂土及黏性土之间。

五、黏性土

黏性土是指塑性指数$I_P > 10$的土。按其塑性指数可分为黏土和粉质黏土（表1-14）。

黏 性 土 的 分 类　　　　表1-14

塑性指数	土的名称	塑性指数	土的名称
$I_P > 17$	黏土	$10 < I_P \leqslant 17$	粉质黏土

注：塑性指数由相应于76g圆锥沉入土样中深度为10mm时测定的液限计算而得。

六、人工填土

人工填土是指由于人类活动而堆填的土。其物质成分杂乱、均匀性差。按其组成和成因可分为素填土、压实填土、杂填土和冲填土。

素填土是指由碎石土、砂土、粉土、黏性土等组成的填土。经过压实或夯实的素填土为压实填土。杂填土是指含有建筑垃圾、工业废料、生活垃圾等杂物的填土。冲填土是指由水力冲填泥砂形成的填土。

除了上述六类土之外，还有一些特殊土，如：淤泥和淤泥质土、红黏土和次生黏土、湿陷性黄土和膨胀土等，它们都具有特殊的性质，在第十章区域性地基中详细介绍。

【例1-3】 某土样不同粒组的含量见表1-15，已知试验测得天然重度$\gamma=$

16.6kN/m³,含水量 $w=9.43\%$,土粒相对密度 $d_s=2.7$,处于密实状态时的干重度 $\gamma_{dmax}=16.2$kN/m³,处于最松散状态时的干重度 $\gamma_{dmin}=14.5$kN/m³,试确定土的名称并判别该土的密实状态。

表 1-15

粒径(mm)	2~5	1~2	0.5~1	0.25~0.5	0.1~0.25	0.075~0.1
占全重的百分比(%)	3.1	6	14.4	41.5	26	9

【解】 查表 1-13,粒径大于 0.25mm 的颗粒含量超过全重的 50%,故该土定为中砂。

砂土的天然孔隙比　　$e=\dfrac{d_s\gamma_w(1+w)}{\gamma}-1=\dfrac{2.7\times10(1+0.0943)}{16.6}-1=0.78$

砂土的最大孔隙比　　$e_{max}=\dfrac{d_s\gamma_w}{\gamma_{dmin}}-1=\dfrac{2.7\times10}{14.5}-1=0.86$

砂土的最小孔隙比　　$e_{min}=\dfrac{d_s\gamma_w}{\gamma_{dmax}}-1=\dfrac{2.7\times10}{16.2}-1=0.67$

相对密实度　　$D_r=\dfrac{e_{max}-e}{e_{max}-e_{min}}=\dfrac{0.86-0.78}{0.86-0.67}=0.42$

因为 $0.33<D_r<0.67$,所以该砂处于中密状态。

【例 1-4】 A、B 两种土样,试验结果见表 1-16,试确定该土的名称及软硬状态。

表 1-16

土样	天然含水量 w	塑限 $w_P(\%)$	液限 $w_L(\%)$	土样	天然含水量 w	塑限 $w_P(\%)$	液限 $w_L(\%)$
A	40.4	25.4	47.9	B	23.2	21.0	31.2

【解】 A 土:塑性指数　　$I_P=w_L-w_P=47.9-25.4=22.5$

　　　　液性指数　　$I_L=\dfrac{w-w_P}{I_P}=\dfrac{40.4-25.4}{22.5}=0.67$

因 $I_P>17$,$0.25<I_L\leqslant0.75$,所以该土为黏土,可塑状态;

B 土:塑性指数　　$I_P=w_L-w_P=31.2-21=10.2$

　　　液性指数　　$I_L=\dfrac{w-w_P}{I_P}=\dfrac{23.2-21}{10.2}=0.22$

因 $10<I_P\leqslant17$,$0<I_L\leqslant0.25$,所以该土为粉质黏土,硬塑状态。

第七节　岩土的野外鉴别方法

一、碎石土、砂土野外鉴别方法

碎石土、砂土野外鉴别方法见表 1-17

碎石土、砂土野外鉴别方法　　　　　　　　　表 1-17

类别	土的名称	观察颗粒粗细	干燥时的状态及强度	湿润时用手拍击状态	粘着程度
碎石土	卵(碎)石	一半以上的颗粒超过 20mm	颗粒完全分散	表面无变化	无粘着感觉
碎石土	圆(角)砾	一半以上的颗粒超过 2mm（小高粱粒大小）	颗粒完全分散	表面无变化	无粘着感觉
砂土	砾砂	约有 1/4 以上的颗粒超过 2mm（小高粱粒大小）	颗粒完全分散	表面无变化	无粘着感觉
砂土	粗砂	约有一半以上的颗粒超过 0.5mm（细小米粒大小）	颗粒完全分散，但有个别胶结一起	表面无变化	无粘着感觉
砂土	中砂	约有一半以上的颗粒超过 0.25mm（白菜籽粒大小）	颗粒基本分散，局部胶结，但一碰即散	表面偶有水印	无粘着感觉
砂土	细砂	大部分颗粒与粗豆米粉近似（>0.074mm）	颗粒大部分分散，少量胶结，稍加碰撞即散	表面有水印（翻浆）	偶有轻微粘着感觉
砂土	粉砂	大部分颗粒与小米粉近似	颗粒少部分分散，大部分胶结，稍加压力可分散	表面有显著翻浆现象	有轻微粘着感觉

二、黏土、粉质黏土、粉土野外鉴别方法

黏土、粉质黏土、粉土野外鉴别方法见表 1-18。

黏土、粉质黏土、粉土野外鉴别方法　　　　　　　　　表 1-18

土的名称	湿润时用刀切	湿土用手捻摸时的感觉	土的状态		湿土搓条情况
			干土	湿土	
黏土	切面光滑，有黏刀阻力	有滑腻感，感觉不到有砂粒，水分较大时很黏手	土块坚硬，用锤才能打碎	易粘着物体，干燥后不易剥去	塑性大，能搓成直径小于 0.5mm 的长条（长度不短于手掌），手持一端不易断裂
粉质黏土	稍有光滑面，切面平整	稍有滑腻感，有黏滞感，感觉到有少量砂粒	土块用力可压碎	能粘着物体，干燥后较易剥去	有塑性，能搓成直径为 0.5~2mm 的土条
粉土	无光滑面，切面稍粗糙	有轻微黏滞感或无黏滞感，感觉到砂粒较多粗糙	土块用手捏或抛扔时易碎	不易粘着物体，干燥后一碰就掉	塑性小，能搓成直径为 2~3mm 的短条

三、新近沉积黏性土野外鉴别方法

新近沉积黏性土野外鉴别方法见表 1-19。

第一章 土的物理性质及工程分类

新近沉积黏性土野外鉴别方法　　　　　　　　表1-19

沉积环境	颜色	结构性	含有物
河漫滩和山前洪、冲积扇的表层；古河道；已填塞的湖、塘、沟、谷；河道泛滥区	颜色较深而暗，呈褐、暗黄或灰色，含有机质较多时带灰黑色	结构性差，用手扰动原状土时极易变软，塑性较低的土还有振动析水现象	在完整的剖面中无原生的粒状结构体，但可能含有圆形的钙质结构体或贝壳等，在城镇附近可能含有少量碎砖、陶片或朽木等人类活动的遗物

四、人工填土、淤泥、黄土、泥炭野外鉴别方法

人工填土、淤泥、黄土、泥炭野外鉴别方法见表1-20。

人工填土、淤泥、黄土、泥炭野外鉴别方法　　　　表1-20

土的名称	观察颜色	夹杂物质	形状（构造）	浸入水中的现象	湿土搓条情况
人工填土	无固定颜色	砖瓦碎块、垃圾、炉灰等	夹杂物显露于外，构造无规律	大部分变层稀软淤泥，其余部分为碎瓦、炉渣在水中单独出现	一般能搓成3mm土条但易断，遇有杂质甚多时不能搓条
淤泥	灰黑色有臭味	池沼中半腐朽的细小动植物遗体，如草根、小螺壳等	夹杂物轻，仔细观察可以发现构造常呈层状，但有时不明显	外观无显著变化，在水面出现气泡	一般淤泥质土接近黏质粉土，能搓成3mm土条，容易断裂
黄土	黄褐二色的混合色	有白色粉末出现在纹理之中	夹杂物质常清晰显见，构造上有垂直大孔（肉眼可见）	即行崩散而分成散的颗粒集团，在水面出现许多白色液体	搓条情况与正常的粉质黏土相似
泥炭	深灰或黑色	有半腐朽的动植物遗体，其含量超过60%	夹杂物有时可见，构造无规律	极易崩碎，变成稀软淤泥，其余部分为植物根动物残渣漂悬浮于水中	一般能搓成1~3mm土条，但残渣甚多时，仅能搓成3mm以上的土条

本章小结

本章主要介绍了土的成因、结构、构造、特性、组成等概念，讨论了土的三相比例关系、土的物理性质、土的物理状态及岩土的工程分类。通过本章的学习，应

掌握　土的组成及比例关系对土体性质的影响，土的物理性质、物理状态评价指标及其在工程中的应用，能熟练进行土的物理性质指标计算并分析土的各种状态，能进行试验操作测定相关指标。

理解　岩土的工程分类，能简单鉴别常见土的种类。

了解　土的成因、结构、构造、工程特性等概念。

实践教学内容

题目一、土工试验

1. 目的与意义

土工试验是学习土力学基本理论不可缺少的教学环节，也是地基基础施工现场的一项重要工作。通过试验，加深对基本理论的理解，掌握试验目的、仪器设备、操作方法步骤、成果整理等环节，是培养试验技能和试验结果分析能力的重要途径。

2. 内容与要求

在指导教师或试验员的指导下，进行土的密度、天然含水量、土粒相对密度、液限、塑限、击实、颗粒分析等试验。试验方法应遵循《土工试验方法标准》（GB/T 50123—1999），并根据本校试验室具体情况编写《土工试验手册》。

题目二、常见土的野外鉴别

1. 目的与意义

常见土的分类与鉴别是建筑工程施工现场技术人员的一项基本技能。通过实训，对工程现场的地基情况有一个全面了解，并初步学会地基土的简单鉴别方法，积累经验，增加感性认识，引导学生将课堂上学到的知识与实践结合起来。

2. 内容与要求

选择有代表性的基坑开挖现场，在指导教师或工程技术人员的指导下，针对已开挖基坑中的不同土层，观察地基土的特性，了解地基土的成层构造，根据地基土分类与简单鉴别方法，靠目测、手感和借助一些简单工具，鉴定各层土的名称，并与工程地质勘察报告相对照，检验鉴别结果的准确性。若条件容许可现场取样与土工试验结合起来。

复习思考题

1. 土的结构有哪几种？每种结构有何特点？
2. 与其他建筑材料相比，土的主要工程特性有哪些？
3. 影响土渗透性的因素有哪些？水在土体中渗流，会对建筑物地基造成什么影响，如何处理？
4. 影响土压实的主要因素是什么？
5. 土由哪几部分组成？土中固体颗粒、土中水和土中气体三相比例的变化，对土的性质有什么影响？
6. 何谓颗粒级配良好？何谓级配不好？
7. 黏土颗粒表面哪一层水膜对土的工程性质影响最大？
8. 在土的三相比例指标中，哪些指标是直接测定的？其余指标如何导出？
9. 简述 γ、γ_d、γ_{sat}、γ' 的意义，并比较它们的大小。
10. 试用 $V=1$ 表示土的三相比例指标换算图，并推导物理性质指标公式。
11. 已知含水量甲土大于乙土，试问饱和度是否甲土大于乙土？
12. 何谓土的塑限、液限？它们与天然含水量是否有关？
13. 地基岩土分为几大类？它们是如何划分的？

习　题

1-1　在某土层中，用体积为 72cm³ 的环刀取样，经测定：土样质量 129.1g，烘干质量 121.5g，土粒相对密度为 2.7，问该土样的含水量、重度、饱和重度、浮重度、干重度各是多少？

1-2 某完全饱和黏性土的含水量 $w=40\%$，土粒相对密度 $d_s=2.7$，试求土的孔隙比 e 和干重度 γ_d。

1-3 某黏性土的含水量 $w=36.4\%$，液限 $w_L=48\%$，塑限 $w_P=25.4\%$，试求该土样的塑性指数和液性指数，并确定该土样的名称和状态。

1-4 某砂土样，标准贯入试验锤击数 $N=20$，土样颗粒分析结果见表1-21，试确定该土样的名称和状态。

表 1-21

粒径(mm)	0.5~2	0.25~0.5	0.075~0.25	0.05~0.075	0.01~0.05	<0.01
粒组含量(%)	5.6	17.5	27.4	24.0	15.5	10.0

1-5 已知 A 和 B 土样的物理指标见表1-22。

表 1-22

土样	$w_L(\%)$	$w_P(\%)$	$w(\%)$	d_s	S_r
A	32	14	45	2.7	1.0
B	15	5	26	2.68	1.0

试问下列结论是否正确？
(1) A 土样比 B 土样含有更多的黏粒。
(2) A 土样比 B 土样具有更大的重度。
(3) A 土样比 B 土样的干重度大。
(4) A 土样比 B 土样的孔隙率大。

第二章 地基中的应力计算

[学习重点]

1. 自重应力、基底压力、基底附加压力、地基附加应力、中心受荷、偏心受荷、角点法、应力泡、柔性基础、刚性基础、附加应力扩散等概念。
2. 地下水位变化对自重应力的影响。
3. 自重应力、基底压力和附加应力的分布规律。
4. 应力叠加原理和"角点法"的应用。
5. 自重应力、基底压力和附加应力的计算。

建议通过介绍各种应力的概念、区别和分布规律去加深理解对建筑地基的影响;把已有的力学知识和本章内容联系起来,公式不作过多推导,重在应用。

土像其他任何材料一样,受力后也要产生应力和变形。在地基上建造建筑物将使地基中原有的应力状态发生变化,引起地基变形。如果应力变化引起的变形量在容许范围以内,则不致对建筑物的使用和安全造成危害;当外荷载在土中引起的应力过大时,则不仅会使建筑物发生不能容许的过大沉降,甚至可能使土体发生整体破坏而失去稳定。因此,研究土中应力计算和分布规律是研究地基变形和稳定问题的依据。

土体中的应力按其产生的原因主要有两种:由土体本身重量引起的自重应力和由外荷载引起的附加应力。

第一节 土体自重应力的计算

自重应力是指土体本身的有效重量产生的应力,在建筑物建造之前就存在于土中,使土体压密并具有一定的强度和刚度。研究地基自重应力的目的是为了确定土体的初始应力状态。

一、竖向自重应力

假定地表面是无限延伸的水平面,在深度 z 处水平面上各点的自重应力相等且均匀地无限分布,任何竖直面和水平面上均无剪应力存在,故地基中任意深度 z 处的竖向自重应力就等于单位面积上的土柱重量。

如图 2-1(a)所示,若 z 深度内的土层为均质土,天然重度 γ 不发生变化,则土柱的自身重力为 $W=\gamma z A$,而 W 必与 z 深度处的竖向自重应力 σ_{cz} 的合力 $\sigma_{cz}A$ 相平衡,故有:

$$\sigma_{cz}=\gamma z \tag{2-1}$$

当地基由多个不同重度的土层(成层土)组成时,则任意深度 $z=\sum_{i=1}^{n} z_i$ 处的竖向自重应力可按竖向各分段土柱自重相加的方法求出，即：

$$\sigma_{cz}=\gamma_1 z_1+\gamma_2 z_2+\cdots\cdots+\gamma_n z_n=\sum_{i=1}^{n}\gamma_i z_i \qquad (2-2)$$

式中　　n——地基中的土层数；
　　　　γ_i——第 i 层土的重度(kN/m^3)；
　　　　z_i——第 i 层土的厚度(m)。

对均质土，自重应力沿深度成直线分布，如图 2-1(b)所示；对成层土，自重应力在土层界面处发生转折，沿深度成折线分布，如图 2-2 所示。

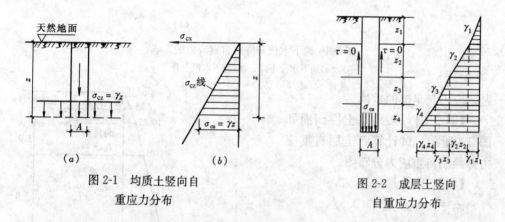

图 2-1　均质土竖向自重应力分布

图 2-2　成层土竖向自重应力分布

若计算应力点在地下水位以下，由于地下水位以下土体受到水的浮力作用，使土体的有效重量减少，故在计算土体的竖向自重应力时，对地下水位以下的土层应按土的有效重度 γ' 计算。

在地下水位以下，如埋藏有不透水层(例如岩层或只含强结合水的竖硬黏土层)时，由于不透水层中不存在水的浮力，所以不透水层层面及层面以下的自重应力等于上覆土和水的总重。

二、水平自重应力

地基中除了存在作用于水平面上的竖向自重应力外，还存在作用于竖直面上的水平自重应力 σ_{cx} 和 σ_{cy}。把地基近似按弹性体分析，并将侧限条件代入，可推导得：

$$\sigma_{cx}=\sigma_{cy}=K_0\sigma_{cz} \qquad (2-3)$$

式中 K_0 称为土的静止侧压力系数，它是侧限条件下土中水平向应力与竖向应力之比，依土的种类、密度不同而异，可由试验确定。

三、地下水位变化对自重应力的影响

由于土的自重应力取决于土的有效重量，有效重量在地下水位以上用天然重度，在地下水位以下用浮重度。因此地下水位的升降变化会引起自重应力的变化。如图 2-3(a)所示，由于大量抽取地下水等原因，造成地下水位大幅度下降，使地基中原水位以下土体的有效自重应力增加，会造成地表下沉的严重后果。如图 2-3(b)所示，地下水位上升的情况一般发生在人工抬高蓄水水位的地区(如筑坝蓄水)或工业用水等大量渗入地下的地区。如果该地区土层具有遇水后土的性质发生变化(如湿陷性或膨胀性等)的特性，则地下水位的上升会导致一些工程问

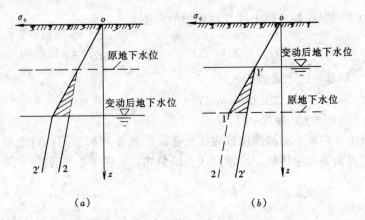

图 2-3 地下水位升降对自重应力的影响
(a)地下水位下降；(b)地下水位上升

题，应引起足够的重视。

【例 2-1】 某地基土层剖面如图 2-4 所示，试计算各土层自重应力并绘制自重应力分布图。

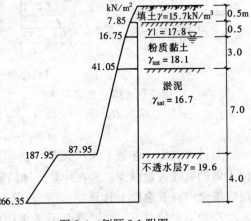

图 2-4 例题 2-1 附图

【解】 填土层底

$$\sigma_{cz} = \gamma_1 z_1 = 15.7 \times 0.5 = 7.85 \text{kN/m}^2$$

地下水位处

$$\sigma_{cz} = \gamma_1 z_1 + \gamma_2 z_2 = 7.85 + 17.8 \times 0.5 = 16.75 \text{kN/m}^2$$

粉质黏土层底

$$\sigma_{cz} = \gamma_1 z_1 + \gamma_2 z_2 + \gamma_3' z_3 = 16.75 + (18.1 - 10) \times 3 = 41.05 \text{kN/m}^2$$

淤泥层底

$$\sigma_{cz} = \gamma_1 z_1 + \gamma_2 z_2 + \gamma_3' z_3 + \gamma_4' z_4 = 41.05 + (16.7 - 10) \times 7 = 87.95 \text{kN/m}^2$$

不透水层层面

$$\sigma_{cz} = \gamma_1 z_1 + \gamma_2 z_2 + \gamma_3' z_3 + \gamma_4' z_4 + \gamma_w (z_3 + z_4) = 87.95 + 10 \times (3+7) = 187.95 \text{kN/m}^2$$

钻孔底

$$\sigma_{cz} = 187.95 + 19.6 \times 4 = 266.35 \text{kN/m}^2$$

自重应力分布如图 2-4 所示。

第二节 基底压力的计算

建筑物荷载通过基础传给地基，基础底面传递到地基表面的压力称为基底压力，而地基支承基础的反力称为地基反力。基底压力与地基反力是大小相等、方向相反的作用力与反作用力。基底压力是分析地基中应力、变形及稳定性的外荷载，地基反力则是计算基础结构内力的外荷载。因此，研究基底压力的分布规律和计算方法具有重要的工程意义。

一、基底压力的分布规律

精确地确定基底压力的分布形式是一个相当复杂的问题，它涉及地基与基础的相对刚度、荷载大小及其分布情况、基础埋深和地基土的性质等多种因素。

绝对柔性基础(如土坝、路基、钢板做成的储油罐底板等)的抗弯刚度 $EI=0$，在垂直荷载作用下没有抵抗弯曲变形的能力，基础随着地基一起变形，中部沉降大，两边沉降小，基底压力的分布与作用在基础上的荷载分布完全一致(图2-5a)。如果要使柔性基础的各点沉降相同，则作用在基础上的荷载应是两边大而中部小(图2-5b)。

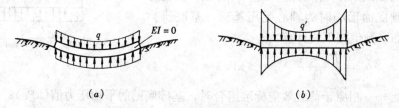

图 2-5 柔性基础的基底压力分布

绝对刚性基础的抗弯刚度 $EI=\infty$，在均布荷载作用下，基础只能保持平面下沉而不能弯曲，但对地基而言，均匀分布的基底压力将产生不均匀沉降，其结果是基础变形与地基变形不相适应(图2-6a)。为使地基与基础的变形协调一致，基底压力的分布必是两边大而中部小。如果地基是完全弹性体，由弹性理论解得基底压力分布如图2-6(b)所示，边缘处压力将为无穷大。

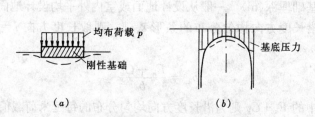

图 2-6 刚性基础的基地压力分布

有限刚度基础是工程中最常见的情况，具有较大的抗弯刚度，但不是绝对刚性，可以稍微弯曲。由于绝对刚性和绝对柔性基础只是假定的理想情况，地基也不是完全弹性体，当基底两端的压力足够大，超过土的极限强度后，土体就会形成塑性区，所承受的压力不再增大，自行调整向中间转移。实测资料表明，当荷载较小时，基底压力分布接近弹性理论解(图2-7a)；随着上部荷载的逐渐增大，基底压力转变为马鞍形分布(图2-7b)，抛物线形分布(图2-7c)；当荷载接近地基的破坏荷载时，压力图形为钟形分布(图2-7d)。

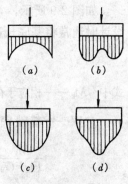

图 2-7 荷载对基底压力的影响

二、基底压力的简化计算

从以上分析可见,基底压力分布形式是十分复杂的,但由于基底压力都是作用在地表面附近,其分布形式对地基应力的影响将随深度的增加而减少,而决定于荷载合力的大小和位置。因此,目前在工程实践中,对一般基础均采用简化方法,即假定基底压力按直线分布的材料力学公式计算。

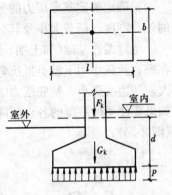

图 2-8 轴心受压基础基底压力

（一）轴心荷载作用下的基底压力

如图 2-8 所示,作用在基础上的荷载,其合力通过基础底面形心时为轴心受压基础,基底压力均匀分布,数值按下式计算：

$$p_k = \frac{F_k + G_k}{A} \quad \text{(kPa)} \qquad (2-4)$$

式中 p_k——相应于荷载效应标准组合时,基础底面的平均压力值(kPa)；

F_k——相应于荷载效应标准组合时,上部结构传至基础顶面的竖向力(kN)；

G_k——基础自重和基础上的土重(kN), $G = \gamma_G A d$；

A——基础底面积(m^2),对矩形基础 $A = b \cdot l$, b 及 l 分别为基底的宽度和长度；

γ_G——基础及其上回填土的平均重度,一般可近似取 $20 kN/m^3$,在地下水位以下部分应扣除水的浮力作用；

d——基础埋深(m),一般从设计地面或室内外平均设计地面起算。

对于荷载沿长度方向均匀分布的条形基础,则取长度方向 $l = 1m$ 为计算单元,则公式为：

$$p_k = \frac{F_k + G_k}{b} \qquad (2-5)$$

此时公式中的 $F_k + G_k$ 则为沿长度方向均匀分布的每延米荷载值(kN/m)。

（二）偏心荷载作用下的基底压力

如图 2-9 所示,常见的偏心荷载作用于矩形基础的一个主轴上,即单向偏心。设计时通常将基底长边 l 方向取为与偏心方向一致,则基底边缘压力为：

$$\begin{matrix} p_{kmax} \\ p_{kmin} \end{matrix} = \frac{F_k + G_k}{A} \pm \frac{M_k}{W} \qquad (2-6)$$

式中 M_k——相应于荷载效应标准组合时,作用在基础底面的力矩值(kN·m)；

W——基础底面的抵抗矩(m^3),对矩形基础 $W = \frac{bl^2}{6}$,将偏心矩 $e = \frac{M_k}{F_k + G_k}$、$A = bl$、$W = \frac{bl^2}{6}$ 代入式(2-6),得：

$$\begin{matrix} p_{kmax} \\ p_{kmin} \end{matrix} = \frac{F_k + G_k}{bl} \left(1 \pm \frac{6e}{l}\right) \qquad (2-7)$$

由上式可见：

当 $e<\dfrac{l}{6}$ 时，基底压力呈梯形分布（图 2-9a）；

当 $e=\dfrac{l}{6}$ 时，基底压力呈三角形分布（图 2-9b）；

当 $e>\dfrac{l}{6}$ 时，上式计算结果 $p_{\min}<0$，表示基底出现拉应力，如图 2-9(c) 中虚线所示。由于基底与地基之间不能承受拉力，故基底与地基之间将局部分开，导致基底压力重新分布。根据偏心荷载应与基底反力平衡的条件，合力 F_k+G_k 应通过三角形基底压力分布图的形心，由此可得基底边缘最大压力为：

$$p_{k\max}=\dfrac{2(F_k+G_k)}{3ab} \qquad (2-8)$$

式中 a——单向偏心荷载作用点至基底最大压力边缘的距离（m），$a=\dfrac{l}{2}-e$；

b——基础底面宽度（m）。

对于偏心荷载沿长度方向均匀分布的条形基础，则偏心方向与基底短边 b 方向一致，此时取长度方向 $l=1m$ 为计算单位，基底边缘压力为：

$$\genfrac{}{}{0pt}{}{p_{k\max}}{p_{k\min}}=\dfrac{F_k+G_k}{b}\left(1\pm\dfrac{6e}{l}\right) \qquad (2-9)$$

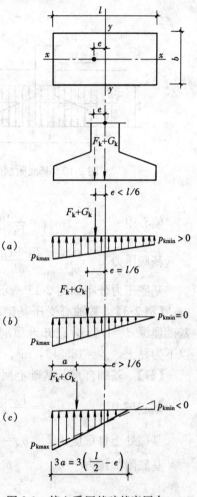

图 2-9 偏心受压基础基底压力

三、基底附加压力

由于修造建筑物，在地基中增加的压力称为附加压力。在基础建造前，基底处已存在土的自重应力，这部分自重应力引起的地基变形可以认为已经完成。由于基坑开挖使该自重应力卸荷，故引起地基附加应力和变形的压力应为基底压力扣除原先已存在的土的自重应力（图 2-10）。即基底附加压力为：

轴心荷载时： $\qquad p_0=p_k-\sigma_{cz} \qquad (2-10)$

偏心荷载时： $\qquad \genfrac{}{}{0pt}{}{p_{0\max}}{p_{0\min}}=\genfrac{}{}{0pt}{}{p_{k\max}}{p_{k\min}}-\sigma_{cz} \qquad (2-11)$

式中 p_0——基底附加压力（kPa）；

σ_{cz}——基底处土的自重应力（kPa）。

【例 2-2】 某基础底面尺寸 $l=3m$，$b=2m$，基础顶面作用轴心力 $F_k=450kN$，弯矩 $M_k=150kN\cdot m$，基础埋深 $d=1.2m$，试计算基底压力并绘出分布图（图 2-11）。

【解】 基础自重及基础上回填土重 $G_k=\gamma_G Ad=20\times 3\times 2\times 1.2=144kN$

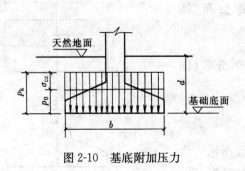

图 2-10 基底附加压力

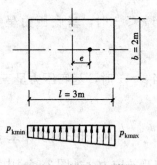

图 2-11 例题 2-2 附图

偏心距 $e=\dfrac{M_k}{F_k+G_k}=\dfrac{150}{450+144}=0.253\text{m}$

基底压力 $\begin{aligned}p_{kmax}\\p_{kmin}\end{aligned}=\dfrac{F_k+G_k}{bl}\left(1\pm\dfrac{6e}{l}\right)=\dfrac{450+144}{2\times 3}\left(1\pm\dfrac{6\times 0.253}{3}\right)=\begin{aligned}149.1\\48.9\end{aligned}\text{kPa}$

基底压力分布如图 2-11 所示。

【例 2-3】 某轴心受压基础底面尺寸 $l=b=2\text{m}$,基础顶面作用 $F_k=450\text{kN}$,基础埋深 $d=1.5\text{m}$,已知地质剖面第一层为杂填土,厚 0.5m,$\gamma_1=16.8\text{kN/m}^3$;以下为黏土,$\gamma_2=18.5\text{kN/m}^3$,试计算基底压力和基底附加压力。

【解】 基础自重及基础上回填土重 $G_k=\gamma_G Ad=20\times 2\times 2\times 1.5=120\text{kN}$

基底压力 $p_k=\dfrac{F_k+G_k}{A}=\dfrac{450+120}{2\times 2}=142.5\text{kPa}$

基底处土自重应力 $\sigma_{cz}=\gamma_1 z_1+\gamma_2 z_2=16.8\times 0.5+18.5\times 1.0=26.9\text{kPa}$

基底附加压力 $p_0=p_k-\sigma_{cz}=142.5-26.9=115.6\text{kPa}$

第三节 竖向荷载作用下地基附加应力计算

地基附加应力是指由新增加建筑物荷载在地基中产生的应力。对一般天然土层来说,土的自重应力引起的压缩变形在地质历史上早已完成,不会再引起地基沉降,因此引起地基变形与破坏的主要原因是附加应力。目前采用的计算方法是根据弹性理论推导的。

一、竖向集中荷载作用下附加应力计算

地表面上作用一个集中荷载,实践中虽然不存在,但集中荷载在地基中引起的应力解答却是求解地基内附加应力及其分布的基础。

1885 年法国学者布辛内斯克(J·Boussinesq)用弹性理论推出了在半无限空间弹性体表面上作用有竖向集中力 P 时,在弹性体内任意点 M 所引起的应力解析解。如图 2-12 所示,以 P 作用点为原点,以 P 作用线为 z 轴,建立坐标系,则 M 点坐标为

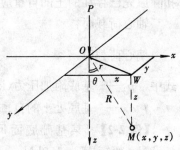

图 2-12 集中力作用土中 M 点的应力

(x, y, z),W点为M点在弹性体表面上的投影。布辛内斯克得出点M的六个应力分量和三个位移分量,其中对地基沉降计算意义最大的是竖向应力σ_z,下面将主要介绍其计算及分布规律。

σ_z的表达式为:

$$\sigma_z = \frac{3P}{2\pi} \cdot \frac{z^3}{R^5} = \frac{3P}{2\pi R^2}\cos^3\theta \tag{2-12}$$

利用图2-12中的几何关系$R=(r^2+z^2)^{\frac{1}{2}}$,式(2-12)可改写为:

$$\sigma_z = \frac{3P}{2\pi} \cdot \frac{z^3}{R^5} = \frac{3}{2\pi} \cdot \frac{1}{\left[1+\left(\frac{r}{z}\right)^2\right]^{5/2}} \cdot \frac{P}{z^2} = K \cdot \frac{P}{z^2} \tag{2-13}$$

式中 K——集中力作用下竖向附加应力系数,可由表2-1查得。

集中力作用下的竖向附加应力系数　　　　表2-1

r/z	K	r/z	K	r/z	K	r/z	K	r/z	K
0	0.4775	0.50	0.2733	1.00	0.0844	1.50	0.0251	2.00	0.0085
0.05	0.4745	0.55	0.2466	1.05	0.0744	1.55	0.0224	2.20	0.0058
0.10	0.4657	0.60	0.2214	1.10	0.0658	1.60	0.0200	2.40	0.0040
0.15	0.4516	0.65	0.1978	1.15	0.0581	1.65	0.0179	2.60	0.0029
0.20	0.4329	0.70	0.1762	1.20	0.0513	1.70	0.0160	2.80	0.0021
0.25	0.4103	0.75	0.1565	1.25	0.0454	1.75	0.0144	3.00	0.0015
0.30	0.3849	0.80	0.1386	1.30	0.0402	1.80	0.0129	3.50	0.0007
0.35	0.3577	0.85	0.1226	1.35	0.0357	1.85	0.0116	4.00	0.0004
0.40	0.3294	0.90	0.1083	1.40	0.0317	1.90	0.0105	4.50	0.0002
0.45	0.3011	0.95	0.0956	1.45	0.0282	1.95	0.0095	5.00	0.0001

集中荷载产生的竖向附加应力σ_z在地基中的分布存在如下规律(图2-13):

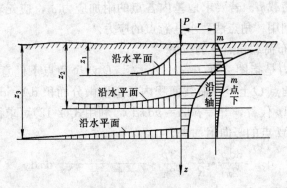

图2-13　σ_z的分布

1. 在集中力P作用线上

在P作用线上,$r=0$,当$z=0$时,$\sigma_z=\infty$;当$z=\infty$时,$\sigma_z=0$。可见,沿P作用线上σ_z的分布随深度增加而递减。

2. 在$r>0$的竖直线上

在 $r>0$ 的竖直线上,当 $z=0$ 时,$\sigma_z=0$;随着 z 的增加,σ_z 从零逐渐增大,至一定深度后又随着 z 的增加逐渐变小。

3. 在 z 为常数的水平面上

在 z 为常数的水平面上,σ_z 在集中力作用线上最大,并随着 r 的增大而逐渐减小。随着深度 z 的增加,集中力作用线上的 σ_z 减小,但随 r 增加而降低的速率变缓。

若在空间将 σ_z 相同的点连接成曲面,可以得到如图 2-14 所示的等值线,其空间曲面的形状如泡状,所以也称为应力泡。

通过上述分析,可以建立起土中应力分布的概念:即集中力 P 在地基中引起的附加应力,在地基中向下、向四周无限扩散,并在扩散的过程中应力逐渐降低。此即应力扩散的概念,与杆件中应力的传递完全不同。

当地基表面作用几个集中力时,可分别算出各集中力在地基中引起的附加应力(图 2-15 中的 a、b 线),然后根据弹性体应力叠加原理求出附加应力的总和,如图 2-15 中 c 线所示。

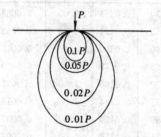
图 2-14 σ_z 的等值线

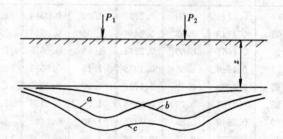
图 2-15 两个集中力作用下地基中 σ_z 的叠加

二、竖向矩形均布荷载作用下附加应力计算

基础传给地基表面的压应力都是面荷载,设长度为 l,宽度为 b 的矩形面积上作用竖向均布荷载 p。若要求地基内各点的附加应力 σ_z,应先求出矩形面积角点下的应力,再利用"角点法"求任意点的应力。

(一)矩形均布荷载角点下的应力

角点下的应力是指图 2-16 中 O、A、C、D 四个角点下任意深度处的应力。将坐标原点取在角点 O 上,在荷载面积内任意取微分面积 $dA=dxdy$,其上荷载的合力以集中力 dp 代替,$dp=pdA=pdxdy$,利用式(2-12)可求得该集中力在角点 O 下深度 z 处 M 点的竖向附加应力。

$$d\sigma_z=\frac{3dp}{2\pi}\cdot\frac{z^3}{R^5}=\frac{3p}{2\pi}\cdot\frac{z^3}{(x^2+y^2+z^2)^{5/2}}dxdy \qquad (2-14)$$

将式(2-14)沿整个矩形面积 $OACD$ 积分,即可得矩形均布荷载 p 在点 M 处的附加应力,

$$\sigma_z=\int_0^l\int_0^b\frac{3p}{2\pi}\cdot\frac{z^3}{(x^2+y^2+z^2)^{\frac{5}{2}}}dxdy=\frac{p}{2\pi}$$

$$\left[\arctan\frac{m}{n\sqrt{m^2+n^2+1}}+\frac{mn}{\sqrt{m^2+n^2+1}}\left(\frac{1}{m^2+n^2}+\frac{1}{n^2+1}\right)\right] \qquad (2-15)$$

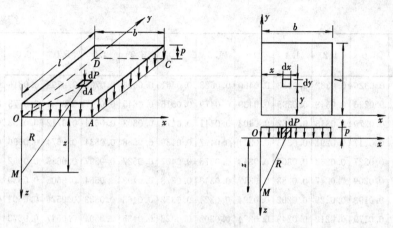

图 2-16 矩形均布荷载角点下的附加应力

式中 $m=\dfrac{l}{b}$，$n=\dfrac{z}{b}$

为计算方便，可将式(2-15)简写为：

$$\sigma_z = K_c p \tag{2-16}$$

式中 K_c——竖向矩形均布荷载角点下的竖向附加应力分布系数，可按公式计算或由表 2-2 查取；

p——均布荷载强度，求地基中附加应力时，用前述基底附加压力 p_0。

竖向均布荷载角点下附加应力系数 K_c 表 2-2

$m=l/b$ $n=z/b$	1.0	1.2	1.4	1.6	1.8	2.0	3.0	4.0	5.0	6.0	10
0.0	0.2500	0.2500	0.2500	0.2500	0.2500	0.2500	0.2500	0.2500	0.2500	0.2500	0.2500
0.2	0.2486	0.2489	0.2490	0.2491	0.2491	0.2491	0.2492	0.2492	0.2492	0.2492	0.2492
0.4	0.2401	0.2420	0.2429	0.2434	0.2437	0.2439	0.2442	0.2443	0.2443	0.2443	0.2443
0.6	0.2229	0.2275	0.2300	0.2315	0.2324	0.2329	0.2339	0.2341	0.2342	0.2342	0.2342
0.8	0.1999	0.2075	0.2120	0.2147	0.2165	0.2176	0.2196	0.2200	0.2202	0.2202	0.2202
1.0	0.1752	0.1851	0.1911	0.1955	0.1981	0.1999	0.2034	0.2042	0.2044	0.2045	0.2046
1.2	0.1516	0.1626	0.1705	0.1758	0.1793	0.1818	0.1870	0.1882	0.1885	0.1887	0.1888
1.4	0.1308	0.1423	0.1508	0.1569	0.1613	0.1644	0.1712	0.1730	0.1735	0.1738	0.1740
1.6	0.1123	0.1241	0.1329	0.1436	0.1445	0.1482	0.1567	0.1590	0.1598	0.1601	0.1604
1.8	0.0969	0.1083	0.1172	0.1241	0.1294	0.1334	0.1434	0.1463	0.1474	0.1478	0.1482
2.0	0.0840	0.0947	0.1034	0.1103	0.1158	0.1202	0.1314	0.1350	0.1363	0.1368	0.1374
2.2	0.0732	0.0832	0.0917	0.0984	0.1039	0.1084	0.1205	0.1248	0.1264	0.1271	0.1277
2.4	0.0642	0.0734	0.0812	0.0879	0.0934	0.0979	0.1108	0.1156	0.1175	0.1184	0.1192
2.6	0.0566	0.0651	0.0725	0.0788	0.0842	0.0887	0.1020	0.1073	0.1095	0.1106	0.1116
2.8	0.0502	0.0580	0.0649	0.0709	0.0761	0.0805	0.0942	0.0999	0.1024	0.1036	0.1048
3.0	0.0447	0.0519	0.0583	0.0640	0.0690	0.0732	0.0870	0.0931	0.0959	0.0973	0.0987
3.2	0.0401	0.0467	0.0562	0.0580	0.0627	0.0668	0.0806	0.0870	0.0900	0.0916	0.0933
3.4	0.0361	0.0421	0.0477	0.0527	0.0571	0.0611	0.0747	0.0814	0.0847	0.0864	0.0882

续表

$m=l/b$ $nn=z/b$	1.0	1.2	1.4	1.6	1.8	2.0	3.0	4.0	5.0	6.0	10
3.6	0.0326	0.0382	0.0433	0.0480	0.0523	0.0561	0.0694	0.0763	0.0799	0.0816	0.0837
3.8	0.0296	0.0348	0.0395	0.0439	0.0479	0.0516	0.0645	0.0717	0.0753	0.0773	0.0796
4.0	0.0270	0.0318	0.0362	0.0403	0.0441	0.0474	0.0603	0.0674	0.0712	0.0733	0.0758
4.2	0.0247	0.0291	0.0333	0.0371	0.0407	0.0439	0.0568	0.0634	0.0674	0.0696	0.0724
4.4	0.0227	0.0268	0.0306	0.0343	0.0376	0.0407	0.0527	0.0597	0.0639	0.0662	0.0692
4.6	0.0209	0.0247	0.0283	0.0317	0.0348	0.0378	0.0493	0.0564	0.0606	0.0630	0.0663
4.8	0.0193	0.0229	0.0262	0.0294	0.0324	0.0352	0.0463	0.0533	0.0576	0.0601	0.0635
5.0	0.0179	0.0212	0.0243	0.0274	0.0302	0.0328	0.0435	0.0504	0.0547	0.0573	0.0610
6.0	0.0127	0.01510	0.0174	0.0196	0.0218	0.0238	0.0325	0.0388	0.0431	0.0460	0.0506
7.0	0.0094	0.0112	0.0130	0.0147	0.0164	0.0180	0.0251	0.0306	0.0346	0.0376	0.0428
8.0	0.0073	0.0087	0.0101	0.0114	0.0127	0.0140	0.0198	0.0246	0.0283	0.0311	0.0367
9.0	0.0058	0.0069	0.0080	0.0091	0.0102	0.0112	0.0161	0.0202	0.0235	0.0262	0.0319
10.0	0.0047	0.0056	0.0065	0.0074	0.0083	0.0092	0.0132	0.0167	0.0198	0.0222	0.0280

（二）矩形均布荷载任意点下的应力——角点法

矩形均布荷载作用下地基内任意点的附加应力，可利用角点下的应力计算式(2-16)和应力叠加原理求得，此方法称为角点法。

如图2-17所示的荷载平面，求 o 点下任意深度的应力时，可过 o 点将荷载面积划分为几个小矩形，使 o 点为每个小矩形的共同角点，利用角点下的应力计算式(2-16)分别求出每个小矩形 o 点下同一深度的附加应力，然后利用叠加原理得总的附加应力。角点法的应用可分为下列三种情况。

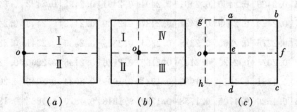

图 2-17 角点法的应用

第一种情况　计算矩形面积边缘上任意点 O 下的附加应力(图2-17a)：
$$\sigma_z = K_c p = (K_{cI} + K_{cII})p$$

第二种情况　计算矩形面积内任意点 O 下的附加应力(图2-17b)：
$$\sigma_z = K_c p = (K_{cI} + K_{cII} + K_{cIII} + K_{cIV})p$$

第三种情况　计算矩形面积外任意点 O 下的附加应力(图2-17c)：
$$\sigma_z = K_c p = (K_{cI} + K_{cII} - K_{cIII} - K_{cIV})p$$

图2-17(c)中 I 为 $ogbf$，II 为 $ofch$，III 为 $ogae$，IV 为 $oedh$。

必须注意：(1) 查表（或公式）确定 K_c 时矩形小面积的长边取 l，短边取 b；

(2)所有划分的矩形小面积总和应等于原有矩形荷载面积。

三、竖向条形均布荷载作用下附加应力计算

当宽度为 b 的条形基础上作用均布荷载 p 时,取宽度 b 的中点作为坐标原点(图 2-18),地基内任意点 $M(x,z)$ 的竖向附加应力为:

$$\sigma_z = K_{sz} p \qquad (2\text{-}17)$$

式中 K_{sz}——条形均布荷载作用下竖向附加应力分布系数,由表 2-3 查取。

条形均布荷载作用下竖向附加应力分布系数　　　表 2-3

z/b	x/b					
	0.00	0.25	0.50	1.00	1.50	2.00
	K_{sz}	K_{sz}	K_{sz}	K_{sz}	K_{sz}	K_{sz}
0.00	1.00	1.00	0.50	0	0	0
0.25	0.96	0.90	0.50	0.02	0.00	0
0.50	0.82	0.74	0.48	0.08	0.02	0.01
0.75	0.67	0.61	0.45	0.15	0.04	0.02
1.00	0.55	0.51	0.41	0.19	0.07	0.03
1.25	0.46	0.44	0.37	0.20	0.10	0.04
1.50	0.40	0.38	0.33	0.21	0.11	0.06
1.75	0.35	0.34	0.30	0.21	0.13	0.07
2.00	0.31	0.31	0.28	0.20	0.14	0.08
3.00	0.21	0.21	0.20	0.17	0.13	0.10
4.00	0.16	0.16	0.15	0.14	0.12	0.10
5.00	0.13	0.13	0.12	0.12	0.11	0.09
6.00	0.11	0.10	0.10	0.10	0.10	—

【例 2-4】 如图 2-19 所示,荷载面积 $2\text{m} \times 1\text{m}$,$p=100\text{kPa}$,求 A、E、O、F、G 各点下 $z=1\text{m}$ 深度处的附加应力,并利用计算结果说明附加应力的扩散规律。

【解】 (1) A 点下的应力

A 点是矩形 $ABCD$ 的角点,$m=\dfrac{l}{b}=\dfrac{2}{1}=2$,$n=\dfrac{z}{b}=1$,由表 2-2 查得 $K_{cA}=0.1999$,故 A 点下的竖向附加应力为:$\sigma_{zA}=K_{cA}P=0.1999 \times 100 = 19.99\text{kPa}$

(2) E 点下的应力

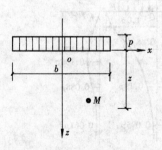

图 2-18　条形均布荷载作用下地基内某点附加应力

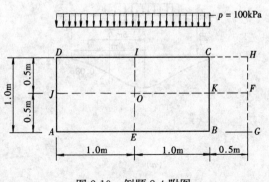

图 2-19　例题 2-4 附图

过 E 点将矩形荷载面积分为两个相等小矩形 $EADI$ 和 $EBCI$。任一个小矩形 $m=1$、$n=1$，由表 2-2 查得 $K_{cE}=0.1752$，故 E 点下的竖向附加应力为：

$$\sigma_{zE}=2K_{cE}P=2\times 0.1752\times 100=35.04\text{kPa}$$

(3) O 点下的应力

过 O 点将矩形面积分为四个相等小矩形，任一个小矩形 $m=\dfrac{1}{0.5}=2$，$n=\dfrac{1}{0.5}=2$，由表 2-2 查得 $K_{cO}=0.1202$，故 O 点下的竖向附加应力为：

$$\sigma_{zO}=4K_{cO}P=4\times 0.1202\times 100=48.08\text{kPa}$$

(4) F 点下的应力

过 F 点做矩形 $FGAJ$，$FJDH$，$FGBK$，$FKCH$。设矩形 $FGAJ$ 和 $FJDH$ 的角点应力系数为 K_{cI}；矩形 $FGBK$ 和 $FKCH$ 的角点应力系数为 K_{cII}。

求 K_{cI}：$m=\dfrac{2.5}{0.5}=5$，$n=\dfrac{1}{0.5}=2$，由表 2-2 查得 $K_{cI}=0.1363$

求 K_{cII}：$m=\dfrac{0.5}{0.5}=1$，$n=\dfrac{1}{0.5}=2$，由表 2-2 查得 $K_{cII}=0.084$

故 F 点下的竖向附加应力为：

$$\sigma_{zF}=2(K_{cI}-K_{cII})p=2\times(0.1363-0.084)\times 100=10.46\text{kPa}$$

(5) G 点下的应力

过 G 点作矩形 $GADH$ 和 $GBCH$，分别求出它们的角点应力系数 K_{cI} 和 K_{cII}。

求 K_{cI}：$m=\dfrac{2.5}{1}=2.5$，$n=\dfrac{1}{1}=1$，由表 2-2 查得 $K_{cI}=0.2016$

求 K_{cII}：$m=\dfrac{1}{0.5}=2$，$n=\dfrac{1}{0.5}=2$，由表 2-2 查得 $K_{cII}=0.1202$

故 G 点下的竖向附加应力为：

$$\sigma_{zG}=(K_{cI}-K_{cII})p=(0.2016-0.1202)\times 100=8.14\text{kPa}$$

将计算结果绘成图 2-20(a)；将点 O 和点 F 下不同深度的 σ_z 求出并绘成图 2-20(b)，可以形象地表现出附加应力的分布规律，请读者自行总结。

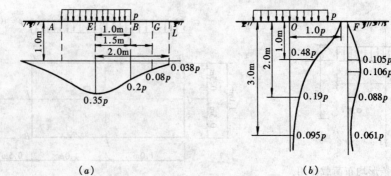

图 2-20 例题 2-4 计算结果

本 章 小 结

本章主要介绍了土的自重应力、基底压力、基底附加压力和地基附加应力的计算，讨论了分布规律、应力叠加原理和对建筑地基的影响。通过本章的学习，应

掌握 土的自重应力、基底压力和附加应力的概念及计算方法，能熟练运用"角点法"计算矩形及条形基础均布荷载作用下的附加应力。

理解 地下水位变化对自重应力的影响，自重应力、附加应力的分布规律和应力叠加原理，会分析相邻基础间的影响。

了解 基底压力的分布规律。

复 习 思 考 题

1. 何谓基底压力、地基反力、基底附加压力、土中附加应力？
2. 地下水位的升、降对土自重应力有何影响？
3. 土中自重应力和附加应力的物理意义是什么？两者沿深度的分布有什么特点？通常建筑物的沉降是怎样引起的？土的自重应力是否在任何情况下都不会引起建筑物的沉降？
4. 在集中荷载作用下地基中附加应力的分布有何规律？
5. 假设基底压力保持不变，若基础埋置深度增加对土中附加应力有何影响？
6. 何为角点法？如何应用角点法计算任意点的附加应力？
7. 如图 2-21 所示均布荷载面积，如 p 相同，试比较 A 点下深度均为 5m 处的土中附加应力大小。

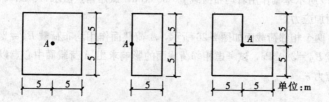

图 2-21　复习思考题 7 题附图

8. 如图 2-22 所示，欲求 O 点下的附加应力，试用"角点法"确定 K_c。

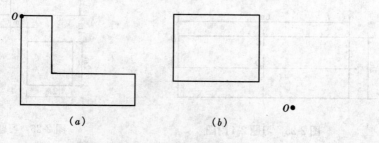

图 2-22　复习思考题 8 题附图

习 题

2-1 某建筑物地基的地质资料如图 2-23 所示,试计算各层交界处的竖向自重应力并绘出其沿深度的分布图。

2-2 某基础底面尺寸为 4m×2m,基础埋深为 1.5m,在设计地面标高处作用偏心荷载 700kN,偏心距(长边方向)0.6m,试计算基底压力(长边方向)和基底平均压力,并绘出基底压力分布图。

2-3 某轴心受压基础如图 2-24 所示,已知 F_k=500kN,基底面积 2m×2m,求基底附加压力。

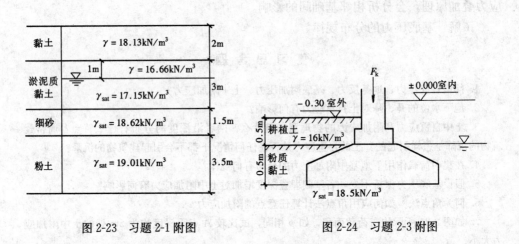

图 2-23 习题 2-1 附图　　　　图 2-24 习题 2-3 附图

2-4 图 2-25 所示基础作用着均布荷载 p=300kPa,试用角点法求 A、B、C、D 各点下 4m 深度处的竖向附加应力。

2-5 A、B 两个相邻荷载面如图 2-26 所示,A 荷载面作用均布荷载 P_A=200kPa,B 荷载面作用均布荷载 P_B=300kPa,试考虑相邻荷载面的影响求出 A 荷载面中心点以下深度 z=2m 处的竖向附加应力 σ_z。

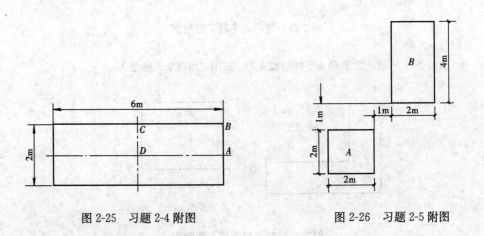

图 2-25 习题 2-4 附图　　　　图 2-26 习题 2-5 附图

第三章 土的压缩性与地基沉降计算

[学习重点]
1. 土的压缩性、有效应力、超静水压力、固结、固结度、压缩系数、压缩模量、沉降量、沉降差、倾斜、局部倾斜等概念。
2. 土的压缩试验与压缩曲线。
3. 压缩系数、压缩模量等压缩指标的表达式及工程中的应用。
4. 地基最终沉降量的计算方法与步骤。
5. 建筑物的沉降观测方法与要求。

建议地基最终沉降量的计算要特别介绍清楚分层厚度、分层界面、压缩层厚度、自重应力和附加应力分布、附加应力系数面积、压缩模量取值、相邻荷载的影响等关键问题。通过室内压缩试验和参观现场原位测试加深对土的压缩性和地基沉降的理解。

第一节 概 述

土是一种散粒沉积物,具有压缩性。在建筑物荷载作用下,地基中产生附加应力,从而引起地基变形(主要是竖向变形),建筑物基础亦随之沉降。对于非均质地基或上部结构荷载差异较大时,基础部分还可能出现不均匀沉降。如果沉降或不均匀沉降超过容许范围,将会影响建筑物的正常使用,如引起上部结构的过大下沉、裂缝、扭曲或倾斜,严重时还将危及建筑物的安全。因此,研究地基的变形,对于保证建筑物的经济性和安全具有重要意义。为了保证建筑物的正常使用和经济合理,在地基基础设计时就必须计算地基的变形值,将这一变形值控制在允许范围内,否则应采取必要的措施。

导致地基变形的因素很多,但大多数情况下主要是建筑物荷载引起的。本章主要介绍土的压缩性、压缩性指标及由建筑物荷载引起的地基最终沉降量的计算。

第二节 土 的 压 缩 性

一、基本概念

(一) 压缩性

土在压力作用下体积缩小的特性称为土的压缩性。土体积缩小的原因,从土的三相组成来看不外乎有以下三个方面:①土颗粒本身的压缩;②土孔隙中不同形态的水和气体的压缩;③孔隙中部分水和气体被挤出,土颗粒相互移动靠拢使孔隙体积减小。试验研究表明，在一般建筑物压力100～600kPa作用下，土颗粒和水自身体积的压缩都很小，可以略去不计。气体的压缩性较大，密闭系统中，土的压缩是气体压缩的结果，但在压力消失后，土的体积基本恢复，即土呈弹性。而自然界中土是一个开放系统，孔隙中的水和气体在压力作用下不可能被压缩而是被挤出，因此，土的压缩变形主要是由于孔隙中水和气体被挤出，致使土孔隙体积减小而引起的。

（二）固结与固结度

土的压缩需要一定的时间才能完成，对于无黏性土，压缩过程所需的时间较短。对于饱和黏性土，由于水被挤出的速度较慢，压缩过程所需的时间就相当长，需几年甚至几十年才能压缩稳定。

土的压缩随时间而增长的过程称为土的固结。饱和土在荷载作用后的瞬间，孔隙中水承受了由荷载产生的全部压力，此压力称为孔隙水压力或称超静水压力，孔隙水在超静水压力作用下逐渐被排出，同时使土粒骨架逐渐承受这部分压力，此压力称为有效应力。在有效应力增加的过程中，土粒孔隙被压密，土的体积被压缩。所以土的固结过程就是超静水压力消散而转为有效应力的过程。由上述分析可知，在饱和土的固结过程中，任一时间内，有效应力σ'与超静水压力u之和总是等于由荷载产生的附加应力σ，即

$$\sigma = \sigma' + u \tag{3-1}$$

在加荷瞬间，$\sigma=u$而$\sigma'=0$。当固结变形稳定时，$u=0$而$\sigma'=\sigma$，也就是说只要超静水压力消散，有效应力增至最大值σ，则饱和土完全固结。

土在固结过程中某一时间t的固结沉降量s_t与固结稳定的最终沉降量s之比称为固结度U_t，即

$$U_t = \frac{s_t}{s} \tag{3-2}$$

由式(3-2)可知，当$t=0$时，$s_t=0$，则$U_t=0$，即固结完成0%；当固结稳定时，$s_t=s$，则$U_t=1.0$，即固结基本上达到100%完成。固结度变化范围为0～1，它表示在某一荷载作用下经过t时间后土体所能达到的固结程度。

各种土在不同条件下的压缩特性有很大差别，可以通过室内压缩试验和现场载荷试验测定。

二、室内压缩试验与压缩性指标

（一）压缩试验与压缩曲线

室内压缩试验是用环刀取土样放入单向固结仪或压缩仪内进行的，由于该试验中土样受到环刀和护环等刚性护壁的约束，在压缩过程中不可能发生侧向膨胀，只能产生竖向变形，因此又称为侧限压缩试验。土的压缩特性可由试验中施加的竖向垂直压力p与相应固结稳定状态下的土孔隙比e之间关系反映出来。

试验时，逐级对土样施加分布压力，一般按$p=50$、100、200、300、400kPa五级加荷，待土样压缩相对稳定后（符合现行《土工试验方法标准》（GB/T 50123—1999)有关规定要求）测定相应变形量s_i，而s_i可用孔隙比的变化来表示。

设 h_0 为土样初始高度，h_i 为土样受压后的高度，s_i 为压力 p_i 作用下土样压缩稳定后的压缩量，则 $h_i = h_0 - s_i$（图3-1）。

根据土的孔隙比定义，初始孔隙比为

$$e_0 = \frac{V_v}{V_s} = \frac{V - V_s}{V_s} = \frac{V}{V_s} - 1$$

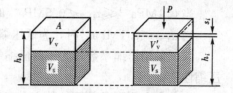

图 3-1 土样侧限压缩孔隙体积变化示意图

设土样横断面积为 A，则 $V = h_0 A$，代入上式得

$$V_s = \frac{h_0 A}{1 + e_0} \tag{a}$$

用某级压力 p_i 作用下的孔隙比 e_i 和稳定压缩量 s_i 表示土粒体积

$$V_s = \frac{h_i A}{1 + e_i} = \frac{(h_0 - s_i) A}{1 + e_i} \tag{b}$$

忽略土粒体积变形，故式(a)与式(b)相等，由此可解得某级荷载 p_i 作用下压缩稳定后的孔隙比 e_i 与初始孔隙比 e_0、压缩量 s_i 之间的关系

$$e_i = e_0 - \frac{s_i}{h_0}(1 + e_0) \tag{3-3}$$

以压力 p 为横坐标，孔隙比 e 为纵坐标，可以绘出 e—p 关系曲线，此曲线称为压缩曲线，如图3-2所示。

（二）压缩指标

在图3-2所示的压缩曲线中，当压力 $p_1 \sim p_2$ 变化范围不大时，可以将压缩曲线上的 $M_1 M_2$ 小段曲线用其割线来代替。若 M_1 点压力为 p_1，相应的孔隙比为 e_1；M_2 点的压力为 p_2，相应的孔隙比为 e_2，则 $M_1 M_2$ 段的斜率可表示为

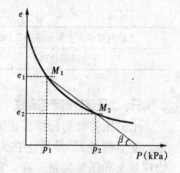

图 3-2 压缩曲线

$$a = \tan\beta = \frac{e_1 - e_2}{p_2 - p_1} = -\frac{\Delta e}{\Delta p} \tag{3-4}$$

a 值表示单位压力增量所引起的孔隙比的变化，称为土的压缩系数。式(3-4)中 a 的常用单位为 MPa^{-1}，p 的常用单位为 kPa。显然，a 值越大，表明曲线斜率大即曲线越陡，说明压力增量 Δp 一定的情况下孔隙比增量 Δe 越大，则土的压缩性就越高。因此，压缩系数 a 值是判断土压缩性高低的一个重要指标。

由图3-2还可以看出，同一种土的压缩系数并不是常数，而是随所取压力变化范围的不同而改变的。为了评价不同种类土的压缩性大小，必须用同一压力变化范围来比较。工程实践中，常采用 $p = 100 \sim 200\text{kPa}$ 压力区间相对应的压缩系数 a_{1-2} 来评价土的压缩性。《建筑地基基础设计规范》(GB 50007—2002)按 a_{1-2} 的大小将地基土的压缩性分为以下三类：

当 $a_{1-2} \geqslant 0.5 MPa^{-1}$ 时，为高压缩性土；

当 $0.1\text{MPa}^{-1} \leqslant a_{1-2} < 0.5\text{MPa}^{-1}$ 时，为中压缩性土；

当 $a_{1-2} < 0.1\text{MPa}^{-1}$ 时，为低压缩性土。

除了采用压缩系数作为土的压缩性指标外，工程上还采用压缩模量作为土的压缩性指标。

土在完全侧限条件下，其应力变化量 Δp 与相应的应变变化量 $\Delta \varepsilon$ 之比，称为压缩模量，用 E_s 表示，常用单位 MPa。即

$$E_s = \frac{\Delta p}{\Delta \varepsilon} \tag{3-5}$$

土的压缩模量 E_s 可按下式计算

$$E_s = \frac{1+e_1}{a} \tag{3-6}$$

式中　e_1——相应于压力 p_1 时的孔隙比；

　　　a——相应于压力从 p_1 增加至 p_2 时的压缩系数。

在工程实际中，p_1 相当于地基土所受的自重应力，p_2 则相当于土自重与建筑物荷载在地基中产生的应力和。故 (p_2-p_1) 即是地基土所受到的附加应力 σ。

为了便于应用，在确定 E_s 时，压力段也可按表 3-1 数值采用。

确定 E_s 的压力区段　　　　　　　　　　　　　　表 3-1

土的自重应力+附加应力(kPa)	<100	100~200	>200
压力区段(kPa)	50~100	100~200	200~300

三、土压缩性的原位测试

土的压缩性指标除了由室内压缩试验测定外，还可以通过野外静荷载试验确定。变形模量 E_0 是指土在无侧限条件下受压时，压应力与相应应变之比值，其物理意义和压缩模量一样，只不过变形模量是在无侧限条件下由现场静荷载试验确定，而压缩模量是在有侧限条件下由室内压缩试验确定的。现场原位荷载试验同时可测定地基承载力。

变形模量是在现场原位进行测定的，所以它能比较准确地反映土在天然状态下的压缩性。

进行荷载试验前，先在现场挖掘一个正方形的试验坑，其深度等于基础的埋置深度，宽度一般不小于承压板宽度（或直径）的 3 倍。承压板的面积不应小于 0.25m²，对于软土不应小于 0.5m²。

试验开始前，应保持试验土层的天然湿度和原状结构，并在试坑底部铺设约 20mm 厚的粗、中砂层找平。当测试土层为软塑、流塑状态的黏性土或饱和松散砂土时，荷载板周围应铺设 200~300mm 厚的原土作为保护层。当试验标高低于地下水位时，应先将水疏干或降至试验标高以下，并铺设垫层，待水位恢复后进行试验。

加载方法视具体条件采用重块或液压千斤顶。

图 3-3 为液压千斤顶加载装置示意图。试验的加荷标准应符合下列要求：加

荷等级应不小于8级，最大加载量不应少于设计荷载的2倍。每级加载后，按间隔10、10、10、15、15min，以后为每隔30min读一次沉降量，当连续2h内，每小时的沉降量小于0.1mm时，则认为已趋于稳定，可加下一级荷载。第一级荷载(包括设备重量)宜接近于开挖试坑所卸除土的自重(其相应的沉降量不计)，其后每级荷载增量，对较松软土采用10～25kPa；对较坚硬土采用50kPa。并观测累计荷载下的稳定沉降量 s(mm)。直至地基土达到极限状态，即出现下列情况之一时终止加载：

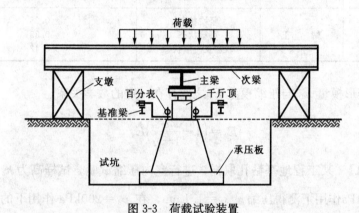

图3-3 荷载试验装置

(1) 荷载板周围的土有明显侧向挤出；
(2) 荷载 p 增加很小，但沉降量 s 却急剧增大，荷载—沉降(p～s)曲线出现陡降段；
(3) 在某一级荷载下，24h内沉降速率不能达到稳定标准；
(4) 沉降量与承压板宽度或直径之比(s/b)大于或等于0.06。
当满足前三种情况之一时，其对应的前一级荷载定为极限荷载。

根据试验观测记录，可以绘制承压板底面应力与沉降量的关系曲线，即 p～s 曲线，如图3-4所示。从图中可以看出，承压板的沉降量随应力(或称压力)的增大而增加；当应力 p 小于 p_{cr}(p_{cr}称为地基土的临塑压力，其物理意义见第四章第四节)时，沉降量和应力近似地成正比(图3-4中 oa 段)。这就是说，当 $p < p_{cr}$ 时，地基土可看成是直线变形体，可采用弹性力学公式计算土的变形模量 E_0(MPa)

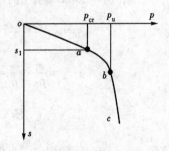

图3-4 荷载试验 p～s 曲线

$$E_0 = w(1-\mu^2)\frac{p_{cr}b}{s_1} \times 10^{-3} \quad (3-7)$$

式中　w——沉降量系数，刚性正方形承压板 $w=0.88$；刚性圆形承压板 $w=0.79$；
　　　μ——土的泊松比，可按表3-2采用；
　　　p_{cr}——p～s 曲线直线段终点所对应的应力(kPa)；
　　　s_1——与直线段终点所对应的沉降量(mm)；
　　　b——承压板宽度(mm)。

土的泊松比 μ 参考值　　　　　表 3-2

项　次	土的种类与状态		μ
1	碎石土		0.15～0.20
2	砂　土		0.20～0.25
3	粉　土		0.25
4	粉质黏土	坚硬状态 可塑状态 软塑及流塑状态	0.25 0.30 0.35
5	黏　土	坚硬状态 可塑状态 软塑及流塑状态	0.25 0.35 0.42

土的变形模量 E_0 与压缩模量 E_s 之间存在一定的数学关系

$$E_0 = \left(1 - \frac{2\mu^2}{1-\mu}\right) E_s \tag{3-8}$$

【例 3-1】 某工程地基钻孔取样，进行室内压缩试验，试样高为 $h_0 = 20\text{mm}$，在 $p_1 = 100\text{kPa}$ 作用下测得压缩量 $s_1 = 1.1\text{mm}$，在 $p_2 = 200\text{kPa}$ 作用下的压缩量为 $s_2 = 0.64\text{mm}$。土样初始孔隙比为 $e_0 = 1.4$，试计算压力 $p = 100 \sim 200\text{kPa}$ 范围内土的压缩系数、压缩模量，并评价土的压缩性。

【解】 在 $p_1 = 100\text{kPa}$ 作用下的孔隙比

$$e_1 = e_0 - \frac{s_1}{h_0}(1+e_0) = 1.4 - \frac{1.1}{20}(1+1.4) = 1.27$$

在 $p_2 = 200\text{kPa}$ 作用下的孔隙比

$$e_2 = e_0 - \frac{s_1 + s_2}{h_0}(1+e_0) = 1.4 - \frac{1.1+0.64}{20}(1+1.4) = 1.19$$

$$a_{1-2} = \frac{e_1 - e_2}{p_2 - p_1} = \frac{1.27 - 1.19}{200 - 100} = 8 \times 10^{-4} \text{kPa}^{-1} = 0.8 \text{MPa}^{-1}$$

$$E_{s_1-s_2} = \frac{1+e_1}{a_{1-2}} = \frac{1+1.27}{0.8} = 2.84 \text{MPa}$$

$a_{1-2} = 0.8\text{MPa}^{-1} > 0.5\text{MPa}^{-1}$　属高压缩性土。

第三节　地基最终沉降量的计算

地基最终沉降量是指地基在建筑物荷载作用下最后的稳定沉降量。计算地基最终沉降量的目的在于确定建筑物最大沉降量、沉降差和倾斜，并将其控制在允许范围内，以保证建筑物的安全和正常使用。

计算地基变形时，传至基础底面上的荷载效应应按正常使用极限状态下荷载效应的准永久组合,不应计入风荷载和地震作用。相应的限值应为地基变形永久值。

计算地基最终沉降量的方法有多种,目前一般采用分层总和法和《建筑地基基础设计规范》(GB 50007—2002)推荐的方法,现介绍如下:

一、分层总和法

分层总和法是将地基压缩层范围以内的土层划分成若干薄层,分别计算每一薄层土的变形量,最后总和起来,即得基础的沉降量。

1. 计算假设

(1) 地基中附加应力按均质地基考虑,采用弹性理论计算;

(2) 假定地基受压后不发生侧向膨胀,土层在竖向附加应力作用下只产生竖向变形,即可采用完全侧限条件下的室内压缩指标计算土层的变形量;

(3) 一般采用基础底面中心点下的附加应力计算各分层的变形量,各分层变形量之和即为地基总沉降量。

2. 计算公式

我们将基础底面下压缩层范围内的土层划分为若干分层。现分析第 i 分层的压缩量的计算方法(参见图3-5)。在房屋建造以前,第 i 分层仅受到土的自重应力作用,在房屋建造以后,该分层除受自重应力外,还受到房屋荷载所产生的附加应力的作用。

一般情况下,土的自重应力产生的变形过程早已结束,而只有附加应力才会使土层产生新的变形,从而使基础发生沉降。因假定地基土受荷后不产生侧向变形,所以其受力状况与土的室内压缩试验时一样,故第 i 层土的沉降量参照式(3-3)可得:

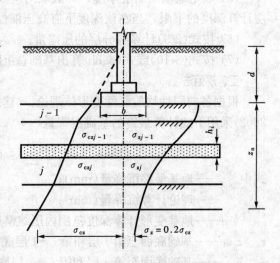

图 3-5 分层总和法计算原理示意图

$$s_i = \frac{e_{1i} - e_{2i}}{1 + e_{1i}} h_i \tag{3-9}$$

则基础总沉降量

$$s = \sum_{i=1}^{n} s_i = \sum_{i=1}^{n} \frac{e_{1i} - e_{2i}}{1 + e_{1i}} h_i \tag{3-10}$$

式中 s_i——第 i 分层土的沉降量;

s——基础最终沉降量;

e_{1i}——第 i 分层土在建筑物建造前,所受平均自重应力作用下的孔隙比;

e_{2i}——第 i 分层土在建筑物建造后,所受平均自重应力与附加应力共同作用下的孔隙比;

h_i——第 i 分层土的厚度;

n——压缩层范围内土层分层数目。

式(3-10)是分层总和法的基本公式，它适用于采用压缩曲线计算。若在计算中采用压缩模量 E_s 作为计算指标，则式(3-10)由式(3-4)与式(3-6)可变形为

$$s = \sum_{i=1}^{n} \frac{1}{E_{si}} \frac{\sigma_{zi} + \sigma_{zi-1}}{2} h_i = \sum_{i=1}^{n} \frac{\bar{\sigma}_{zi}}{E_{si}} h_i \tag{3-11}$$

式中 E_{si}——第 i 分层土的压缩模量；

$\bar{\sigma}_{zi}$——第 i 分层土上下层面所受附加应力的平均值。

3. 计算步骤

(1) 按比例尺绘出地基剖面图和基础剖面图；

(2) 计算基底的附加应力和自重应力；

(3) 将压缩层范围内各土层划分成厚度为 $h_i \leqslant 0.4b$（b 为基础宽度）的若干薄土层，不同性质的土层面和地下水位面必须作为分层的界面；

(4) 计算并绘出自重应力和附加应力分布图(各分层的分界面应标明应力值)；

(5) 确定地基压缩层厚度，一般取对应 $\sigma_z \leqslant 0.2\sigma_{cz}$ 处的地基深度 z_n 作为压缩层计算深度的下限，当在该深度下有高压缩性土层时取 $\sigma_z \leqslant 0.1\sigma_{cz}$ 对应深度；

(6) 按式(3-9)计算各分层的压缩量；

(7) 按式(3-10)或式(3-11)算出基础总沉降量。

二、规范法

根据各向同性均质线性变形体理论，《建筑地基基础设计规范》（GB 50007—2002）采用下式计算最终的基础沉降量

$$s = \psi_s s' = \psi_s \sum_{i=1}^{n} \frac{p_0}{E_{si}} (z_i \bar{\alpha}_i - z_{i-1} \bar{\alpha}_{i-1}) \tag{3-12}$$

式中 s——地基最终沉降量(mm)；

s'——理论计算沉降量(mm)；

n——地基变形计算深度范围内压缩模量(特性)不同的土层数量(图3-6)；

z_i、z_{i-1}——基础底面至第 i 层和第 $i-1$ 层底面的距离(m)；

$\bar{\alpha}_i$、$\bar{\alpha}_{i-1}$——基础底面至第 i 层和第 $i-1$ 层底面范围内平均附加应力系数，可按表3-4采用；

ψ_s——沉降计算经验系数，根据各地区沉降观测资料及经验确定，也可采用表3-3的数值。

沉降计算经验系数 ψ_s 表3-3

基底附加应力	$\bar{E}_s$(MPa)	2.5	4.0	7.0	15.0	20.0
$p_0 \geqslant f_{ak}$		1.4	1.3	1.0	0.4	0.2
$p_0 \leqslant 0.75 f_{ak}$		1.1	1.0	0.7	0.4	0.2

注：$\bar{E}_s$ 为计算深度范围内压缩模量的当量值，$\bar{E}_s = \dfrac{\sum A_i}{\sum \dfrac{A_i}{E_{si}}}$。

式中 A_i——第 i 层土附加应力系数沿土层厚度的积分值，即第 i 层土的附加应力系数面积；

E_{si}——相应于该土层的压缩模量；

f_{ak}——地基承载力特征值；

p_0——对应于荷载效应准永久组合时的基础底面处的附加压力(MPa)；

E_{si}——基础底面下第 i 层土的压缩模量，按实际应力范围取值(MPa)。

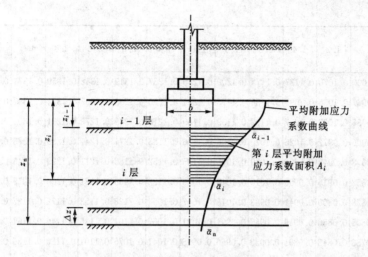

图 3-6 规范法计算原理示意图

均布矩形荷载角点下的平均附加应力系数 表 3-4

z/b \ l/b	1.0	1.2	1.4	1.6	1.8	2.0	2.4	2.8	3.2	3.6	4.0	5.0	10.0
0.0	0.2500	0.2500	0.2500	0.2500	0.2500	0.2500	0.2500	0.2500	0.2500	0.2500	0.2500	0.2500	0.2500
0.2	0.2496	0.2497	0.2497	0.2498	0.2498	0.2498	0.2498	0.2498	0.2498	0.2498	0.2498	0.2498	0.2498
0.4	0.2474	0.2497	0.2481	0.2483	0.2483	0.2484	0.2485	0.2485	0.2485	0.2485	0.2485	0.2485	0.2485
0.6	0.2423	0.2437	0.2444	0.2448	0.2451	0.2452	0.2454	0.2455	0.2455	0.2455	0.2455	0.2455	0.2456
0.8	0.2346	0.2372	0.2387	0.2395	0.2400	0.2403	0.2407	0.2408	0.2409	0.2409	0.2410	0.2410	0.2410
1.0	0.2252	0.2291	0.2313	0.2326	0.2335	0.2340	0.2346	0.2349	0.2351	0.2352	0.2352	0.2353	0.2353
1.2	0.2149	0.2199	0.2229	0.2248	0.2260	0.2268	0.2278	0.2282	0.2285	0.2286	0.2287	0.2288	0.2289
1.4	0.2043	0.2102	0.2140	0.2164	0.2180	0.2191	0.2204	0.2211	0.2215	0.2217	0.2218	0.2220	0.2221
1.6	0.1939	0.2006	0.2049	0.2079	0.2099	0.2113	0.2130	0.2138	0.2143	0.2146	0.2148	0.2150	0.2152
1.8	0.1840	0.1912	0.1960	0.1994	0.2018	0.2034	0.2055	0.2066	0.2073	0.2077	0.2079	0.2082	0.2084
2.0	0.1746	0.1822	0.1875	0.1912	0.1938	0.1958	0.1982	0.1996	0.2004	0.2009	0.2012	0.2015	0.2018
2.2	0.1659	0.1737	0.1793	0.1833	0.1862	0.1833	0.1911	0.1927	0.1937	0.1943	0.1947	0.1952	0.1955
2.4	0.1578	0.1657	0.1715	0.1757	0.1789	0.1812	0.1843	0.1862	0.1873	0.1880	0.1885	0.1890	0.1895
2.6	0.1503	0.1583	0.1642	0.1686	0.1719	0.1745	0.1779	0.1799	0.1812	0.1820	0.1825	0.1832	0.1838
2.8	0.1433	0.1514	0.1574	0.1619	0.1654	0.1680	0.1717	0.1739	0.1753	0.1763	0.1769	0.1777	0.1784
3.0	0.1369	0.1449	0.1510	0.1556	0.1592	0.1619	0.1658	0.1682	0.1698	0.1708	0.1715	0.1725	0.1733
3.2	0.1310	0.1390	0.1450	0.1497	0.1533	0.1562	0.1602	0.1628	0.1645	0.1657	0.1664	0.1675	0.1685
3.4	0.1256	0.1334	0.1394	0.1441	0.1478	0.1508	0.1550	0.1577	0.1595	0.1607	0.1616	0.1628	0.1639
3.6	0.1205	0.1282	0.1342	0.1389	0.1427	0.1456	0.1500	0.1528	0.1548	0.1561	0.1570	0.1583	0.1595
3.8	0.1158	0.1234	0.1293	0.1340	0.1378	0.1408	0.1452	0.1482	0.1502	0.1516	0.1526	0.1541	0.1554
4.0	0.1114	0.1189	0.1248	0.1294	0.1332	0.1362	0.1408	0.1438	0.1459	0.1474	0.1485	0.1500	0.1516
4.2	0.1073	0.1147	0.1205	0.1251	0.1289	0.1319	0.1365	0.1396	0.1418	0.1434	0.1445	0.1462	0.1479
4.4	0.1035	0.1107	0.1164	0.1210	0.1248	0.1279	0.1325	0.1357	0.1379	0.1396	0.1404	0.1425	0.1444

续表

z/b \ l/b	1.0	1.2	1.4	1.6	1.8	2.0	2.4	2.8	3.2	3.6	4.0	5.0	10.0
4.6	0.1000	0.1070	0.1127	0.1172	0.1209	0.1240	0.1287	0.1319	0.1342	0.1359	0.1371	0.1390	0.1410
4.8	0.0967	0.1036	0.1091	0.1136	0.1173	0.1204	0.1250	0.1283	0.1307	0.1324	0.1337	0.1357	0.1379
5.0	0.0935	0.1003	0.1057	0.1102	0.1139	0.1169	0.1216	0.1249	0.1273	0.1291	0.1304	0.1325	0.1348
5.2	0.0906	0.0972	0.1026	0.1070	0.1106	0.1136	0.1183	0.1271	0.1241	0.1259	0.1273	0.1295	0.1320
5.4	0.0878	0.0943	0.0996	0.1039	0.1075	0.1105	0.1152	0.1186	0.1211	0.1229	0.1243	0.1265	0.1292
5.6	0.0852	0.0916	0.0968	0.1010	0.1046	0.1076	0.1122	0.1156	0.1181	0.1200	0.1215	0.1238	0.1266
5.8	0.0828	0.0890	0.0941	0.0983	0.1018	0.1047	0.1094	0.1128	0.1153	0.1172	0.1187	0.1211	0.1240
6.0	0.0805	0.0866	0.0916	0.0957	0.0991	0.1021	0.1067	0.1101	0.1126	0.1146	0.1161	0.1185	0.1216
6.2	0.0783	0.0842	0.0891	0.0932	0.0966	0.0995	0.1041	0.1075	0.1101	0.1120	0.1136	0.1161	0.1193
6.4	0.0762	0.0820	0.0869	0.0909	0.0942	0.0971	0.1016	0.1050	0.1076	0.1096	0.1111	0.1137	0.1171
6.6	0.0742	0.0799	0.0847	0.0886	0.0919	0.0948	0.0993	0.1027	0.1053	0.1073	0.1088	0.1114	0.1149
6.8	0.0723	0.0799	0.0826	0.0865	0.0898	0.0926	0.0970	0.1004	0.1030	0.1050	0.1066	0.1092	0.1129
7.0	0.0705	0.0761	0.0806	0.0844	0.0877	0.0904	0.0949	0.0982	0.1008	0.1028	0.1044	0.1071	0.1109
7.2	0.0688	0.0742	0.0787	0.0825	0.0857	0.0884	0.0928	0.0962	0.0987	0.1008	0.1023	0.1051	0.1090
7.4	0.0672	0.0725	0.0769	0.0806	0.0838	0.0865	0.0908	0.0942	0.0967	0.0988	0.1004	0.1031	0.1071
7.6	0.0656	0.0709	0.0752	0.0789	0.0820	0.0846	0.0889	0.0922	0.0948	0.0968	0.0984	0.1012	0.1054
7.8	0.0642	0.0693	0.0736	0.0771	0.0802	0.0828	0.0871	0.0904	0.0929	0.0950	0.0966	0.0994	0.1036
8.0	0.0627	0.0678	0.0720	0.0755	0.0785	0.0811	0.0853	0.0886	0.0912	0.0932	0.0948	0.0976	0.1020
8.2	0.0614	0.0663	0.0705	0.0739	0.0769	0.0795	0.0837	0.0869	0.0894	0.0914	0.0931	0.0959	0.1004
8.4	0.0601	0.0649	0.0690	0.0724	0.0754	0.0779	0.0820	0.0852	0.0878	0.0898	0.0914	0.0943	0.0988
8.6	0.0588	0.0636	0.0676	0.0710	0.0739	0.0764	0.0855	0.0836	0.0862	0.0882	0.0898	0.0927	0.0973
8.8	0.0576	0.0623	0.0663	0.0696	0.0724	0.0749	0.0790	0.0821	0.0846	0.0866	0.0882	0.0912	0.0959
9.2	0.0554	0.0599	0.0637	0.0670	0.0697	0.0721	0.0761	0.0792	0.0817	0.0837	0.0853	0.0882	0.0931
9.6	0.0533	0.0577	0.0614	0.0645	0.0672	0.0696	0.0734	0.0765	0.0789	0.0809	0.0825	0.0855	0.0905
10.0	0.0514	0.0556	0.0592	0.0622	0.0649	0.0672	0.0710	0.0739	0.0763	0.0783	0.0799	0.0829	0.0880
10.4	0.0496	0.0533	0.0572	0.0601	0.0627	0.0649	0.0686	0.0716	0.0739	0.0759	0.0775	0.0804	0.0857
10.8	0.0479	0.0519	0.0553	0.0581	0.0606	0.0628	0.0664	0.0693	0.0717	0.0736	0.0751	0.0781	0.0834
11.2	0.0463	0.0502	0.0535	0.0563	0.0587	0.0606	0.0644	0.0672	0.0695	0.0714	0.0730	0.0759	0.0813
11.6	0.0448	0.0486	0.0518	0.0545	0.0569	0.0590	0.0625	0.0652	0.0675	0.0694	0.0709	0.0738	0.0793
12.0	0.0435	0.0471	0.0502	0.0529	0.0552	0.0573	0.0606	0.0634	0.0656	0.0674	0.0690	0.0719	0.0774
12.8	0.0409	0.0444	0.0474	0.0499	0.0521	0.0541	0.0573	0.0599	0.0621	0.0639	0.0654	0.0682	0.0739
13.6	0.0387	0.0420	0.0448	0.0472	0.0493	0.0512	0.0543	0.0568	0.0589	0.0607	0.0621	0.0649	0.0707
14.4	0.0367	0.0398	0.0425	0.0448	0.0468	0.0486	0.0516	0.0540	0.0561	0.0577	0.0592	0.0619	0.0677
15.2	0.0349	0.0379	0.0404	0.0426	0.0446	0.0463	0.0492	0.0515	0.0535	0.0551	0.0565	0.0592	0.0650
16.0	0.0332	0.0361	0.0385	0.0407	0.0425	0.0442	0.0492	0.0469	0.0511	0.0527	0.0540	0.0567	0.0625
18.0	0.0297	0.0323	0.0345	0.0364	0.0381	0.0396	0.0422	0.0442	0.0460	0.0475	0.0487	0.0512	0.0570
20.0	0.0269	0.0292	0.0312	0.0330	0.0345	0.0359	0.0383	0.0402	0.0418	0.0432	0.0444	0.0468	0.0524

地基变形计算深度 z_n（图 3-6），应符合下式要求：

$$\Delta s'_n \leqslant 0.025 \sum_{i=1}^{n} \Delta s'_i \qquad (3-13)$$

式中 $\Delta s'_i$——在计算深度范围内，第 i 层土的计算变形值；
  $\Delta s'_n$——在由计算深度向上取厚度为 Δz 的土层计算变形值，Δz 见图 3-6 并按表 3-5 确定。

Δz 取 值 表 表 3-5

b(m)	$b \leqslant 2$	$2 < b \leqslant 4$	$4 < b \leqslant 8$	$b > 8$
Δz(m)	0.3	0.6	0.8	1.0

如确定的计算深度下部仍有较软土层时，应继续计算。

当无相邻荷载影响，基础宽度在 1~30m 范围内时，基础中点的地基变形计算深度也可按下列简化公式计算：

$$z_n = b(2.5 - 0.4\ln b) \qquad (3-14)$$

式中 b——基础宽度(m)。

在计算深度范围内存在基岩时，z_n 可取至基岩表面；当存在较厚的坚硬黏性土层，其孔隙比小于 0.5、压缩模量大于 50MPa，或存在较厚的密实砂卵石层，其压缩模量大于 80MPa 时，z_n 可取至该层土表面。

计算地基变形时，应考虑相邻荷载的影响，其值可按应力叠加原理，采用角点法计算。

现将按《建筑地基基础设计规范》(GB 50007—2002)方法计算基础沉降量的步骤总结如下：

(1) 计算基底附加应力；
(2) 将地基土按压缩性分层（即按 E_s 分层）；
(3) 计算各分层的沉降量；
(4) 确定沉降计算深度；
(5) 计算基础总沉降量。

【例 3-2】 某中心受压柱基础，已知基底压力 $p_k = 220$kPa，地基承载力特征值 $f_{ak} = 190$kPa，其他条件如图 3-7 所示，试按规范推荐的方法计算基础的最终沉降量。

【解】 (1) 计算基底附加压力
$p_0 = p_k - \sigma_{cz} = 220 - 17.5 \times 1.5 = 193.75$kPa

(2) 将地基土按压缩性分层

试取 $z_n = 4.3$m，查表 3-5 知 $\Delta z = 0.3$m。分层厚度见表 3-6。

(3) 计算各分层的沉降量

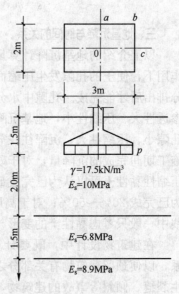

图 3-7 例 3-2 附图

计算过程见表 3-6。

例 3-2 计算附表　　　　　　　　表 3-6

z_i (mm)	$n=\dfrac{l}{b}$	$m=\dfrac{z_i}{b}$	$\bar{\alpha}_i$	$z_i\bar{\alpha}_i$ (mm)	$z_i\bar{\alpha}_i - z_{i-1}\bar{\alpha}_{i-1}$ (mm)	E_{si} (kPa)	$\Delta s_i'$ (mm)
0	1.5	0	0.2500	0			
2000	1.5	2.0	0.1894	1515.2	1515.2	10000	29.36
3500	1.5	3.5	0.1392	1948.8	433.6	6800	12.35
4000	1.5	4.0	0.1271	2033.6	84.8	8900	1.85
4300	1.5	4.3	0.1208	2077.7	44.1	8900	0.96

(4) 确定沉降计算深度

由表 3-6 可知：$\sum\limits_{i=1}^{n}\Delta s_i'=29.36+12.35+1.85+0.96=44.53\text{mm}$

$\Delta s_n'=0.96\text{mm}<0.025\sum\limits_{i=1}^{n}\Delta s_i'=0.025\times44.53=1.11\text{mm}$

故所取沉降计算深度 $z_n=4.3\text{m}$ 满足规范要求。

(5) 确定沉降计算经验系数

$$\bar{E}_s=\dfrac{\sum A_i}{\sum \dfrac{A_i}{E_{si}}}=\dfrac{1515.2+433.6+84.8+44.2}{\dfrac{1515.2}{10}+\dfrac{433.6}{6.8}+\dfrac{84.8}{8.9}+\dfrac{44.2}{8.9}}=9.04\text{MPa}$$

查表 3-3 得 $\psi_s=0.85$。

(6) 计算基础最终沉降量

$$s=\psi_s s'=0.85\times44.53=37.85\text{mm}$$

三、地基沉降与时间的关系

以上介绍的地基沉降计算量是最终沉降量，是在建筑物荷载产生的附加应力作用下，使土的孔隙发生压缩而引起的。对于饱和土体压缩，必须使孔隙中的水分排出后才能完成。孔隙中水分的排除需要一定的时间，通常碎石土和砂土地基渗透性大、压缩性小，地基沉降趋于稳定的时间很短。而饱和的厚黏性土地基的孔隙小、压缩性大，沉降往往需要几年甚至几十年才能达到稳定。一般建筑物在施工期间完成的沉降量，对于砂土可认为其最终沉降量已完成 80% 以上；对于低压缩性黏性土可以认为已完成最终沉降量的 50%~80%；对于中压缩性土可以认为已完成 20%~50%；对于高压缩性土可以认为已完成 5%~20%。因此，工程实践中一般只考虑黏性土的变形与时间之间的关系。

在建筑物设计中，既要计算地基最终沉降量，还需要知道沉降与时间的关系，以便预留建筑物有关部分之间的净空，合理选择连接方法和施工顺序。对发生裂缝、倾斜等事故的建筑物，也需要知道沉降与时间的关系，以便对沉降计算值和实测值进行分析。

地基沉降与时间关系可采用固结理论或经验公式估算（具体应用时可参考有关资料）。

第四节　建筑物的沉降观测与地基允许变形值

一、建筑物的沉降观测

为了及时发现建筑物变形并防止有害变形的扩大，对于重要的、新型的、体形复杂的建筑物，或使用上对不均匀沉降有严格限制的建筑物，在施工过程中，以及使用过程中需要进行沉降观测。根据沉降观测的资料，可以预估最终沉降量，判断不均匀沉降的发展趋势，以便控制施工速度或采取相应的加固处理措施。

（一）沉降观测点的布置

沉降观测首先要设置好水准基点，其位置必须稳定可靠，妥善保护。埋设地点宜靠近观测对象，但必须在建筑物所产生的压力影响范围以外。在一个观测区内，水准基点不应少于3个，埋置深度应与建筑物基础的埋深相适应。其次应根据建筑物的平面形状，结构特点和工程地质条件综合考虑布置观测点，一般设置在建筑物四周的角点、转角处、纵横墙的中点、沉降缝和新老建筑物连接处的两侧，或地质条件有明显变化的地方，数量不宜少于6点。观测点的间距一般为8～12m。

（二）沉降观测的技术要求

沉降观测采用精密水准仪测量，观测的精度为0.01mm。沉降观测应从浇捣基础后立即开始，民用建筑每增高一层观测一次，工业建筑应在不同荷载阶段分别进行观测，施工期间的观测不应少于4次。建筑物竣工后应逐渐加大观测时间间隔，第一年不少于3～5次，第二年不少于2次，以后每年1次，直到下沉稳定为止。稳定标准为半年的沉降量不超过2mm。在正常情况下，沉降速率应逐渐减慢，如沉降速率减少到0.05mm/d以下时，可认为沉降趋向稳定，这种沉降称为减速沉降。如出现等速沉降，就有导致地基丧失稳定的危险。当出现加速沉降时，表示地基已丧失稳定，应及时采取措施，防止发生工程事故。

（三）沉降观测资料的整理

沉降观测的测量数据应在每次观测后立即进行整理，计算观测点高程的变化和每个观测点在观测间隔时间内的沉降增量以及累计沉降量。同时应绘制各种图件，包括每个观测点的沉降—时间变化过程曲线，建筑物沉降展开图和建筑物的倾斜及沉降差的时间过程曲线。根据这些图件可以分析判断建筑物的变形状况及其变化发展趋势。

二、地基允许变形值

（一）地基变形分类

不同类型的建筑物，对地基变形的适应性是不同的。因此，应用前述公式验算地基变形时，要考虑不同建筑物采用不同的地基变形特征来进行比较与控制。

《建筑地基基础设计规范》(GB 50007—2002)将地基变形依其特征分为以下四种：

(1) 沉降量：指单独基础中心的沉降值(图 3-8)。

对于单层排架结构柱基和高耸结构基础须计算沉降量，并使其小于允许沉降值。

(2) 沉降差：指两相邻单独基础沉降量之差(图 3-9)。

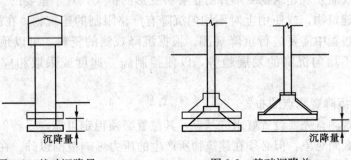

图 3-8　基础沉降量　　　　图 3-9　基础沉降差

对于建筑物地基不均匀，有相邻荷载影响和荷载差异较大的框架结构、单层排架结构，需验算基础沉降差，并把它控制在允许值以内。

(3) 倾斜：指单独基础在倾斜方向上两端点的沉降差与其距离之比(图 3-10)。

当地基不均匀或有相邻荷载影响的多层和高层建筑基础及高耸结构基础，须验算基础的倾斜。

(4) 局部倾斜：指砌体承重结构沿纵墙 6~10m 内基础两点的沉降差与其距离之比(图 3-11)。

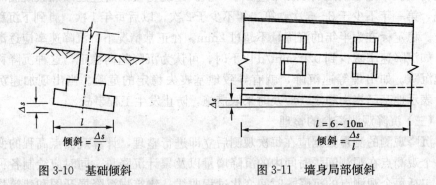

图 3-10　基础倾斜　　　　图 3-11　墙身局部倾斜

根据调查分析，砌体结构墙身开裂，大多数情况下都是由于墙身局部倾斜超过允许值所致。所以，当地基不均匀、荷载差异较大、建筑体型复杂时，就需要验算墙身的倾斜。

(二) 地基变形允许值

一般建筑物的地基允许变形值可按表 3-7 规定采用。表中数值是根据大量常见建筑物系统沉降观测资料统计分析得出的。对于表中未包括的其他建筑物的地基允许变形值，可根据上部结构对地基变形的适应性和使用上的要求确定。

建筑物的地基变形允许值　　　　　　　表 3-7

变形特征	地基土类别	
	中、低压缩性土	高压缩性土
砌体承重结构基础的局部倾斜	0.002	0.003
工业与民用建筑相邻柱基的沉降差		
（1）框架结构	$0.002l$	$0.003l$
（2）砌体墙填充的边排柱	$0.0007l$	$0.001l$
（3）当基础不均匀沉降时不产生附加应力的结构	$0.005l$	$0.005l$
单层排架结构（柱距为 6m）柱基的沉降量(mm)	(120)	200
桥式吊车轨面的倾斜（按不调整轨道考虑）		
纵向	0.004	
横向	0.003	
多层和高层建筑的整体倾斜　　　$H_g \leqslant 24$	0.004	
$24 < H_g \leqslant 60$	0.003	
$60 < H_g \leqslant 100$	0.0025	
$H_g > 100$	0.002	
体形简单的高层建筑基础的平均沉降量(mm)	200	
高耸结构基础的倾斜　　　　　　$H_g \leqslant 20$	0.008	
$20 < H_g \leqslant 50$	0.006	
$50 < H_g \leqslant 100$	0.005	
$100 < H_g \leqslant 150$	0.004	
$150 < H_g \leqslant 200$	0.003	
$200 < H_g \leqslant 250$	0.002	
高耸结构基础的沉降量(mm)　　　$H_g \leqslant 100$	400	
$100 < H_g \leqslant 200$	300	
$200 < H_g \leqslant 250$	200	

注：1. 本表数值为建筑物地基实际最终变形允许值；
　　2. 有括号者仅适用于中压缩性土；
　　3. l 为相邻柱基的中心距离(mm)；H_g 为自室外地面起算的建筑物高度(m)。

本 章 小 结

本章主要介绍了压缩性的基本概念、压缩试验、压缩指标、建筑物的沉降观测和地基允许变形值。讨论了压缩与时间的关系、压缩指标在工程中的应用和地基最终沉降量的计算。通过本章的学习，应

掌握　压缩试验原理与压缩指标的测定方法，能运用分层总和法和规范法计算地基最终沉降量。

理解　影响土压缩性的主要因素，土的固结过程，能结合已有的测量知识正确进行沉降观测。

了解　计算沉降量的原理。

实 践 教 学 内 容

题目一、室内压缩试验

1. 目的与意义

室内压缩试验是学习土的压缩与地基沉降基本理论不可缺少的教学环节,是培养试验技能和试验结果分析应用能力的重要途径。通过试验,加深对基本理论的理解,掌握试验目的、操作方法步骤、成果整理等环节。

2. 内容与要求

在指导教师的指导下,进行室内压缩试验,由于试验所需时间较长,学生应根据编写的《试验手册》要求,逐级施加荷载,按规定的时间记录读数,并进行成果整理。

题目二、现场参观

1. 目的与意义

现场载荷试验是地基检测的一项重要工作;施工现场的沉降观测是建筑工程施工现场技术人员的一项基本技能。通过参观学习,增加感性认识,积累经验,引导学生将课堂上所学的知识与实践结合起来。

2. 内容与要求

在指导教师或工程技术人员的指导下,选择有代表性的工地,进行现场载荷试验和沉降观测的参观学习,全面了解载荷试验的设备、方法步骤、观测记录等过程;结合已有的测量知识,初步学会沉降观测的方法与要求。

复习思考题

1. 何谓土的压缩性?引起土压缩的主要原因是什么?工程上如何评价土的压缩性?
2. 何谓土的固结与固结度?
3. 地基变形特征有哪几种?

习 题

3-1 某土样的侧限压缩试验结果见表 3-8。

表 3-8

p(MPa)	0	0.05	0.1	0.2	0.3	0.4
e	0.93	0.85	0.8	0.73	0.67	0.65

要求:

(1) 绘制压缩曲线,求压缩系数并评价土的压缩性;

(2) 当土自重应力为 0.05MPa,土自重应力和附加应力之和为 0.2MPa 时,求土压缩模量 E_s。

3-2 某独立柱基础如图 3-12 所示,基础底面尺寸为 3.2m×2.3m,基础埋深 $d=1.5$m,作用于基础上的荷载 $F=950$kN,试用《建筑地基基础设计规范》法计算基础最终沉降量。

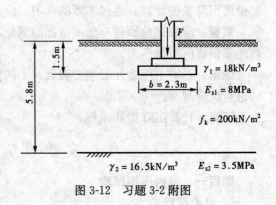

图 3-12 习题 3-2 附图

第四章 土的抗剪强度与地基承载力

[学习重点]

1. 土的抗剪强度、土的极限平衡状态、土的极限平衡条件、摩尔应力圆、地基破坏形式、地基承载力等概念。
2. 库伦定律与土的抗剪强度构成因素、影响因素。
3. 摩尔—库伦强度理论。
4. 地基变形的三个阶段与地基破坏形式。
5. 承载力特征值修正。

建议通过直接剪切试验加深对土的抗剪强度的理解，结合已有的力学知识讲授强度理论。抗剪强度的其他试验方法和地基承载力的确定方法仅作一般介绍。

第一节 概 述

建筑物地基基础设计必须满足变形和强度两个基本条件。设计过程中，首先是根据上部结构荷载与地基承载力之间的关系（简单的说，即是建筑物基础底面处的接触压力应小于等于地基承载力）来确定基础的埋置深度和平面尺寸以保证地基土不丧失稳定性，这是承载力设计的主要目的。在此前提下还要控制建筑物的沉降在容许的范围以内，使结构不致因过大的沉降或不均匀沉降而出现开裂、倾斜等现象，保证建筑物和管网等配套设施能够正常工作。

强度和变形是两个不同的控制标准，任何安全等级的建筑物都必须进行承载力的设计计算，都必须满足地基的承载力和稳定性的要求；在满足地基的承载力和稳定性的前提下，还必须满足变形要求。以上两个要求不可互相替代，承载力要求是先决条件，但并不是所有的建筑物都必须进行沉降验算，根据工程经验，对某些特定的建筑物，强度起着控制性作用，只要强度条件满足，变形条件也能同时得到满足，因此就不必进行沉降验算（参见《建筑地基基础设计规范》有关规定与要求）。关于地基的变形计算已在第三章中介绍，本章将主要介绍地基的承载力和稳定问题，它包括土的抗剪强度以及地基基础设计时的地基承载力的计算问题。

当地基受到荷载作用后，土中各点将产生法向应力与剪应力，若某点的剪应力达到该点的抗剪强度，土即沿着剪应力作用方向产生相对滑动，此时称该点剪切破坏。若荷载继续增加，则剪应力达到抗剪强度的区域（塑性区）越来越大，最后形成连续的滑动面，一部分土体相对另一部分土体产生滑动，基础因此产生很大的沉降或倾斜，整个地基达到剪切破坏，此时称地基丧失了稳定性。因此，土的强度问题实质上就是抗剪强度问题。

土的抗剪强度是指在外力作用下，土体内部产生剪应力时，土对剪切破坏的极限抵抗能力。土的抗剪强度主要应用于地基承载力的计算和地基稳定性分析、边坡稳定性分析、挡土墙及地下结构物上的土压力计算等。

第二节 土的抗剪强度

一、抗剪强度

（一）库仑定律

土的抗剪强度和其他材料的抗剪强度一样，可以通过试验的方法测定，但土的抗剪强度与之不同的是，工程实际中地基土体因自然条件、受力过程及状态等诸多因素的影响，试验时必须模拟实际受荷过程，所以土的抗剪强度并非是一个定值。不同类型的土其抗剪强度不同，即使同一类土，在不同条件下的抗剪强度也不相同。

测定土的抗剪强度的方法很多，最简单的方法是直接剪切试验，简称直剪试验。试验用直剪仪进行（分应变控制式和应力控制式两种，应变式直剪仪应用较为普遍）。图4-1为应变式直剪仪示意图，该仪器主要部分由固定的上盒和活动的下盒组成。试验前，用销钉把上下盒固定成一完整的剪切盒，将环刀内土样推入，土样上下各放一块透水石。试验时，先通过加压板施加竖向力F，然后拔出销钉，在下盒上匀速施加一水平力T，此时土样在上下盒之间固定的水平面上受剪，直到破坏。从而可以直接测得破坏面上的水平力T，若试样的水平截面积为A，则竖向压应力为$\sigma = F/A$，此时，土的抗剪强度（土样破坏时对此推力的极限抵抗能力）为$\tau_f = T/A$。

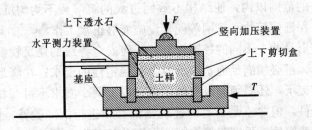

图4-1 直剪仪工作原理示意

试验时，一般用4～6个物理状态相同的试样，使它们在不同的竖向压力作用下剪切破坏，同时可测得相应的最大破坏剪应力即抗剪强度。以测得的σ为横坐标，以τ_f为纵坐标，绘制抗剪强度τ_f与法向应力σ关系曲线，如图4-2所示。若土样为砂土，其曲线为一条通过坐标原点并与横坐标成φ角的直线（如图4-2a)，其方程为：

$$\tau_f = \sigma \tan\varphi \qquad (4-1a)$$

式中 τ_f——在法向应力作用下土的抗剪强度（kPa）；

σ——作用在剪切面上的法向应力（kPa）；

φ——土的内摩擦角（°）。

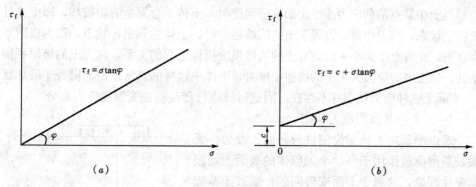

图 4-2 抗剪强度曲线
(a)砂性土；(b)黏性土

对于黏性土和粉土，τ_f 与 σ 之间关系基本上也成直线关系，但这条直线不通过原点，而与纵轴形成一截距 c（如图 4-2b），其方程为：

$$\tau_f = c + \sigma \tan\varphi \tag{4-1b}$$

式中 c——土的黏聚力(kPa)；

其余符号意义与前相同。

式(4-1)是库仑(Coulomb)于 1773 年提出的，故称为库仑定律或土的抗剪强度定律。

（二）抗剪强度的构成因素

式(4-1a)和式(4-1b)中的 c 和 φ 称为土的抗剪强度指标(或参数)。在一定条件下 c 和 φ 是常数，它们是构成土的抗剪强度的基本要素，c(称为土的黏聚力)和 φ(φ 称为土的内摩擦角，$\tan\varphi$ 为土的内摩擦系数)的大小反映了土的抗剪强度的高低。

由土的三相组成特点不难看出，土的抗剪强度的构成有两个方面：即内摩擦力与黏聚力。存在于土体内部的摩擦力由两部分组成：一是剪切面上颗粒与颗粒之间在粗糙面上产生的摩擦力；另一个是由于颗粒之间的相互嵌入和互锁作用产生的咬合力。土颗粒越粗，内摩擦角 φ 越大。黏聚力 c 是由于土粒之间的胶结作用、结合水膜以及水分子引力作用等形成的。土颗粒越细，塑性越大，其黏聚力也越大。

（三）抗剪强度的影响因素

影响土的抗剪强度的因素很多，主要包括以下几个方面：

①土颗粒的矿物成分、形状及颗粒级配；②初始密度；③含水量；④土的结构扰动情况；⑤有效应力；⑥应力历史；⑦试验条件。

二、摩尔—库仑强度理论

根据前述第二章内容可知，建筑物地基在建筑物荷载作用下，其内任意一点都将产生应力。土的强度问题就是抗剪强度问题，因而，我们在研究土的应力和强度问题时，常采用最大剪应力理论，该理论认为：材料的剪切破坏主要是由于土中某一截面上的剪应力达到极限值所致，但材料达到破坏时的抗剪强度也与该截面上的正应力有关。

当土中某点的剪应力小于土的抗剪强度时，土体不会发生剪切破坏，即土体处于稳定状态；当土中剪应力等于土的抗剪强度时，土体达到临界状态，称为极限平衡状态，此时土中大小主应力与土的抗剪强度指标之间的关系，称为土的极限平衡条件；当土中剪应力大于土的抗剪强度时，土体中这样的点从理论上讲处于破坏状态(实际上这种应力状态并不存在，因这时该点已产生塑性变形和应力重分布)。

(一) 土中某点的应力状态

现以平面应力状态为例进行研究。设想一无限长条形荷载作用于弹性半无限体的表面上，根据弹性理论，这属于平面变形问题。垂直于基础长度方向的任意横截面上，其应力状态如图 4-3 所示。由材料力学可知，地基中任意一点 M（用微元体表示）皆为平面应力状态，其上作用的应力为正应力 σ_x、σ_z 和剪应力 τ_{xz}。该点上大、小主应力 σ_1、σ_3 为

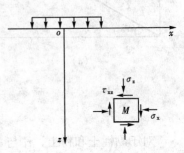

图 4-3 土中某点应力状态

$$\begin{matrix}\sigma_1\\\sigma_3\end{matrix} = \frac{\sigma_x+\sigma_z}{2} \pm \sqrt{\left(\frac{\sigma_x-\sigma_z}{2}\right)^2+\tau_{xz}^2} \tag{4-2}$$

当主应力已知时，任意斜截面上的正应力 σ 与剪应力 τ 的大小可用摩尔圆来表示，例如圆周上的 A 点表示与水平线成 α 角的斜截面，A 点的两个坐标表示该斜截面上的正应力 σ 与剪应力 τ(图 4-4)。

$$\sigma = \frac{\sigma_1+\sigma_3}{2} + \frac{\sigma_1-\sigma_3}{2}\cos 2\alpha \tag{4-3}$$

$$\tau = \frac{\sigma_1-\sigma_3}{2}\sin 2\alpha \tag{4-4}$$

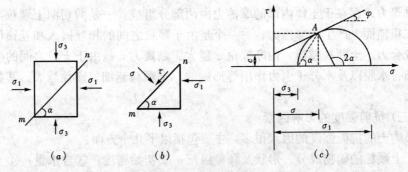

图 4-4 土中任意点的应力状态
(a)单元体上的应力；(b)隔离体上的应力；(c)摩尔应力圆

在 σ_1、σ_3 已知的情况下，mn 斜面上的正应力 σ 与剪应力 τ 仅与该面的倾角 α 有关。摩尔应力圆上的点的纵、横坐标可以表示土中任一点的应力状态。

(二) 土的极限平衡条件

为了建立实用的土的极限平衡条件，将土体中某点应力状态的应力圆和土的

抗剪强度与法向应力关系曲线即抗剪强度线绘于同一直角坐标系中(图 4-5),对它们之间的关系进行比较,就可以判断土体在这一点上是否达到极限平衡状态。

(1) 摩尔应力圆位于抗剪强度线下方(圆1)说明这个应力圆所表示的土中这一点在任何方向的平面上其剪应力都小于土的抗剪强度,因此该点不会发生剪切破坏,处于弹性平衡状态。

(2) 摩尔应力圆与抗剪强度线相切(圆2),切点为 A,说明应力圆上 A 点所代表的平面上的剪应力刚好等于土的抗剪强度,该点处于极限平衡状态。这个应力圆称为极限应力圆。

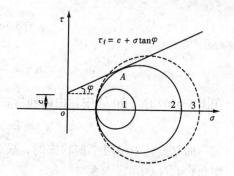

图 4-5 摩尔应力圆与抗剪强度线间的关系

(3) 抗剪强度线与摩尔应力圆相割(圆3),说明土中过这一点的某些平面上的剪应力已经超过了土的抗剪强度,从理论上讲该点早已破坏,因而这种应力状态是不会存在的,实际上在这些点位上已产生塑性流动和应力重新分布,故圆3用虚线表示。

根据摩尔应力圆与抗剪强度线的几何关系,可建立极限平衡条件方程式。图 4-6(a)所示土体中微元体的受力情况,mn 为破裂面,它与大主应力作用面呈 α_{cr} 角。该点处于极限平衡状态,其摩尔应力圆如图 4-6(b)所示。根据 $\triangle Ao'D$ 的边角关系,得到黏性土的极限平衡条件,即

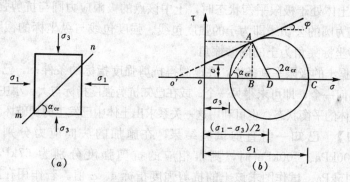

图 4-6 土中某点达到极限平衡状态时的摩尔应力圆
(a)单元体上的应力;(b)极限状态摩尔应力圆

$$\sigma_1 = \sigma_3 \tan^2\left(45° + \frac{\varphi}{2}\right) + 2c\tan\left(45° + \frac{\varphi}{2}\right) \quad (4-5)$$

$$\sigma_3 = \sigma_1 \tan^2\left(45° - \frac{\varphi}{2}\right) - 2c\tan\left(45° - \frac{\varphi}{2}\right) \quad (4-6)$$

对于无黏性土,因 $c=0$,由式(4-5)和式(4-6)可得无黏性土的极限平衡条件,即

$$\sigma_1 = \sigma_3 \tan^2\left(45° + \frac{\varphi}{2}\right) \tag{4-7}$$

$$\sigma_3 = \sigma_1 \tan^2\left(45° - \frac{\varphi}{2}\right) \tag{4-8}$$

在图 4-6(b)的 $\triangle Ao'D$ 中，由内外角之间的关系可知，

$$2\alpha_{cr} = 90° + \varphi$$

即某点处于极限平衡状态时，破裂面与最大主应力作用面所呈角度（称为破裂角）为

$$\alpha_{cr} = 45° + \frac{\varphi}{2} \tag{4-9}$$

上式是用于判断土体达到极限平衡状态时的最大与最小主应力之间的关系，而不是任何应力条件下的恒等式。这一表达式是土的强度理论的基本关系式，在讨论分析地基承载力和土压力问题时应用。

综合上述分析，关于土的强度理论可归纳出如下几点结论：

(1) 土的强度破坏是由于土中某点剪切面上的剪应力达到和超过了土的抗剪强度所致。

(2) 土中某点达到剪切破坏状态的应力条件必须是法向应力和剪应力的某种组合符合库仑定律的破坏准则，而不是以最大剪应力 τ_{max} 达到了抗剪强度 τ_f 作为判断依据，亦即剪切破坏面并不一定发生在最大剪应力的作用面上，而是在与大主应力作用面成某一夹角 $\alpha_{cr} = 45° + \frac{\varphi}{2}$ 的平面上。

(3) 当土体处于极限平衡状态时，土中该点的极限应力圆与抗剪强度线相切，一组极限应力圆的公切线即为土的强度包线。强度包线与纵坐标的截距为土的黏聚力，与横坐标夹角为土的内摩擦角。

(4) 根据土的极限平衡条件，在已测得抗剪强度指标的条件下，已知大、小主应力中的任何一个，即可求得另一个；或在已知抗剪强度指标与大、小主应力的情况下，判断土体的平衡状态；也可利用这一关系求出土体中已发生剪切破坏面的位置。

【例 4-1】 已知一组直剪试验结果，在施加的法向应力分别为 100kPa、200kPa、300kPa、400kPa 时，测得相应的抗剪强度分别为 67kPa、119kPa、162kPa、215kPa。试作图求该土的抗剪强度指标 c、φ 值。若作用在此土中某点的最大与最小主应力分别为 350kPa 和 100kPa 问该点处于何种状态？

【解】 (1) 以法向应力 σ 为横坐标，抗剪强度 τ_f 为纵坐标，σ、τ_f 取相同比例，将土样的直剪试验结果点在坐标系上，如图 4-7 所示，过点群中心绘直线即为抗剪强度曲线。

在图中量得抗剪强度线与纵轴截距值即为土的黏聚力：$c = 15\text{kPa}$，直线与

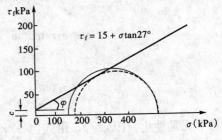

图 4-7 例 4-1 附图

横轴的倾角即为内摩擦角 $\varphi=27°$。

（2）当最大主应力 $\sigma_1=350\text{kPa}$ 时，如果土体处于极限平衡状态，根据极限平衡条件其最大与最小主应力间关系

$$\sigma_{3极}=\sigma_1\tan^2\left(45°-\frac{\varphi}{2}\right)-2c\tan\left(45°-\frac{\varphi}{2}\right)$$

$$=350\times\tan^2\left(45°-\frac{27°}{2}\right)-2\times15\times\tan\left(45°-\frac{27°}{2}\right)=113.05\text{kPa}$$

$\sigma_{3极}>\sigma_{3实}=100\text{kPa}$，说明该点已处于破坏状态。

第三节 土的抗剪强度试验方法

土的抗剪强度指标 c、φ 值是土的重要力学指标，在确定地基土的承载力、挡土墙的土压力以及验算土坡的稳定性等问题时都要用到土的抗剪强度指标。因此，正确地测定和选择土的抗剪强度指标是土工试验与设计计算中十分重要的问题。

土的抗剪强度指标通过土工试验确定。试验方法分为室内土工试验和现场原位测试两种。室内试验常用的方法有直接剪切试验、三轴剪切试验；现场原位测试的方法有十字板剪切试验和大型直剪试验。

一、不同排水条件的试验方法与适用条件

同一种土在不同排水条件下进行试验，可以得出不同的抗剪强度指标，即土的抗剪强度在很大程度上取决于试验方法，根据试验时的排水条件可分为以下三种试验方法。

1. 不固结—不排水剪试验（Unconsolidation Undrained Shear Test，简称 UU 试验）（对于直接剪切试验时称为快剪试验）

这种试验方法是在整个试验过程中都不让土样排水固结，简称不排水剪试验。在后述的三轴剪切试验中，自始至终关闭排水阀门，无论在周围压力 σ_3 作用下或随后施加竖向压力，剪切时都不使土样排水，因而在试验过程中土样的含水量保持不变。直剪试验时，在试样的上下两面均贴以蜡纸或将上下两块透水石换成不透水的金属板，因而施加的是总应力 σ，不能测定孔隙水压力 u 的变化。

不排水剪试验是模拟建筑场地土体来不及固结排水就较快地加载的情况。在实际工作中，对渗透性较差，排水条件不良，建筑物施工速度快的地基土或斜坡稳定性验算时，可以采用这种试验条件来测定土的抗剪强度指标。

2. 固结—不排水剪试验（Consolidation Undrained Shear Test，简称 CU 试验）（对于直接剪切试验时称为固结快剪试验）

三轴试验时，先使试样在周围压力作用下充分排水，然后关闭排水阀门，在不排水条件下施加压力至土样剪切破坏。直剪试验时，施加竖向压力并使试样充分排水固结后，再快速施加水平力，使试样在施加水平力过程中来不及排水。

固结—不排水剪试验是模拟建筑场地土体在自重或正常载荷作用下已达到充分固结，而后遇到突然施加载荷的情况。对一般建筑物地基的稳定性验算以及预

计建筑物施工期间能够排水固结，但在竣工后将施加大量活载荷(如料仓、油罐等)或可能有突然活荷载(如风力等)情况，就应用固结—不排水剪试验的指标。

3. 固结—排水剪试验(Consolidation Drained Shear Test，简称 CD 试验)(对于直接剪切试验时称为慢剪试验)

试验时，在周围压力作用下持续足够的时间使土样充分排水，孔隙水压力降为零后才施加竖向压力。施加速率仍很缓慢，不使孔隙水压力增量出现，即在应力变化过程中孔隙水压力始终处于零的固结状态。故在试样破坏时，由于孔隙水压力充分消散，此时总应力法和有效应力法表达的抗剪强度指标也一致。

固结—排水剪试验是模拟地基土体已充分固结后开始缓慢施加载荷的情况。在实际工程中，对土的排水条件良好(如黏土层中夹砂层)、地基土透水性较好(低塑性黏性土)以及加荷速率慢时可选用。但因工程的正常施工速度不易使孔隙水压力完全消散，试验过程既费时又费力，因而较少采用。

二、直接剪切试验

直剪仪试验原理已在本章第二节中叙述(具体操作程序与要求参见《土工试验方法标准》)。由于直剪仪构造简单，土样制备和试验操作方便等特点，现仍被一般工程所采用。

按固结排水条件，直剪试验指标对应有三种：
(1) 快剪试验　指标用 c_q、φ_q 表示。
(2) 固结快剪试验　指标用 c_{cq}、φ_{cq} 表示。
(3) 慢剪试验　指标用 c_s、φ_s 表示。

直剪试验虽有一定优点，但是由于直剪仪固有的下列缺点，使有些土的试验结果不能反映工程的实际情况，所得的抗剪强度指标过大，对高等级建筑物安全无法保证：

①直剪仪不能有效地控制排水；②直剪仪上下盒之间的缝隙对试验结果的影响；③直剪试验时土样的剪切面是人为规定的；④剪切面积随剪切位移的增加而减小且土样应力条件非常复杂。

由于直剪仪的上述缺点，无论在工程实用或科学研究方面的使用都受到很大的限制。

三、三轴剪切试验

三轴剪切仪由受压室、周围压力控制系统、轴向加压系统、孔隙水压力系统以及试样体积变化量测系统等组成(图 4-8)。

三轴试验的土样是在轴对称应力条件下剪切的，圆柱形土样侧面作用着小主应力 σ_3，顶面和底面作用着大主应力 σ_1，大、小主应力可以根据试验要求控制其大小和变化。土样包在不透水的橡皮膜中，在土样的底面和顶面都设

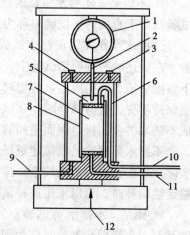

图 4-8　三轴剪切仪
1—量力环；2—活塞；3—进水孔；4—排水孔；5—试样帽；6—受压室；7—试样；8—乳胶膜；9—接周围压力控制系统；10—接排水管；11—接孔隙水压力系统；12—接轴向加压系统

置了可以控制的排水管道，通过开关可以改变土样的排水条件，并可通过管道量测土样顶部或内部的孔隙水压力。因此，三轴试验可以克服直剪试验的固有缺点，不仅用于工程试验，也被广泛应用于科学研究中，三轴剪切仪是目前最常用的土工试验仪器。

用同一种土制成若干土样按上述方法进行试验，对每个土样施加不同的周围压力 σ_3，可分别求得剪切破坏时对应的最大主应力 σ_1，将这些结果绘成一组摩尔圆。根据土的极限平衡条件可知，通过这些摩尔圆的切点的直线就是土的抗剪强度线，由此可得抗剪强度指标 c 和 φ 值。

根据土样在周围压力及偏应力条件下是否排水固结的要求，三轴剪切试验指标对应有如下三种：

（1）不固结—不排水剪试验（UU 试验）　指标用 c_u、φ_u 表示。
（2）固结—不排水剪试验（CU 试验）　指标用 c_{cu}、φ_{cu} 表示。
（3）固结—排水剪试验（CD 试验）　指标用 c_d、φ_d 表示。

因三轴剪切仪有上述诸多优点，现行《建筑地基基础设计规范》（GB 50007—2002）推荐采用本方法，特别是对于一级建筑物地基土应予采用。

四、无侧限抗压强度试验

无侧限抗压强度试验方法适用于饱和黏土。本试验所用的主要仪器设备是应变控制式无侧限压缩仪（由测力计、加压框架、升降设备组成），如图 4-9 所示。

无侧限抗压强度试验所用试样为原状土样，试验时按《土工试验方法标准》（GB/T 50123—1999）中有关规定制备。无侧抗压强度试验，应按下列步骤进行：

（1）将试样两端抹一薄层凡士林，在气候干燥时，试样周围亦需抹一薄层凡士林，防止水分蒸发。

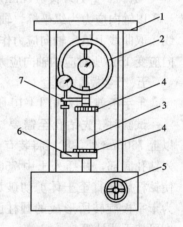

图 4-9　应变控制式无侧限压缩仪
1—轴向加荷架；2—轴向测力计；3—试样；4—上、下传压板；5—手轮；6—升降板；7—轴向位移计

（2）将试样放在底座上，转动手轮，使底座缓慢上升，试样与加压板刚好接触，将测力计读数调整为零。根据试样的软硬程度选用不同量程的测力计。

（3）轴向应变速率宜为每分钟应变 1‰～3‰。转动手柄，使升降设备上升进行试验，轴向应变小于 3% 时，每隔 0.5% 应变（或 0.4mm）读数一次；轴向应变≥3% 时，每隔 1% 应变（或 0.8mm）读数一次。试验宜在 8～10min 内完成。

（4）当测力计读数出现峰值时，继续进行 3‰～5‰ 的应变后停止试验；当读数无峰值时，试验应进行到应变达 20% 为止。

（5）试验结束，取下试样，描述试样破坏后的形状。

轴向应变，应按下式计算：

$$\varepsilon_1 = \frac{\Delta h}{h_0} \times 100\% \tag{4-10}$$

式中 ε_1——轴向应变；
　　Δh——轴向变形(mm)；
　　h_0——试样原始高度(mm)。

试样面积的校正，应按下式计算：

$$A_a = \frac{A_0}{1-\varepsilon_1} \tag{4-11}$$

式中 A_a——校正后的试样面积(cm^2)；
　　A_0——试样面积(cm^2)。

试样所受的轴向应力，应按下式计算：

$$\sigma = \frac{C \cdot R}{A_a} \times 10 \tag{4-12}$$

式中 σ——轴向应力(kPa)；
　　C——量力环率定系数(N/0.01mm)；
　　R——量力环读数(mm)。

以轴向应力为纵坐标，轴向应变为横坐标，绘制轴向应力与轴向应变关系曲线。取曲线上最大轴向应力作为无侧限抗压强度，当曲线上峰值不明显时，取轴向应变 15% 所对应的轴向应力作为无侧限抗压强度。

五、十字板剪切试验

十字板剪切仪如图 4-10 所示。

试验时，先钻孔至需要试验的土层深度以上 750mm 处，然后将装有十字板的钻杆放入钻孔底部，并插入土中 750mm，施加扭矩使钻杆旋转直至土体剪切破坏。土体剪切面为十字板旋转所形成的圆柱面。土的抗剪强度可按下式计算：

$$\tau_f = K_c (P_c - f_c) \tag{4-13}$$

式中 P_c——土发生剪切破坏时的总作用力，由弹簧秤读数读得(N)；
　　f_c——轴杆及设备的机械阻力，在空载时由弹簧秤事先测得(N)；
　　K_c——十字板常数。按下式计算：

$$K_c = \frac{2R}{\pi D^2 h \left(1 + \frac{D}{3h}\right)} \tag{4-14}$$

式中 h、D——分别为十字板的高度和直径(mm)；
　　R——转盘的半径(mm)。

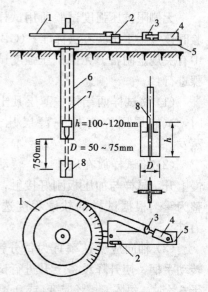

图 4-10 十字板剪切仪
1—转盘；2—摇柄；3—滑轮；
4—弹簧秤；5—槽钢；6—套管；
7—钻杆；8—十字板

十字板剪切试验适用于软塑状态的黏性土。它的优点是不需钻取原状土样,对土的扰动较小。

第四节　地基的破坏形式与地基承载力

在设计地基基础时,必须知道地基承载力特征值。地基承载力特征值是指在保证地基稳定条件下,地基单位面积上所能承受的最大应力。地基承载力特征值可由载荷试验或其他原位测试、公式计算、并结合工程实践经验等方法综合确定。

一、地基变形阶段与破坏形式

在第三章曾介绍现场载荷试验及由试验记录所绘制的 p-s 曲线。为了确定地基承载力,现在进一步研究压力 p 和沉降 s 之间的关系(图 4-11)。

(一)地基变形的三个阶段

现场平板载荷试验时,地基在局部荷载作用下,从开始施加荷载并逐渐增加至地基发生破坏,地基的变形大致经过以下三个阶段:

1. 直线变形阶段(压密阶段)

当基底压力 $p \leqslant p_{cr}$(临塑压力)时(基底压力值在 oa 段范围内),压力与变形基本成直线关系。在这一阶段土的变形主要是由土的压实,孔隙体积减小引起的。此时土中各点的剪应力均小于土的抗剪强度,土体处于弹性平衡状态。因此这一阶段称为压密阶段,如图 4-12(a)所示。我们把土中即将出现剪切破坏(塑性变形)点时的基底压力称为临塑压力(或比例极限)。

2. 局部剪切阶段(塑性变形阶段)

当 $p_{cr} < p < p_u$ 时(ab 段,此段范围内的基底压力称为塑性荷载),地基中的变形不再是线形变化,压力和变形之间成曲线关系。在这一阶段,随着压力的增加,地基除进一步压密外,在局部(一般首先从基础边缘开始)还出现了剪切破坏区(也称为塑性区),如图 4-12(b)所示。

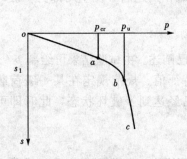

图 4-11　荷载试验 p-s 曲线

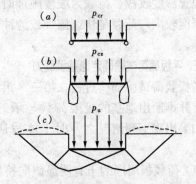

图 4-12　地基塑性区发展示意图
(a)直线变形阶段;(b)局部剪切阶段;
(c)地基失稳阶段

3. 失稳阶段(完全破坏阶段)

当 $p \geqslant p_u$ 时(bc 段，p_u 为地基刚出现整体滑裂破坏面时的基底压力，称为极限荷载)，压力稍稍增加，地基变形将急剧增大，这时塑性区扩大，形成连续的滑动面，土从荷载板下挤出，在地面隆起，这时地基已完全丧失稳定性，如图4-12(c)所示。

(二) 地基破坏形式

大量的试验研究表明，在荷载作用下，建筑物地基的破坏通常是由于承载力不足而引起的剪切破坏，其形式可分为整体剪切破坏、局部剪切破坏和冲剪破坏三种。

整体剪切破坏的特征是，当基底荷载较小时，基底压力与沉降基本上呈直线关系，属于线性变形阶段。当荷载增加到某一数值时，基础边缘处的土开始发生剪切破坏，随着荷载的增加，剪切破坏区逐渐扩大，此时压力与沉降之间呈曲线关系，属于弹塑性变形阶段。假设基础上的荷载继续增加，剪切破坏区不断增加，最终在地基中形成连续的滑动面，地基发生整体剪切破坏。此时基础急剧下沉或向一侧倾斜，基础四周的地面同时产生隆起。

冲剪破坏(刺入剪切破坏)是由于基础下部软弱土的压缩变形使基础连续下沉，如果荷载继续增加到某一数值，基础可能向下像"切入"土中一样，基础侧面附近的土体因垂直剪切而破坏。此时地基中没有出现明显的连续滑动面，基础四周地面不隆起，也没有大的倾斜。

局部剪切破坏是介于整体剪切破坏和冲剪破坏之间的一种破坏形式，局部剪切破坏也是从基础边缘开始，但滑动面不会发展到地面，而是限制在地基内部某一区域，基础四周地面也有隆起现象，但不会有明显的倾斜，压力与沉降关系曲线从一开始就呈现非线性关系。

地基究竟发生哪种形式的破坏，与土的压缩性有关。一般对于密实砂土和坚硬黏土，将出现整体剪切破坏；对于压缩性较大的松砂和软黏土，将会出现局部剪切或冲剪破坏。此外，破坏形式还与基础埋置深度、加荷速率等因素有关，当基础埋置深度较浅、荷载为缓慢施加时，将趋向于发生整体剪切破坏；假如基础埋置深度较大，荷载是快速施加或为冲击荷载，则趋向于发生局部剪切破坏或冲剪破坏。

二、平板载荷试验确定地基承载力

平板载荷试验加荷过程在第三章第二节已阐述。由试验结果可绘制 $p \sim s$ 关系曲线，并推断出地基的极限荷载与承载力特征值。规范规定在某一级荷载作用下，如果出现下列情况之一时土体被认为已经达到了破坏状态，此时即可终止加荷：

(1) 荷载板周围的土有明显侧向挤出；

(2) 荷载 p 增加很小，但沉降量 s 却急剧增大，荷载-沉降($p \sim s$)曲线出现陡降段；

(3) 在某一级荷载下，24h 内沉降速率不能达到稳定标准；

(4) 沉降量与承压板宽度或直径之比(s/b)大于或等于 0.06。

当满足前三种情况之一时，其对应的前一级荷载定为极限荷载。

承载力特征值按载荷试验 $p\sim s$ 关系曲线确定，标准应符合下列要求：

(1) 当 $p\sim s$ 曲线上有比例界限时，取该比例界限所对应的荷载值；

(2) 当极限荷载小于对应比例界限的荷载值的 2 倍时，取极限荷载值的一半；

(3) 当不能按上述两款要求确定时，当压板面积为 $0.25\sim 0.50\text{m}^2$，可取 $s/b=0.01\sim 0.015$ 所对应的荷载，但其值不应大于最大加载量的一半；

(4) 同一土层参加统计的实验点不应少于三点，当试验实测值的极差不超过其平均值的 30% 时，取此平均值作为该土层的地基承载力特征值 f_{ak}。

三、理论公式确定地基承载力

若基底压力小于地基临塑压力，则表明地基不会出现塑性区，这时，地基将有足够的安全储备。实践证明，采用临塑压力作为地基承载力设计值是偏于保守的。只要地基的塑性区范围不超过一定限度，并不会影响建筑物的安全和正常使用。这样，可采用地基土出现一定深度的塑性区的基底压力作为地基承载力特征值。

当偏心距 e 小于或等于 0.33 倍基础底面宽度时，通过试验和统计得到土的抗剪强度指标标准值后，可按下式计算地基土承载力特征值

$$f_a = M_b \gamma b + M_d \gamma_m d + M_c c_k \tag{4-15}$$

式中 f_a——由土的抗剪强度指标标准值确定的地基承载力特征值(kPa)；

γ——基础底面以下土的重度，地下水位以下取有效重度(kN/m³)；

γ_m——基础底面以上土的加权平均重度，地下水位以下取有效重度(kN/m³)；

M_b、M_d、M_c——承载力系数，按表 4-1 确定；

b——基底宽度(m)，当基底宽度大于 6m 时，按 6m 考虑；对于砂土小于 3m 时，按 3m 考虑；

c_k——基底下一倍基础底面短边宽深度内土的黏聚力标准值(kPa)；

d——基础埋置深度(m)。

承载力系数 M_b、M_d、M_c　　　　　表 4-1

土的内摩擦角标准值 $\varphi_k(°)$	M_b	M_d	M_c	土的内摩擦角标准值 $\varphi_k(°)$	M_b	M_d	M_c
0	0	1.00	3.14	14	0.29	2.17	4.69
2	0.33	1.12	3.32	16	0.36	2.43	5.00
4	0.06	1.25	3.51	18	0.43	2.72	5.31
6	0.10	1.39	3.71	20	0.51	3.06	5.66
8	0.14	1.55	3.93	22	0.61	3.44	6.04
10	0.18	1.73	4.17	24	0.80	3.87	6.45
12	0.23	1.94	4.42	26	1.10	4.37	6.90

续表

土的内摩擦角标准值 φ_k(°)	M_b	M_d	M_c	土的内摩擦角标准值 φ_k(°)	M_b	M_d	M_c
28	1.40	4.93	7.40	36	4.20	8.25	9.97
30	1.90	5.59	7.95	38	5.00	9.44	10.80
32	2.60	6.35	8.55	40	5.80	10.84	11.73
34	3.40	7.21	9.22				

注：φ_k——基底下一倍基础底面短边宽深度内土的内摩擦角标准值。

四、确定地基承载力的其他方法

（一）其他试验方法确定地基承载力

上述载荷试验只能用来测定浅层土的承载力，如果需要测定的土层位于地下水位以下或位于比较深的地方，就不能采用一般的载荷试验的方法。深层平板载荷试验、旁压试验和螺旋压板载荷试验可以适用于地下水位以下的土层和埋藏很深的土层，是比较理想的原位测定地基承载力的方法。

1. 深层平板载荷试验

深层平板载荷试验可适用于确定深部地基土层及大桩桩端土层在承压板下应力主要影响范围内的承载力。深层平板载荷试验的承压板采用直径为 0.8m 的刚性板，紧靠承压板周围外侧的土层高度应不少于 80cm。由 $p \sim s$ 曲线确定地基承载力特征值（具体试验要点参见《建筑地基基础设计规范》(GB 50007—2002)附录 D）。

2. 旁压试验

利用旁压试验可以测定旁压器的压力与径向变形的关系，从而求得地基土在水平方向上的应力与应变关系以估测地基土的承载力。旁压仪分为预钻式旁压仪、自钻式旁压仪和压入式旁压仪三种，各适用于不同的条件。

3. 螺旋压板载荷试验

螺旋压板载荷试验是将一螺旋形的承压板，旋入地面以下预定的试验深度，通过传力杆对螺旋形承压板施加荷载，并观测承压板的位移，以测定土层的荷载—变形—时间关系，从而获得土的变形模量、承载力等设计参数。

（二）经验方法确定地基承载力

1. 间接原位测试的方法

上述原位测试地基承载力的方法均可直接测得地基承载力值。其他的原位测试方法如静力触探试验和标准贯入试验都不可能直接测定地基承载力，但可以采用与载荷试验结果对比分析的方法建立经验关系，间接地确定地基承载力，这种方法广泛地应用于实际工程。

2. 建立经验关系的方法

为了建立可供工程实用的经验关系，需要进行对比试验，选择有代表性的土层同时进行平板载荷试验和原位测试，分别求得地基承载力和原位测试指标，积累一定数量的数据组，就可以用回归统计的方法建立回归方程，并根据承载力与原位测试指标间的函数关系确定地基承载力。

3. 规范推荐的地基承载力表

在有些设计规范或勘察规范中常给出了一些土类的地基承载力表，使用时可以根据勘察成果从表中查得所需的承载力值。但应注意这些承载力表的局限性，因此，要进行试验复核与工程检验工作，积累使用规范地基承载力表的经验。新版本的《建筑地基基础设计规范》（GB 50007—2002）已将所有的承载力表取消了，但这并不说明这类地基承载力表就没有实用价值了，可以在本地区得到验证的条件下，作为一种推荐性的经验方法使用。采用规范推荐的地基承载力表确定地基承载力时，需按《建筑地基基础设计规范》（GBJ 7—89）具体要求与方法进行，但应慎用。

五、地基承载力特征值的修正

当基础宽度大于 3m 或埋置深度大于 0.5m 时，从载荷试验或其他原位测试、经验值等方法确定的地基承载力特征值，尚应按下式修正：

$$f_a = f_{ak} + \eta_b \gamma (b-3) + \eta_d \gamma_m (d-0.5) \tag{4-16}$$

式中 f_a——修正后的地基承载力特征值(kPa)；

f_{ak}——地基承载力特征值(kPa)；

γ——基础底面以下土的重度，地下水位以下取有效重度(kN/m³)；

γ_m——基础底面以上土的加权平均重度，地下水位以下取有效重度(kN/m³)；

b——基底宽度(m)，当基底宽度小于 3m 时按 3m 取值，大于 6m 按 6m 取值；

η_b、η_d——基础宽度和埋深的地基承载力修正系数，按基底下土的类别查表 4-2 取值；

d——基础埋置深度(m)，一般自室外地面标高算起。在填方整平地区，可自填土地面标高算起，但填土在上部结构施工后完成时，应从天然地面标高算起。对于地下室，如采用箱形基础或筏形基础时，基础埋置深度自室外地面标高算起；当采用独立基础或条形基础时，应从室内地面标高算起。

承载力修正系数表　　　　　　　表 4-2

土 的 类 别		η_b	η_d
淤泥和淤泥质土		0	1.0
人工填土 e 或 I_L 大于等于 0.85 的黏性土		0	1.0
红黏土	含水比 $\alpha_w > 0.8$	0	1.2
	含水比 $\alpha_w \leqslant 0.8$	0.15	1.4
大面积 压实填土	压实系数大于 0.95、黏粒含量 $\rho_c \geqslant 10\%$ 的粉土	0	1.5
	最大干密度大于 2.1t/m³ 的级配砂石	0	2.0
粉　土	黏粒含量 $\rho_c \geqslant 10\%$ 的粉土	0.3	1.5
	黏粒含量 $\rho_c < 10\%$ 的粉土	0.5	2.0

续表

土 的 类 别	η_b	η_d
e 或 I_L 均小于 0.85 的黏性土	0.3	1.6
粉土、细砂(不包括很湿与饱和时的稍密状态)	2.0	3.0
中砂、粗砂、砾石和碎石土	3.0	4.4

注：1. 强风化岩石和全风化的岩石，可参照所风化成的相应土类取值，其他状态下的岩石不修正；
    2. 地基承载力特征值按《建筑地基基础设计规范》(GB 50007—2002)附录D深层平板载荷试验确定时 η_d 取 0。

【例 4-2】 已知某承重墙下钢筋混凝土条形基础宽度 $b=2.2\text{m}$，埋置深度 $d=1.5\text{m}$，基础埋置深度范围内土的重度 $\gamma_m=17\text{kN/m}^3$，基础底面下为较厚的黏土层，其重度 $\gamma=18.2\text{kN/m}^3$，内摩擦角 $\varphi=22°$，黏聚力 $c=25\text{kN/m}^2$，试求该地基土承载力特征值。

【解】 由表 4-1 查得当地基土的内摩擦角 $\varphi=22°$、黏聚力 $c=25\text{kN/m}^2$ 时，其承载力系数 $M_b=0.61$，$M_d=3.44$，$M_c=6.04$，按式(4-15)可求得该土层的地基承载力特征值。

$$f_a = M_b\gamma b + M_d\gamma_m d + M_c c_k = 0.61\times18.2\times2.2 + 3.44\times17\times1.5 + 6.04\times25$$
$$= 263.14\text{kPa}$$

本 章 小 结

本章主要介绍了土的抗剪强度、强度理论、地基的破坏形式、地基承载力特征值修正、抗剪强度试验方法和地基承载力确定方法。讨论了土的抗剪强度的构成因素和影响因素，土的极限平衡状态和条件以及地基的破坏形式。通过本章的学习，应

掌握 土的抗剪强度规律，土中一点的极限平衡条件，以及地基承载力特征值的修正方法。

理解 地基变形的阶段和破坏形式。

了解 抗剪强度的其他试验方法和地基承载力确定方法。

实 践 教 学 内 容

题目：土的抗剪强度试验

1. 目的与意义

土的直接剪切试验是学习土的抗剪强度与地基承载力基本理论不可缺少的教学环节，是培养试验技能和试验结果分析应用能力的重要途径。通过试验，加深对基本理论的理解，测定土的抗剪强度指标，掌握试验目的、操作方法步骤、成果整理等环节。

2. 内容与要求

在指导教师的指导下，进行直接剪切试验，测定土的抗剪强度指标，试验方法应遵循《土工试验方法标准》(GB/T 50123—1999)。

复习思考题

1. 何谓土的抗剪强度？同一种土的抗剪强度是不是一个定值？
2. 土的抗剪强度由哪两部分组成？什么是土的抗剪强度指标？
3. 为什么土粒愈粗，内摩擦角中愈大？土粒愈细，黏聚力 c 愈大？土的密度和含水量对 c 与 φ 值影响如何？
4. 土体发生剪切破坏的平面是否为剪应力最大的平面？在什么情况下，剪切破坏面与最大剪应力面一致？
5. 什么是土的极限平衡状态？土的极限平衡条件是什么？
6. 为什么土的抗剪强度与试验方法有关？如何根据工程实际选择试验方法？
7. 什么是地基承载力特征值？怎样确定？地基承载力特征值与土的抗剪强度指标有何关系？

习 题

4-1 某土样进行三轴剪切试验，剪切破坏时，测得 $\sigma_1=500\text{kPa}$，$\sigma_3=100\text{kPa}$ 剪切破坏面与水平面夹角为 $60°$，求：(1)土的 c、φ 值；(2)计算剪切破坏面上的正应力和剪应力。

4-2 某条形基础下地基土中一点的应力为：$\sigma_z=500\text{kPa}$，$\sigma_x=500\text{kPa}$，$\tau_{zx}=40\text{kPa}$，已知土的 $c=0$，$\varphi=30°$，问该点是否剪切破坏？σ_z 和 σ_x 不变，τ_{zx} 增至 60kPa，则该点又如何？

4-3 某土的内摩擦角和黏聚力分别为 $\varphi=25°$，$c=15\text{kPa}$，若 $\sigma_3=100\text{kPa}$，求：(1)达到极限平衡时的大主应力 σ_1；(2)极限平衡面与大主应力面的夹角；(3)当 $\sigma_1=300\text{kPa}$ 时，土体是否被剪切破坏。

第五章 土压力与土坡稳定

[学习重点]
1. 主动土压力、静止土压力、被动土压力、主动极限平衡状态、被动极限平衡状态等概念。
2. 朗肯土压力理论和库伦土压力理论的原理及适用条件。
3. 各种土压力的计算及影响土压力的因素。
4. 重力式挡土墙的设计内容与构造。
5. 土坡的类型及稳定影响因素。
6. 支护结构的类型与特点。

建议从土压力理论的适用条件出发,通过分析土楔体的极限平衡,得出土压力强度计算公式,进而绘制土压力图形。通过现场参观基坑支护工程,加深对支护结构类型与特点的理解。

第一节 土压力的类型与影响因素

一、土压力的类型

土压力是挡土墙后的填土作用在墙背上的侧向压力。作用在挡土结构上的土压力,按结构受力后的位移情况,分为三种。

(一) 主动土压力

挡土墙在墙后土压力作用下向前移动或转动时,墙后土体随着下滑,达到一定位移量时,墙后土体处于极限平衡状态。此时作用于墙背上的土压力就叫主动土压力,以 E_a 表示(图 5-1a)。

(二) 静止土压力

挡土墙的刚度很大,在土压力作用下不产生移动或转动,墙后土体处于静止状态,此时作用于墙背上的土压力叫静止土压力,以 E_0 表示(图 5-1b)。

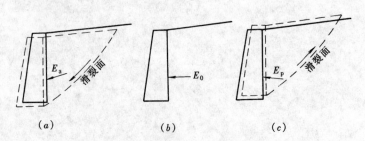

图 5-1 挡土墙上的三种土压力
(a)主动土压力;(b)静止土压力;(c)被动土压力

(三) 被动土压力

挡土墙在外力(例如桥墩受到桥上荷载传来的推力)作用下向后移动或转动,墙压缩填土,使土体向后移动,达到一定位移量时,墙后土体达到极限平衡状态,此时作用于墙背上的土压力叫被动土压力,以 E_p 表示(图 5-1c)。

二、影响土压力的因素

理论分析与挡土墙的模型试验均证明:对同一挡土墙,在填土的物理力学性质相同的条件下,主动土压力小于静止土压力,而静止土压力小于被动土压力。由此可见挡土墙土压力不是一个常量,其土压力的性质、大小及沿墙高的分布规律与很多因素有关,归纳起来主要有:

(1) 挡土墙的位移方向和位移量;
(2) 挡土墙的形状、墙背的光滑程度和结构形式;
(3) 墙后填土的性质,包括填土的重度、含水量、内摩擦角和黏聚力的大小及填土面的倾斜程度。

第二节 静止土压力计算

作用于挡土墙背面的静止土压力可看作土体自重应力的水平分量(图 5-2)。在墙后填土体中任意深度 z 处取一微小单元体,若作用于单元体水平面上的压应力用 γ 表示,到该点的静止土压力强度 σ_0 用下式计算:

$$\sigma_0 = K_0 \gamma z \tag{5-1}$$

式中 K_0——土的侧压力系数,可按表 5-1 提供的经验值酌定;

γ——墙后填土的重度(kN/m^3);

z——计算点在填土下面的深度(m)。

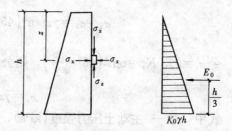

图 5-2 静止土压力的分布

K_0 的经验值　　　　表 5-1

土的种类和状态	K_0	土的种类和状态	K_0	土的种类和状态	K_0
碎石土	0.18~0.25	粉质黏土:坚硬状态	0.33	黏土:坚硬状态	0.33
砂土	0.25~0.33	可塑状态	0.43	可塑状态	0.53
粉土	0.33	软塑状态	0.53	软塑状态	0.72

由式 5-1 可分析出,σ_0 沿墙高为三角形分布。若取单位墙长为计算单元,则整个背墙上作用的土压力 E_0 应为土压力强度分布图形面积:

$$E_0 = \frac{1}{2} \gamma h^2 K_0 \tag{5-2}$$

式中 E_0——单位墙长上的静止土压力(kN/m);

h——挡土墙高度(m)。

静止土压力 E_0 的作用点在距墙底 $\frac{1}{3}h$ 处,即三角形的形心处。

第三节 朗肯土压力理论

朗肯土压力理论(Rankine. 1857),是根据弹性半空间体内的应力状态和土体的极限平衡理论建立的。即将土中某一点的极限平衡条件应用到挡土墙的土压力计算中。朗肯假设墙身的位移与土体的侧向伸长和压缩变形一致,用竖直墙背代替半空间一边的土,这样可保持土体的原应力状态。再用光滑的墙背($\delta=0$,无摩擦力)来满足剪应力为零的边界条件。于是土中深度 z 点处微小单元体在水平面上受到的垂直主应力 $\sigma_z=\gamma z$,在垂直面上受到的水平主应力 σ_x 则由土体所处的状态确定。

一、主动土压力计算

挡土墙向前移动或转动时,墙后填土逐渐变松,相当于土体在侧向受到伸长而使侧向压力 σ_x 逐渐减少,达到极限平衡条件时 σ_x 为最小值,此时 $\sigma_x=\sigma_3$ 为最小主应力,$\sigma_z=\sigma_1$ 为最大主应力,由极限平衡条件 $\sigma_3=\sigma_1\tan^2\left(45°-\frac{\varphi}{2}\right)-2c\tan\left(45°-\frac{\varphi}{2}\right)$ 可得:

$$\sigma_x=\sigma_3=\gamma z\tan^2\left(45°-\frac{\varphi}{2}\right)-2c\tan\left(45°-\frac{\varphi}{2}\right) \tag{5-3}$$

令 $\sigma_a=\sigma_x$,$K_a=\tan^2\left(45°-\frac{\varphi}{2}\right)$,则公式(5-3)可写成

$$\sigma_a=\gamma z K_a-2c\sqrt{K_a} \tag{5-4}$$

式中 σ_a——主动土压力强度(kPa),为主动土压力沿墙高的应力分布;

K_a——主动土压力系数;

c——填土的黏聚力(kPa)。

主动土压力合力 E_a 为主动土压力强度 σ_a 分布图形面积,其计算公式:

无黏性土:
$$E_a=\varphi_c\frac{1}{2}\gamma h^2 K_a \tag{5-5}$$

黏性土:
$$E_a=\varphi_c\left[\frac{1}{2}(\gamma h K_a-2c\sqrt{K_a})(h-z_0)\right]$$
$$=\varphi_c\left(\frac{1}{2}\gamma h^2 K_a-2ch\sqrt{K_a}+\frac{2c^2}{\gamma}\right) \tag{5-6}$$

式中 $z_0=\dfrac{2c}{\gamma\sqrt{K_a}}$;它代表 $\sigma_a=0$ 时的墙体高度,工程上也叫临界深度。

φ_c——主动土压力增大系数,土坡高度小于5m取1.0;5~8m,取1.1;高度大于8m取1.2。

主动土压力 E_a 作用点位置在其土压力强度 σ_a 分布图形面积(有阴线的三角形)形心处。方向垂直于墙背(图5-3)。

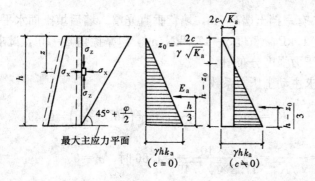

图 5-3　朗肯主动土压力强度分布图

二、被动土压力

挡土墙向后移动时,墙后填土受挤压,土体被压缩而使 σ_x 逐渐增加,达极限平衡状态时为最大值。由极限平衡条件可知 $\sigma_1 = \sigma_3 \tan^2\left(45° + \dfrac{\varphi}{2}\right) + 2c\tan\left(45° + \dfrac{\varphi}{2}\right)$ 此时 $\sigma_x = \sigma_1$,为最大主应力,$\sigma_z = \sigma_3$ 为最小主应力,故

$$\sigma_x = \sigma_1 = \gamma z \tan^2\left(45° + \dfrac{\varphi}{2}\right) + 2c\tan\left(45° + \dfrac{\varphi}{2}\right) \tag{5-7}$$

令 $\sigma_p = \sigma_x$,$k_p = \tan^2\left(45° + \dfrac{\varphi}{2}\right)$,则式(5-7)可写成:

$$\sigma_p = \gamma z K_p + 2c\sqrt{K_p} \tag{5-8}$$

式中　σ_p——被动土压力强度(kPa),为被动土压力沿墙高的应力分布;

　　　K_p——被动土压力系数。

被动土压力合力为土压力强度分布图面积,其计算式:

无黏性土:
$$E_p = \dfrac{1}{2}\gamma h^2 K_p \tag{5-9}$$

黏性土:
$$E_p = \dfrac{1}{2}\gamma h^2 K_p + 2ch\sqrt{K_p} \tag{5-10}$$

合力作用点位置分别在土压力强度分布图有阴影线的三角形及梯形面积形心处。方向垂直于墙背(图 5-4)。

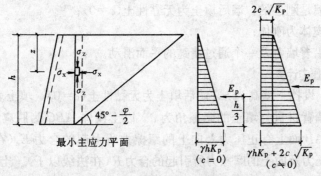

图 5-4　朗肯被动土压力强度分布图

【例 5-1】 有一挡土墙高 5m，墙背垂直光滑。墙后填土面水平，填土为黏性土，黏聚力 $c=10\text{kPa}$，重度 $\gamma=17.2\text{kN/m}^3$，内摩擦角 $\varphi=20°$，试求主动土压力，并绘出主动土压力强度分布图。

【解】 先求主动土压力系数

$$K_a=\tan^2\left(45°-\frac{\varphi}{2}\right)=\tan^2\left(45°-\frac{20°}{2}\right)=0.49$$

当 $z=z_0=\dfrac{2c}{\gamma\sqrt{K_a}}=\dfrac{2\times10}{17.2\times\sqrt{0.49}}=1.66$ 时，$\sigma_a=0$

当 $z=5\text{m}$ 时，

$$\sigma_a=\gamma z K_a-2c\sqrt{K_a}=17.2\times5\times0.49-2\times10\times\sqrt{0.49}=28.14\text{kPa}$$

主动土压力为 σ_a 图形分布面积：

$$E_a=\frac{1}{2}\times28.14\times(5-1.66)=47\text{kN/m}$$

方向垂直于墙背，作用点在距墙脚 $\dfrac{5-1.66}{3}=1.1\text{m}$ 处（图 5-5）。

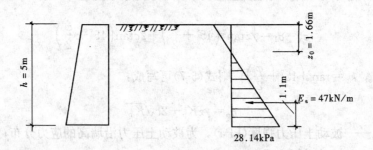

图 5-5 例题 5-1 附图

第四节 库伦土压力理论

库伦土压力理论（Coulomb，1773）是根据墙后滑动楔体的静力平衡条件建立的，并作了如下假定：

(1) 挡土墙是刚性的，墙后填土为无黏性土（$c=0$）；
(2) 滑动楔体为刚体；
(3) 楔体沿着墙背及一个通过墙踵的平面滑动。

一、主动土压力计算

如图 5-6，设挡土墙高为 h，墙后填土为无黏性土（$c=0$），填土表面与水平面的夹角为 β；墙背材料与填土的摩擦角为 δ。以土楔体 ABC 为脱离体（图 5-6a），其重力为 G，AB 面上有正压力及向上的摩擦力所引起的合力 E_a（在法线以下）；AC 面上有正压力及向上的摩擦力所引起的合力 R（在法线以下）。土楔体 ABC 在 G、R、E_a 三个力的作用下处于静力平衡状态（图 5-6b）。由力三角形正弦定律：

$$E_a = G \frac{\sin(\theta-\varphi)}{\sin(\theta+\alpha-\varphi-\delta)} \tag{5-11}$$

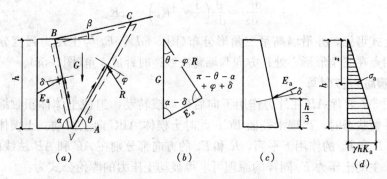

图 5-6 库伦主动土压力计算图
(a)滑动楔体；(b)力三角形；(c)合力作用点；(d)压强分布

从上式可知，不同的 θ 可求出不同的 E_a，即 E_a 是滑裂面倾角 θ 的函数。由 $\frac{dE_a}{d\theta}=0$ 可求出 E_{amax} 相应的 θ 角，所对应的滑裂面为最危险滑裂面。将求出的滑裂角 θ 和重力 $G=\gamma \cdot V_{ABC}$ 代入式(5-11)，即可求出墙高为 h 的主动土压力计算公式：

$$E_a = \frac{1}{2}\gamma h^2 \frac{\sin^2(\alpha+\varphi)}{\sin^2\alpha \sin(\alpha-\delta)\left[1+\sqrt{\frac{\sin(\varphi+\delta)\sin(\varphi-\beta)}{\sin(\alpha-\delta)\sin(\alpha+\beta)}}\right]^2} \tag{5-12}$$

令

$$K_a = \frac{\sin^2(\alpha+\varphi)}{\sin^2\alpha \sin(\alpha-\delta)\left[1+\sqrt{\frac{\sin(\varphi+\delta)\sin(\varphi-\beta)}{\sin(\alpha-\delta)\sin(\alpha+\beta)}}\right]^2} \tag{5-13}$$

式(5-12)可写成

$$E_a = \varphi_c \frac{1}{2}\gamma h^2 K_a \tag{5-14}$$

式中 K_a——库伦主动土压力系数，按式(5-13)确定；
α——墙背与水平面的夹角(°)；
β——墙后填土面的倾角(°)；
δ——填土对挡土墙的摩擦角，可查表 5-2 确定；
φ_c——主动土压力增大系数，土坡高度小于 5m 取 1.0；5~8m 取 1.1；高度大于 8m 取 1.2。

土对挡土墙背的摩擦角 表 5-2

挡土墙情况	摩擦角 δ	挡土墙情况	摩擦角 δ
墙背平滑、排水不良	$(0\sim0.33)\varphi$	墙背很粗糙、排水好良	$(0.5\sim0.67)\varphi$
墙背粗糙、排水好良	$(0.33\sim0.5)\varphi$	墙与填土间不可能滑动	$(0.67\sim1.0)\varphi$

当墙背垂直($\alpha=90°$)，光滑($\delta=0$)，填土面水平 $\beta=0$ 时，式(5-12)变为，$E_a = \frac{1}{2}\gamma h^2 \tan^2\left(45°-\frac{\varphi}{2}\right)$，可见在上述条件下库伦公式和朗肯公式相同。

为求得沿墙高 z 变化的主动土压力强度 σ_a,可将主动土压力 E_a 对深度 z 取导数:

$$\sigma_a = \frac{dE_a}{dz} = \frac{d}{dz}\left(\frac{1}{2}\gamma z^2 K_a\right) = \gamma z K_a \tag{5-15}$$

由上式可见,σ_a 沿墙高呈三角形分布(图 5-6d)。E_a 为土压力强度分布图形面,作用点在三角形形心处;方向与墙背法线逆时针成 δ 角(图 5-6c)。

二、被动土压力计算

如图 5-7 墙背 AB 在外力作用下向后移动或转动,迫使土体体积收缩。当达到极限平衡状态时,出现滑裂面 BC,此时土楔体 ABC 向上滑动。土楔体在自重 G、反力 R 和 E_p 的作用下平衡,R 和 E_p 的方向都分别在 AC 和 AB 法线的上方。按上述求主动土压力 E_a 同样的原理可求得被动土压力的库伦公式为:

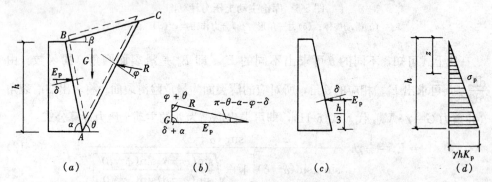

图 5-7　库伦被动土压力计算图
(a)滑动楔体;(b)力三角形;(c)合力作用点;(d)压强分布

$$E_p = \frac{1}{2}\gamma h^2 \frac{\sin^2(\alpha-\varphi)}{\sin^2\alpha\sin(\alpha+\delta)\left[1-\sqrt{\dfrac{\sin(\varphi+\delta)\sin(\varphi+\beta)}{\sin(\alpha+\delta)\sin(\alpha+\beta)}}\right]^2} \tag{5-16}$$

令

$$K_p = \frac{\sin^2(\alpha-\varphi)}{\sin^2\alpha\sin(\alpha+\delta)\left[1-\sqrt{\dfrac{\sin(\varphi+\delta)\sin(\varphi+\beta)}{\sin(\alpha+\delta)\sin(\alpha+\beta)}}\right]^2} \tag{5-17}$$

则式(5-16)变为:

$$E_p = \frac{1}{2}\gamma h^2 K_p \tag{5-18}$$

式中　K_p——库伦被动土压力系数,其余符号意义同前。

如墙背垂直($\alpha=90°$),光滑($\delta=0$),填土面水平 $\beta=0$,式(5-16)变为:

$$E_p = \frac{1}{2}\gamma h^2 \tan^2\left(45°+\frac{\varphi}{2}\right) \tag{5-19}$$

可见上述条件下库伦的被动土压力公式也与朗肯公式相同。

被动土压力强度可按下式计算:

$$\sigma_p = \frac{dE_p}{dz} = \frac{d}{dz}\left(\frac{1}{2}\gamma z^2 K_p\right) = \gamma z K_p \tag{5-20}$$

土压力的作用点在距离墙底 $\frac{h}{3}$ 处,方向如图5-7c所示。被动土压力强度沿墙高也呈三角形分布,如图5-7d。

【例 5-2】 挡土墙高 4.5m,墙背倾斜角 $\alpha=70°$,填土面坡角 $\beta=15°$,填土为砂土($c=0$),$\gamma=18\text{kN/m}^3$,$\varphi=30°$,填土与墙背的摩擦角 $\delta=\frac{2}{3}\varphi$,求主动土压力 E_a,并画出土压力强度分布图形。

【解】 用库伦理论先求主动土压力系数,由式(5-13)

$$K_a = \frac{\sin^2(\alpha+\varphi)}{\sin^2\alpha\sin(\alpha-\delta)\left[1+\sqrt{\frac{\sin(\varphi+\delta)\sin(\varphi-\beta)}{\sin(\alpha-\delta)\sin(\alpha+\beta)}}\right]^2}$$

将已知条件代入可求出:

$$K_a = \frac{\sin^2(70°+30°)}{\sin^2 70°\sin(70°-20°)\left[1+\sqrt{\frac{\sin(30°+20°)\sin(30°-15°)}{\sin(70°-20°)\sin(70°+15°)}}\right]^2} = 0.629$$

$$E_a = \frac{1}{2}\gamma h^2 K_a = \frac{1}{2}\times 18\times 4.5^2\times 0.629 = 114.6\text{kN/m}$$

土压力合力作用点在墙底处,方向如图5-8所示。
土压力作用点在距墙底1.5m处,方向如图5-8所示。

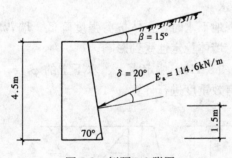

图 5-8 例题 5-2 附图

第五节 几种常见情况的土压力计算

一、填土表面有均布荷载

我们先假设填土为无黏性土($c=0$),而土的主动土压力强度 $\sigma_a = \gamma z K_a$,即 σ_a 是由垂直向压应力 γz 与 K_a 的乘积组成,当填土表面有竖向均布荷载 q 时,填土中深度 z 处的垂直向应力增加为 $(\gamma z + q)$,故其主动土压力强度:

$$\sigma_a = (q+\gamma z)K_a \tag{5-21}$$

由图 5-9 所示,土压力强度图形成梯形,合力作用点在梯形形心。

二、墙后填土分层

仍以无黏性土为研究对象,当墙后填土为不同种类的水平土层组成时,求出

深度 z 处的垂直向应力,再乘以 K_a 即可(图 5-10)。

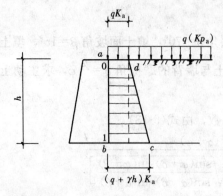
图 5-9 填土面有均布荷载的土压力计算

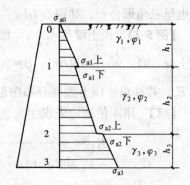
图 5-10 成层填土的土压力计算

$$\sigma_{a0}=0$$
$$\sigma_{a1上}=\gamma_1 h_1 K_{a1}$$
$$\sigma_{a1下}=\gamma_1 h_1 K_{a2}$$
$$\sigma_{a2上}=(\gamma_1 h_1+\gamma_2 h_2)K_{a2}$$
$$\sigma_{a2下}=(\gamma_1 h_1+\gamma_2 h_2)K_{a3}$$
$$\sigma_{a3}=(\gamma_1 h_1+\gamma_2 h_2+\gamma_3 h_3)K_{a3}$$

三、墙后填土有地下水

当墙后填土中出现地下水时,土体抗剪强度降低,墙背所受的总压力由土压力与水压力共同组成,墙体稳定性受到影响。

在计算土压力时(图 5-11),假定水上、水下土的 φ,c,δ 均不变,水上土取天然重度,水下土取有效重度进行计算。

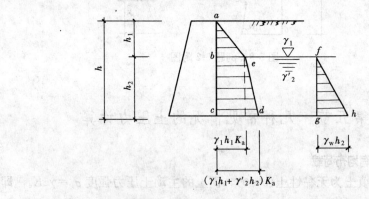
图 5-11 填土中有地下水的土压力计算

将上述三种特殊情况推广到黏性土中结论同样成立,只需将 $\sigma_a=\gamma z K_a-2c\sqrt{K_a}$ 代入计算过程即可。

【例 5-3】 挡土墙高 5m,墙背垂直、光滑;填土表面水平,其上作用有均布荷载 $q=5$kN/m²。填土的内摩擦角 $\varphi=20°$,黏聚力 $c=5$kN/m²,重度 $\gamma=18$kN/

m^3,求主动土压力 E_a 并绘出 σ_a 分布图。

【解】 用朗肯理论先求主动土压力系数：

$$K_a = \tan^2\left(45° - \frac{\varphi}{2}\right) = \tan^2\left(45° - \frac{20°}{2}\right) = \tan^2 35° = 0.49$$

由于 $C \neq 0$，故临界深度 $z_0 = \dfrac{2c}{\gamma\sqrt{K_a}} - \dfrac{q}{\gamma} = \dfrac{2 \times 5}{18 \times \sqrt{0.49}} - \dfrac{5}{18} \approx 0.52\text{m}$（该深度处 $\sigma_a = 0$）

在墙底处：

$$\sigma_a = (q + \gamma z)K_a - 2c\sqrt{K_a} = (5 + 18 \times 5) \times 0.49 - 2 \times 5\sqrt{0.49} = 39.55\text{kPa}$$

主动土压力 $E_a = \varphi_c \dfrac{1}{2}\left[(q + \gamma z)K_a - 2c\sqrt{K_a}\right](h - z_0)$

$$= 1.1 \times \frac{1}{2} \times 39.55 \times (5 - 0.52) = 97.45\text{kN/m}$$

主动土压力作用点距墙底 $\dfrac{5 - 0.52}{3} = 1.49\text{m}$ 处，方向如图5-12所示。

【例 5-4】 挡土墙高6m，墙背直立、光滑，墙后填土共两层。已知条件如图5-13所示，求主动土压力 E_a，并绘出 σ_a 分布图。

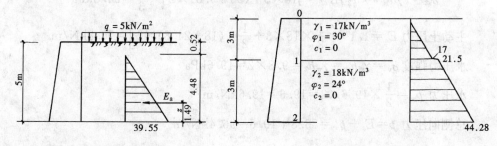

图 5-12 例题 5-3 附图　　　图 5-13 例题 5-4 附图

【解】 先计算上层填土的 σ_a：$\sigma_{a0} = 0$

$$\sigma_{a1\text{上}} = \gamma_1 h_1 K_{a1} = 17 \times 3 \times \tan^2\left(45° - \frac{30°}{2}\right) = 17\text{kPa}$$

再计算上层填土的 σ_a：

$$\sigma_{a1\text{下}} = \gamma_1 h_1 K_{a2} = 17 \times 3 \times \tan^2\left(45° - \frac{24°}{2}\right) = 21.5\text{kPa}$$

$$\sigma_{a2} = (\gamma_1 h_1 + \gamma_2 h_2 K_{a2}) = (17 \times 3 + 18 \times 3)\tan^2\left(45° - \frac{24°}{2}\right) = 44.28\text{kPa}$$

主动土压力 $E_a = 1.1 \times \left[\dfrac{1}{2} \times 17 \times 3 + \dfrac{1}{2}(21.5 + 44.28) \times 3\right] = 136.6\text{kPa}$

主动土压力 E_a 的作用点在主动土压力强度 σ_a 分布图形形心处，方向垂直于墙背。

【例 5-5】 如图5-14。挡土墙高5m，墙背垂直光滑，填土表面水平。内摩擦角 $\varphi = 30°$，黏聚力 $c = 0$，重度 $\gamma = 18\text{kN/m}^3$，$\gamma_{sat} = 20\text{kN/m}^3$。求挡土墙的总侧向压力。

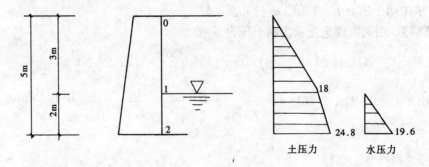

图 5-14 例题 5-5 附图

【解】 上层填土为天然土 $\sigma_{a0}=0$

$$\sigma_{a1上}=\gamma h_1 K_{a1}=18\times 3\times \tan^2\left(45°-\frac{30°}{2}\right)=18\text{kPa}$$

下层填土为水下土

$$\sigma_{a1下}=\gamma h_1 K_{a1}=18\times 3\times \tan^2\left(45°-\frac{30°}{2}\right)=18\text{kPa}$$

$$\sigma_{a2}=(\gamma h_1+\gamma' h_2)K_{a2}=[18\times 3+(20-9.8)\times 2]\times \frac{1}{3}=24.8\text{kPa}$$

主动土压力 $E_a=1.1\times\left[\frac{1}{2}\times 18\times 3+\frac{1}{2}\times(18+24.8)\times 2\right]=76.8\text{kN/m}$

水压力强度 $\sigma_w=\gamma_w h_w=\gamma_w h_2=9.8\times 2=19.6\text{kPa}$

水压力 $p_w=\frac{1}{2}\times 19.6\times 2=19.6=19.6\text{kN/m}$

总侧向压力 $p=E_a+p_w=76.8+19.6=96.4\text{kN/m}$

第六节 挡土墙设计

一、挡土墙的类型

挡土墙是防止土体坍塌的构造物。主要有如下类型：

（一）重力式挡土墙

这种挡土墙一般由块石或素混凝土砌筑而成。靠自身重力来维持墙体稳定，墙身截面尺寸一般较大。它结构简单、施工方便、取材较易，是应用较广的一种挡土墙（图 5-15a）。

（二）悬臂式挡土墙

一般用钢筋混凝土建造，它由直立壁、墙趾悬臂和墙踵悬臂组成。墙体稳定主要由墙踵悬臂上的土重维护，墙体内部拉应力由钢筋承受。由于钢筋混凝土的受力特性被充分利用，故此类挡土墙的墙身截面尺寸小，在市政工程中常用（图 5-15b）。

（三）扶臂式挡土墙

当墙高较大，产生的弯矩与挠度均较大时，可在悬臂式挡土墙的墙长方向每隔一定间距（0.8～1.08h，h 为挡土墙高）设一道扶臂，这样可提高立壁的抗弯性能和减少钢筋用量。挡土墙稳定性由扶臂间填土重维持（图 5-15c）。

（四）锚定板与锚杆式挡土墙

锚定板挡土墙是由预制的钢筋混凝土面板立柱，钢拉杆和埋入土中的锚定板组成，挡土墙的稳定性由拉杆和锚定板保证。锚杆式挡土墙则是由伸入岩层的锚杆承受土压力的挡土结构（图 5-15d）。这两种结构有时联合使用。

（五）板桩墙

板桩墙是深基坑开挖的一种临时性支护结构，由统长的钢板桩或预制钢筋混凝土板桩组成。也可在板桩上加设支撑，以改善其受力性能（图 5-15e）。

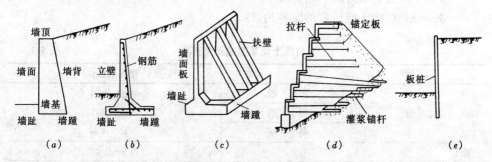

图 5-15 挡土墙主要类型图
(a)重力式挡土墙；(b)悬臂式挡土墙；(c)扶壁式挡土墙；
(d)锚杆、锚定板式挡土墙；(e)板桩墙

二、重力式挡土墙的计算与构造

（一）重力式挡土墙的计算

设计挡土墙时，一般是先根据荷载大小、地基土工程地质条件、填土的性质、建筑材料等条件凭经验初步拟定截面尺寸，然后逐项进行验算。若不满足，则修改截面尺寸或采取其他措施。

挡土墙的验算一般有如下内容：

1. 稳定性验算

包括抗倾覆和抗滑移验算两大内容。必要时应进行地基的深层稳定性验算（可采用圆弧滑动面法）。

2. 地基承载力验算

要求及方法见第七章第三节。

3. 墙身强度验算

方法参见相应的结构设计规范。

（二）挡土墙的稳定性验算

1. 挡土墙抗滑移验算

如图 5-16 将土压力 E_a 及墙重力 G 各分解成平行及垂直于基底的两个分力（E_{at}、E_{an} 及 G_t、G_n）。分力 E_{at} 使墙沿基底平面滑移，E_{an} 及 G_n 产生摩擦力抵抗滑移，抗滑移稳定性应按下式验算：

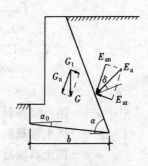

图 5-16 挡土墙抗滑移稳定验算示意

$$\frac{(G_n+E_{an})\mu}{E_{at}-G_t} \geqslant 1.3 \tag{5-22}$$

$$G_n = G\cos\alpha_0$$

$$G_t = G\sin\alpha_0$$

$$E_{an} = E_a\cos(\alpha-\alpha_0-\delta)$$

$$E_{at} = E_a\sin(\alpha-\alpha_0-\delta)$$

式中 G——挡土墙每延米自重(kN);

α_0——挡土墙基底的倾角(°);

μ——土对挡土墙基底的摩擦系数。由试验确定,也可按表 5-3 选用;

α——挡土墙墙背的倾角(°);

δ——土对挡土墙墙背的摩擦角(°)。

土对挡土墙基底的摩擦系数   表 5-3

土的类别		摩擦系数 μ
黏土	可 塑	0.25~0.3
	硬 塑	0.3~0.35
	坚 硬	0.35~0.45
粉土		0.3~0.40
中砂、粗砂、砾砂		0.40~0.50
碎石土		0.40~0.60
软质岩		0.40~0.60
表面粗糙的硬质岩		0.65~0.75

注:1. 对易风化的软质岩和塑性指数 I_P 大于 22 的黏性土,基底摩擦系数 μ 应通过试验确定;
2. 对碎石土,可根据其密实程度、充填物状况、风化程度等确定。

2. 挡土墙的抗倾覆验算

如图 5-17,在土压力作用下墙将绕墙趾 o 点向外转动而失稳。将 E_a 分解成水平及垂直两个分力。水平分力 E_{ax} 使墙发生倾覆;垂直分力 E_{az} 及墙重力 G 抵抗倾覆。抗倾覆稳定性应按下式验算:

$$\frac{Gx_0+E_{az}x_f}{E_{ax}z_f} \geqslant 1.6 \tag{5-23}$$

$$E_{ax} = E_a\sin(\alpha-\delta)$$

$$E_{az} = E_a\cos(\alpha-\delta)$$

$$x_f = b - \cot\alpha$$

$$z_f = z - b\tan\alpha_0$$

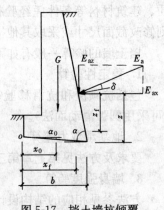

图 5-17 挡土墙抗倾覆稳定验算示意

式中 G——挡土墙每延米自重(kN);

α_0——挡土墙基底的倾角(°);

α——挡土墙墙背的倾角(°);

z——土压力作用点离墙踵的高度(m);

x_0——挡土墙重心离墙趾的水平距离(m);

b——基底的水平投影宽度(m)。

（三）重力式挡土墙的构造

(1) 重力式挡土墙根据墙背的倾角不同可分为仰斜式($\alpha > 90°$)、垂直式($\alpha = 90°$)、俯斜式($\alpha < 90°$)。仰斜式承受的土压力最小，作护坡时仰斜式最为合理；如在填方地段则宜采用俯斜式或垂直式（见图 5-18）。

(2) 砌石挡土墙顶宽不宜小于 0.4m，混凝土墙不宜小于 0.2m。基底宽约为墙高的 $\frac{1}{2} \sim \frac{1}{3}$。

(3) 为增加挡土墙的抗滑稳定性，可将基底做成逆坡。对于土质地基，基底逆坡坡度不宜大于 1∶10；对于岩质地基，基底逆坡坡度不宜大于 1∶5（见图 5-18）。

(4) 挡土墙必须有良好的排水设施，以免墙后填土因积水而造成地基松软，从而导致承载力不足。若填土冻胀，则会使挡土墙开裂或倒塌。故常沿墙长设置间距为 2～3m，直径不小于 100mm 的泄水孔。墙后做好滤水层和必要的排水盲沟，在墙顶地面铺设防水层。当墙后有山坡时，还应在坡下设置截水沟（图5-19）。挡土墙应每隔 10～20m 设置伸缩缝。

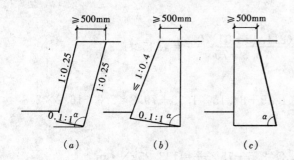

图 5-18 重力式挡土墙类型
(a)仰斜式；(b)垂直式；(c)俯斜式

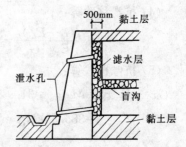

图 5-19 挡土墙排水设施

【例 5-6】 某挡土墙高 5m，墙背垂直光滑，填土表面水平。采用 MU30 毛石和 M5 混合砂浆砌筑。已知砌体重度 $\gamma_0 = 22$kN/m³，填土重度 $\gamma = 18$kN/m³，内摩擦角 $\varphi = 30°$，黏聚力 $c = 0$，地面荷载 $q = 2$kN/m²，基底摩擦系数 $\mu = 0.5$，验算挡土墙的稳定性。

【解】 (1) 先确定挡土墙的断面尺寸（图 5-20）

按构造要求设墙顶宽为 0.8m > 0.4m，墙底宽 $b = 2.9$m $\approx \left(\frac{1}{2} \sim \frac{1}{3}\right) h$

(2) 取 1m 墙长为计算单元，计算土重及墙重：

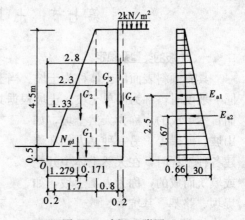

图 5-20 例 5-6 附图

$$G_1 = 0.5 \times 2.9 \times 1 \times 22 = 31.9 \text{kN}$$
$$G_2 = 0.5 \times 1.7 \times 4.5 \times 1 \times 22 = 84.15 \text{kN}$$
$$G_3 = 0.8 \times 4.5 \times 1 \times 22 = 79.2 \text{kN}$$
$$G_4 = 0.2 \times 4.5 \times 1 \times 18 = 16.2 \text{kN}$$
$$G = G_1 + G_2 + G_3 + G_4 = 211.45 \text{kN}$$

(3) 再求土压力 E_a：
$$K_a = \tan^2\left(45° - \frac{\varphi}{2}\right) = \tan^2\left(45° - \frac{30°}{2}\right) = \frac{1}{3}$$

墙顶处 $\sigma_a = (q + \gamma z)K_a$
$$= (2 + 0) \times \frac{1}{3} = 0.66 \text{kPa}$$

墙底处 $\sigma_a = (q + \gamma z)K_a = (2 + 18 \times 5) \times \frac{1}{3} = 30.67 \text{kPa}$

$E_{a1} = 0.66 \times 5 = 3.3 \text{kN/m}$（矩形面积）

$E_{a2} = \frac{1}{2} \times (30.67 - 0.66) \times 5 = 75 \text{kN/m}$（三角形面积）

土压力 $E_a = E_{a1} + E_{a2}$

(4) 抗滑移验算：
$$\frac{(G_n + E_{an})\mu}{E_{at} - G_t} = \frac{(211.45 + 0) \times 0.5}{(3.3 + 75)} = 1.35 > 1.3$$

(5) 抗倾覆验算：
$$Gx_0 + E_{ax}x_f = M_{抗倾覆} = 31.9 \times 1.45 + 84.15 \times 1.33 + 79.2 \times 2.3 + 16.2 \times 2.8$$
$$= 385.69 \text{kN} \cdot \text{m}$$

$$E_{ax}z_f = M_{倾覆} = 3.3 \times 2.5 + 75 \times \frac{5}{3} = 133.25 \text{kN} \cdot \text{m}$$

$$\frac{Gx_0 + E_{az}x_f}{E_{ax}z_f} = \frac{385.69}{133.25} = 2.89 > 1.6$$

故墙体稳定性验算合格。

第七节 土坡稳定分析

一、土坡的类型及稳定

具有倾斜表面的土体称为土坡。当土质均匀，坡顶和坡底都是水平且坡面为同一坡度时，称为简单土坡。土坡根据其成因可分为两种：一种是由于地质作用而自然形成的，称为天然土坡，如山坡、河岸等；另一种是人们在修建各种工程时，在天然土体中开挖或填筑而成的，称为人工土坡，如堤坝、路基、基坑等。

如图 5-21 所示，由于土坡表

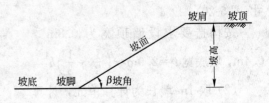

图 5-21 简单土坡断面形式

面倾斜，它在自身重力或外部荷载作用下，有从高处向低处滑动的趋势。一旦由于设计、施工或管理不当，或者由于地震、暴雨等不可预估的外部因素，都将可能使土体内部某个面上的剪应力达到并超过该面上的抗剪强度，稳定平衡遭到破坏，造成土坡中的一部分土体相对于另一部分土体向下滑动，这种现象称为滑坡，如图 5-22 所示。因此，在有关土坡问题的设计中，必须进行稳定分析，以保证土坡具有足够的稳定性。

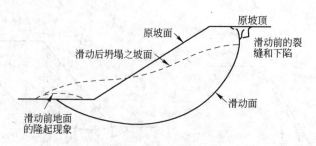

图 5-22 滑坡示意

影响土坡稳定的因素有多种，包括土坡的边界条件、土质条件和外界条件。

(1) 土坡坡度。土坡坡度可用坡度角的大小来表示，也可用土坡高度与水平尺度之比来表示。坡度角越小，土坡的稳定性越好。

(2) 土坡高度。土坡高度指坡脚至坡顶之间的垂直距离。在其他条件相同时，坡高越小，土坡的稳定性越好。

(3) 土的性质。土的性质越好，土坡的稳定性越好。例如，土的重度 γ 和土的抗剪强度指标 c、ϕ 值越大，土坡的稳定性越好。

(4) 气象条件。天气晴朗时土坡处于干燥状态，土的强度大，土坡稳定性好。若连续大雨使大量雨水入渗，土的强度降低，可能导致土坡滑动。

(5) 地下水渗透。当土坡中存在与滑动方向一致的渗透力时，对土坡的稳定不利。

(6) 强烈地震。强烈地震产生的地震力或孔隙水压力等，对土坡的稳定不利。

(7) 坡顶荷载变化。在坡顶堆放材料或建造建筑物等使坡顶荷载增加，或由于打桩、车辆行驶等引起振动，都会使土坡原有的稳定平衡遭到破坏，导致土坡滑动。

二、无黏性土坡的稳定性分析

如图 5-23 所示的无黏性土坡，坡角 β，土的内摩擦角 φ，取坡面的任一单元重力 W，可知：

坡面的滑动力 $\qquad T = W\sin\beta \qquad$ (5-24)

坡面的法向分力 $\qquad N = W\cos\beta \qquad$ (5-25)

由 N 引起的摩擦力 $\qquad T' = N\tan\varphi = W\cos\beta\tan\varphi \qquad$ (5-26)

稳定安全系数 $\qquad K = \dfrac{T'}{T} = \dfrac{W\cos\beta\tan\varphi}{W\sin\beta} = \dfrac{\tan\varphi}{\tan\beta} \qquad$ (5-27)

从上式可知，当 $\beta = \varphi$ 时，$K = 1$，土处于极限平衡状态。无黏性土的稳定性

只取决于坡角 β，只要 $\beta \leqslant \varphi$，土坡即稳定。工程中一般取 $K=1.1\sim1.5$，以保证土坡有足够的安全储备。

三、黏性土坡的稳定性分析

如图 5-24 所示为黏性土坡的稳定性分析一般采用条分法（由瑞典工程师 Fellenius，1922 年提出）。该法假定土坡滑动破坏时，滑动面为通过坡脚的圆弦曲面。

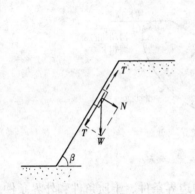

图 5-23　无黏性土坡的稳定性分析　　　　图 5-24　黏性土坡稳定性分析

取单位长度滑动体，划分相同密度的若干竖向土条，土条间作用力省略不计，设每个土条的重力 W_i，其分力为：

切向力 $\qquad T_i = W_i \sin\beta_i$ (5-28)

法向力 $\qquad N_i = W_i \cos\beta_i$ (5-29)

各土条对圆心的滑动力矩为 $\sum\limits_{i=1}^{n} T_i R$

各土条对圆心的抗滑力矩为如下两部分：

由黏聚力 c 产生的抗滑力矩 $\sum\limits_{i=1}^{n} c\Delta l_i R$

由 N_i 引起的摩擦力对圆心的抗滑力矩 $\sum\limits_{i=1}^{n} T_i' R = \sum\limits_{i=1}^{n} N_i R \tan\varphi$

由此可得稳定安全系数 $K = \dfrac{\sum\limits_{i=1}^{n} W_i \cos\beta_i \tan\varphi + \Sigma c\Delta l_i}{\sum\limits_{i=1}^{n} W_i \sin\beta_i}$ (5-30)

式中　φ——土的内摩擦角标准值(°)；

　　　β_i——土条弧面的切线与水平线的夹角(°)；

　　　c——土的黏聚力标准值(kPa)；

　　　Δl_i——土条的弧面长度(m)；

　　　W_i——土条自重(kN)，$W_i = \gamma b_i h_i$；

　　　b_i——土条宽度(m)；

　　　h_i——土条中心高度(m)。

当变换弧心位置，可绘出不同的圆弧滑动面及相应的稳定安全系数 k，其中 k_{min} 所对应的滑动面即为最危险的圆弧滑动面。工程中若 $k_{min} \geqslant 1.2$，则黏性土边坡可视为稳定。条分法实际上是一种试算法，由于计算工作量大，一般由计算机完成。

第八节 支 护 结 构

基坑(槽)开挖过程中，基坑土体的稳定，主要依靠土体内颗粒间存在的内摩擦力和粘聚力来保持平衡。一旦土体在外力作用下失去平衡，坑壁就会坍塌。为了防止土壁坍塌，确保施工安全，在基坑(槽)开挖深度超过一定限度时，土壁应做成有斜率的边坡。当场地受限制不能做成斜坡或为减少挖方量不采用斜坡时，应加以临时支护以保持土壁的稳定。

一、边坡坡度允许值

土方边坡大小，应根据土质条件、开挖深度、地下水位、施工方法及开挖后边坡留置时间的长短、坡顶有无荷载以及相邻建筑物情况等因素而定。当地质条件良好，土质均匀且地下水位低于基坑(槽)底面标高时，挖方边坡可做成直立壁不加支撑，但深度不宜超过表5-4规定：

直立壁不加支撑挖方深度　　　　　　　表 5-4

土 的 类 别	挖方深度(m)
密实、中密的砂土和碎石类土(充填物为砂土)	1.00
硬塑、可塑的砂土及粉质黏土	1.25
硬塑、可塑的黏土和碎石类土(充填物为黏性土)	1.50
坚硬的黏土	2.00

若不符合上述要求时，可采用放坡开挖。对永久性挖方边坡应按设计要求放坡，对临时性挖方边坡值应符合表5-5规定：

临时性挖方边坡值　　　　　　　表 5-5

土 的 类 别		边坡值(高：宽)
砂土(不包括细砂、粉砂)		1：1.25～1：1.50
一般黏性土	硬	1：0.75～1：1.00
	硬、塑	1：1.00～1：1.25
	软	1：1.50 或更缓
碎石类土	充填坚硬、硬塑黏性土	1：0.50～1：1.00
	充填砂土	1：1.00～1：1.50

注：1. 设计有要求时，应符合设计标准。
　　2. 如采用降水或其他加固措施，可不受本表限制，但应计算复核。
　　3. 开挖深度，对软土不应超过4m，对硬土不应超过8m。

二、支护结构的类型与特点

为保证地下结构施工及基坑周边环境的安全,对基坑侧壁采用的支挡、加固与保护措施统称为基坑支护。基坑支护结构主要承受基坑土方开挖卸荷时所产生的土压力、水压力和附加荷载产生的侧压力,起到挡土和止水作用,是保证基坑稳定的一种施工临时措施。

支护结构按其受力状况可分为重力式支护结构和非重力式支护结构两类。深层搅拌水泥土桩、水泥旋喷桩和土钉墙等皆属于重力式支护结构。钢板桩、H型钢桩、混凝土灌注桩和地下连续墙等皆属于非重力式支护结构。

支护结构根据不同的开挖深度和不同的工程地质与水文地质等条件,可选用悬臂式支护结构或设有撑锚体系的支护结构。悬臂式支护结构由挡墙和冠梁组成,设有撑锚体系的支护结构由挡墙、冠梁和撑锚体系三部分组成。

1. 挡墙

挡墙主要起挡土和止水作用,其种类很多,下面主要介绍常用几种:

（1）钢板桩

钢板桩是带锁口的热轧型钢制成。常用的截面型式有平板型、波浪型板桩等。钢板桩通过锁口连接、相互咬合而形成连续的钢板桩挡墙。

钢板桩在软土层施工方便,在砂砾层及密实砂土中则施工困难。打设后可立即组织土方开挖和基础施工,除可起挡土作用外,还有一定止水作用。但一次性投资较大,若施工完后拔出重复使用,可节省成本。另外钢板桩的刚度较低,一般当基坑开挖深度为4～6m时就需设置支撑（或拉锚）体系。它适用于基坑深度不太大的软土地层的基坑支护。

（2）混凝土灌注桩挡墙

混凝土灌注桩作为支护结构的挡墙,其布置方式有连续式排列、间隔式排列和交错相接排列等型式。由于目前的施工技术使桩与桩之间仍会有间隙,因此仅用于无挡水要求的基坑支护。

混凝土灌注桩挡墙具有平面布置灵活,施工工艺简单,成本低,无噪声,无挤土,对周围环境不会造成危害等优点。但挡墙是由单桩排列而成,所以整体性较差,因此,使用时需在单桩顶部设置一道钢筋混凝土圈梁（亦称冠梁）将单桩连成整体,以提高排桩挡墙的整体性和刚度。

（3）深层搅拌水泥土桩

深层搅拌水泥土桩,采用水泥作为固化剂,通过深层搅拌机械,在地基土中将土和固化剂强制拌合。利用土和固化剂之间所产生的一系列物理化学反应后,使软土硬化成水泥土柱状加固体。施工时将桩体相互搭接（通常搭接宽度为150～200mm）,形成具有一定强度和整体性的深层搅拌水泥土挡墙,简称水泥土墙。

水泥土墙属于重力式支护结构,它利用其自身重力挡土,同时由于桩体相互搭接形成连续整体,又能形成隔水帷幕。由于抗拉强度低,宽度往往比较大。适用于软土地基,开挖深度不大于6m的基坑支护。

（4）地下连续墙

地下连续墙系沿拟建工程基坑周边,利用专门的挖槽设备,在泥浆护壁的条件下，每次开挖一定长度（一个单元槽段）的沟槽，在槽内放置钢筋笼，利用导管法浇筑水下混凝土。施工时，每个单元槽段之间，通过接头管等方法处理后，形成一道连续的地下钢筋混凝土封闭墙体，简称地下连续墙。它既可挡土，又可挡水，也可以作为建筑物的承重结构。

地下连续墙整体性好，刚度大，变形小，能承受较大的竖向荷载及水平荷载。但成槽需专用设备，工程造价高。适用于地下水位高的软土地基，或基坑开挖深度大，且与邻近的建筑物、道路等市政设施等相距较近时的深基坑支护。

2. 冠梁

在钢筋混凝土灌注桩挡墙、水泥土墙和地下连续墙顶部设置的一道钢筋混凝土圈梁，称为冠梁，亦称为压顶梁。

施工时应先将桩顶或地下连续墙顶上的浮浆凿除，清理干净，并将外露的钢筋伸入冠梁内，与冠梁混凝土浇筑成一体，有效地将单独的挡土构件连系起来，以提高挡墙的整体性和刚度，减少基坑开挖后挡墙顶部的位移。冠梁宽度不小于桩径或墙厚，高度不小于400mm，冠梁可按构造配筋，混凝土强度等级宜大于C20。

3. 撑锚体系

对较深基坑的支护结构，为改善挡墙的受力状况，减少挡墙的变形和位移，应设置撑锚体系，撑锚体系按其工作特点和设置部位，可分为坑内支撑体系和坑外拉锚体系。

（1）坑内支撑体系

坑内支撑体系由支撑、腰梁和立柱等构件组成，承受挡墙所传递的土压力、水压力等。如图5-25所示，根据不同的基坑宽度和开挖深度，可采用无中间立柱的对撑，有中间立柱的单层或多层水平支撑，当基坑平面尺寸很大而开挖深度不太大时，可采用斜撑。

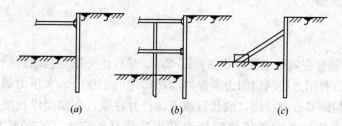

图5-25 坑内支撑形式
(a)对撑；(b)两层水平撑；(c)斜撑

水平支撑的布置应根据基坑平面形状、大小、深度和施工要求，应避开地下结构的柱网或墙轴线，相邻水平支撑净距一般不小于4m。立柱应布置在纵横向水平撑的交点处，并避开地下结构柱、梁与墙的位置，间距一般不大于15m，其下端应支撑在较好的土层中。斜撑宜对称布置，水平间距不宜大于6m，斜撑与基坑底面之间的夹角，一般不宜大于35°，在地下水位较高的软土地区不宜大于26°，当斜撑长度大于15m时，宜在斜撑中部设置立柱，且斜撑底部应具备可靠的水平力传递条件。

支撑结构体系必须具有足够的强度、刚度和稳定性，节点构造合理，安全可靠，能满足支护结构变形控制要求，同时要方便土方开挖和地下结构施工。

(2) 坑外拉锚体系

坑外拉锚体系由杆件与锚固体组成。根据拉锚体系的设置方式及位置不同，可分为两类：

1) 水平拉杆沿基坑外地表水平设置(图5-26)，一端与挡墙顶部连接，另一端锚固在锚碇上，用于承受挡墙所传递的土压力、水压力和附加荷载等产生的侧压力。拉杆通过开沟浅埋于地表下，以免影响地面交通，锚碇位置应处于地层滑动面之外，以防止坑壁土体整体滑动时，引起支护结构整体失稳。拉杆通常采用粗钢筋或钢绞线。根据使用时间长短和周围环境情况，事先应对拉杆采取相应的防腐措施，拉杆中间设有紧固器，将挡墙拉紧之后即可进行土方开挖作业。

此法施工简便，经济可行，适用于土质条件较好，开挖深度不大，基坑周边有较开阔施工场地时的基坑支护。

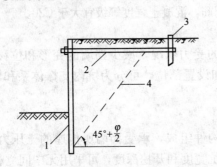 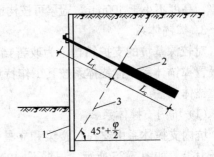

图 5-26　锚碇式支护结构　　　　图 5-27　锚杆式支护结构
1—挡墙；2—拉杆；　　　　　　　1—挡墙；2—土层锚杆；
3—锚碇桩；4—主动滑动面　　　　3—主动滑动面；L_f—非锚固段
　　　　　　　　　　　　　　　　长度；L_e—锚固段长度

2) 土层锚杆在坑外土层中设置(图5-27)，锚杆的一端与挡墙连结，另一端锚固在土层中，利用土层的锚固力承受挡墙所传递的土压力、水压力等侧压力。锚杆通常采用粗钢筋或钢绞线，成孔后放入锚杆并注浆，在锚固段长度范围内形成抗拔力，只要抗拔力大于挡墙侧压力产生的锚杆轴向力，支护结构就能保持稳定。

由于软土、淤泥质土中抗拔力低，故土层锚杆适用于地质条件为砂土或黏性土地层的深基坑支护。当地质条件太差或环境不允许时(建筑红线外的地下空间不允许侵占或锚杆范围内存在着深基础、沟管等障碍物)不宜采用。

三、支护结构的选型原则

支护结构的选型应满足下列基本要求：

(1) 符合基坑侧壁安全等级要求，确保坑壁稳定，施工安全；

(2) 确保邻近建筑物、道路、地下管线等的正常使用；

(3) 方便土方开挖和地下结构工程施工；

(4) 做到经济合理、工期短、效益好。

基坑支护结构型式，应根据上述基本要求，并综合考虑基坑周边环境、开挖深度、工程地质和水文地质条件、施工作业设备、挖土方案、施工季节、工期及造价等因素，经技术经济比较后优选确定。在工程实践中，可参照《建筑边坡工程技术规范》GB 50330—2002、《建筑基坑支护技术规程》JGJ 120—99 及相关文献资料等。

本 章 小 结

本章主要介绍了土压力的类型与计算，挡土墙的类型和重力式挡土墙的计算与构造，土坡稳定分析和支护结构的类型与特点。重点讨论了朗肯土压力理论和库伦土压力理论，几种常见情况的土压力计算，影响土压力的因素和土坡稳定的影响因素。通过本章的学习，应

掌握 主动土压力、静止土压力和被动土压力的概念及产生条件，会计算各种土压力。常见支护结构的类型与特点，能正确实施基坑支护方案。

理解 朗肯土压力理论和库伦土压力理论的原理及适用条件。

了解 重力式挡土墙的设计内容和土坡稳定的概念。

实 践 教 学 内 容

题目：现场参观基坑支护工程

1. 目的与意义

基坑支护结构是一个技术要求高、施工难度大且复杂的系统工程，特别是大型基坑工程更是如此。它已发展成为一门独立的学科，今后还需专门的学习与研究。通过参观，了解一般工程常见支护结构的特点、适用条件，增加感性认识，加深理解，能正确实施基坑支护方案。

2. 内容与要求

在指导教师或工程技术人员的指导下，选择一般基坑支护工程进行参观实训，针对支护结构型式、特点、施工方法、质量控制、技术安全措施等方面进行全面了解，重点把基坑支护结构的专项施工方案和现场工程实际结合起来，加深理解方案的实施。

复 习 思 考 题

1. 砂类土坡和黏性土坡稳定的条件是什么？
2. 挡土墙主要有什么类型？各类型有何适用性？
3. 根据挡土墙的移动情况可将土压力分成几种类型？这些类型分别叫什么名称？
4. 墙后填土积水对挡土墙的稳定性有无影响？
5. 朗肯、库伦土压力理论各有什么基本假定？各有何适用条件？
6. 怎样进行特殊条件下的土压力计算？
7. 土坡稳定性与哪些因素有关？
8. 简述常见支护结构的特点。

习　题

5-1　已知墙后填土 $\varphi=30°$，$c=0$，$\delta=0$，$\beta=0$，求下列三种墙背上的主动土压力，并比较这三种挡土墙的特点(图 5-28)。

图 5-28　[题 5-1] 附图

5-2　挡土墙高 4.5m，墙背垂直光滑，填土表面水平。填土黏聚力 $c=6$kPa，$\varphi=22°$，$\gamma=18$kN/m³，求主动土压力 E_a。当填土表面上作用有 $q=10$kN/m² 的均布荷载时，主动土压力又为多少？(两种情况均要求作出主动土压力强度的分布图形)。

5-3　挡土墙高 6m，$\alpha=75°$，$\beta=0$，$\delta=0$，$\gamma=18$kN/m³，$\gamma_{sat}=19$kN/m³，$c=0$，求主动土压力(图 5-29)。

5-4　挡土墙高 4m，$\varphi=30°$，$\beta=0$，$\alpha=90°$，$\delta=0$，$\gamma=18.5$kN/m³，基底摩擦系数 $\mu=0.5$，墙身由 MU30 毛石和 M5 混合砂浆砌筑，砌体重度 $\gamma=22$kN/m³。验算挡土墙的稳定性(图 5-30)。

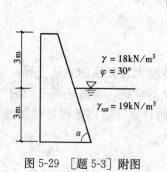

图 5-29　[题 5-3] 附图

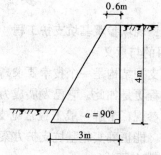

图 5-30　[题 5-4] 附图

第六章 建筑场地的工程地质勘察

[学习重点]
1. 可行性研究勘察、详细勘察、施工勘察、验槽、钎探等概念。
2. 工程地质勘察的目的、任务、方法、报告书。
3. 工程地质勘察报告的阅读与使用。
4. 验槽的目的、内容、方法和注意事项。
5. 常见地基局部处理的方法。

建议从拟建工程概况、勘探点平面布置图、工程地质剖面图、其他成果图表、分析评价、结论和建议等方面入手,通过工程地质勘察报告阅读、验槽、地基局部处理等实践环节,结合工程实际,初步学会工程地质勘察报告的使用和验槽方法。

第一节 概 述

建筑场地是指建筑物所处的有限面积的土地。建筑场地的概念是宏观的,建筑场地勘察应广泛研究整个工程在建设施工和使用期间,场地内可能发生的各种岩、土体的失稳、自然地质及工程地质灾害等问题。

一、工程地质勘察的目的

工程地基勘察的目的在于使用各种勘察手段和方法,调查研究和分析评价建筑场地和地基的工程地质条件,为设计和施工提供所需的工程地质资料。

建筑场地地形平坦,地表土坚实,并不能保证地基土均匀与坚实。优良的设计方案,必须以准确的工程地质资料为依据,地基土层的分布、土的松密、压缩性高低、强度大小、均匀性、地下水埋深及水质、土层是否会液化等条件都关系着建筑物的安危和正常使用。结构工程师只有对建筑场地的工程地质资料全面深入的研究,才能做出好的地基基础设计方案。

在工程实践中,有不少因不经过调查研究而盲目进行地基基础设计和施工而造成严重工程事故的例子,但是,更常见的是勘察不详或分析结论有误,以致延误建设进度、浪费大量资金,甚至遗留后患。因此,地基勘察工作应该遵循基本建设程序,走在设计和施工前面,采取必要的勘察手段和方法,提供准确无误的工程地质勘察报告。

二、各阶段勘察的内容

建筑场地的岩土工程勘察,应在搜集建筑物或构筑物(以下简称建筑物)上部荷载、功能特点、结构类型、基础形式、埋置深度和变形限制等方面资料的基础上进行。

建筑场地的岩土工程勘察宜分阶段进行，可行性研究勘察应符合选择场址方案的要求；初步勘察应符合初步设计的要求；详细勘察应符合施工图设计的要求；场地条件复杂或有特殊要求的工程，宜进行施工勘察。

场地较小且无特殊要求的工程可合并勘察阶段。当建筑物平面布置已经确定，且场地或其附近已有岩土工程资料时，可根据实际情况，直接进行详细勘察。

1. 可行性研究勘察（规划性勘察、选址勘察）

可行性研究勘察，应对拟选场址的稳定性和适宜性做出评价。这一阶段的勘察工作如下：

（1）搜集区域地质、地形地貌、地震、矿产、当地的工程地质、岩土工程和建筑经验等资料；

（2）在充分搜集和分析已有资料的基础上，通过勘察了解场地的地层、构造、岩性、不良地质作用和地下水等工程地质条件；

（3）当拟建场地工程地质条件复杂，已有资料不能满足要求时，要根据具体情况进行工程地质测绘和必要的勘探工作；

（4）当有两个或两个以上拟选场址时，应进行比较分析。

根据我国的建设经验，下列地区、地段不宜选为场址：

1）不良地质发育现象且对场地稳定性有直接危害或潜在威胁，如有大滑坡、强烈发育岩溶、地表塌陷、泥石流及江河岸边强烈冲淤区等；

2）地震基本烈度较高，可能存在地震断裂带及地震时可能发生滑坡、山崩、地表断裂的场地；

3）洪水或地下水对建筑场地有严重不良影响；

4）地下有尚未开采的有价值矿藏或未稳定的地下采空区。

2. 初步勘察

在场址选定批准后进行初步勘察，初步勘察应对场地内拟建建筑地段的稳定性做出评价，并进行下列主要工作：

（1）搜集拟建工程的有关文件、工程地质和岩土工程资料以及工程场地范围的地形图；

（2）初步查明地质构造、地层结构、岩土工程特性、地下水埋藏条件；

（3）查明场地不良地质作用的成因、分布、规模、发展趋势，并对场地的稳定性做出评价；

（4）对抗震设防烈度等于或大于 6 度的场地，应对场地和地基的地震效应做出初步评价；

（5）季节性冻土地区，应调查场地土的标准冻结深度；

（6）初步判定水和土对建筑材料的腐蚀性；

（7）高层建筑初步勘察时，应对可能采取的地基基础类型、基坑开挖与支护、工程降水方案进行初步分析评价。

3. 详细勘察

经过可行性研究勘察和初步勘察之后，场地工程地质条件基本查明，详细勘察的任务就在于针对具体建筑物地基或具体工程的地质问题，为进行施工图设计和施工提供可靠的依据或设计计算参数。因此，详细勘察应按单体建筑物或建筑群提出详细的岩土工程资料和设计、施工所需的岩土参数；对建筑地基做出岩土工程评价，并对地基类型、基础形式、地基处理、基坑支护、工程降水和不良地质作用的防治等提出建议。主要应进行下列工作：

（1）搜集附有坐标和地形的建筑总平面图，场区的地面整平标高，建筑物的性质、规模、荷载、结构特点、基础形式、埋置深度、地基允许变形等资料；

（2）查明不良地质作用的类型、成因、分布范围、发展趋势和危害程度，提出整治方案和建议；

（3）查明建筑范围内岩土层的类型、深度、工程特性，分析和评价地基的稳定性、均匀性和承载力；

（4）对需进行沉降计算的建筑物，提供地基变形计算参数，预测建筑物的变形特征；

（5）查明埋藏的河道、沟浜、墓穴、防空洞、孤石等对工程不利的埋藏物；

（6）查明地下水的埋藏条件，提供地下水位及其变化幅度；

（7）在季节性冻土地区，提供场地土的标准冻结深度；

（8）判定水和土对建筑材料的腐蚀性。

对抗震设防烈度等于或大于 6 度的场地，应进行场地和地基地震效应的岩土工程勘察，并应根据国家批准的地震震动参数区划和有关规范，提出勘察场地的抗震设防烈度、设计基本地震加速度和设计特征周期。应划分场地的类别，划分对抗震有利、不利或危险的地段，进行液化判别。

当建筑物采用桩基时，应查明场地各层岩土的类型、深度、分布、工程特性和变化规律；当采用基岩作为桩的持力层时，应查明基岩的岩性、构造、岩面变化、风化程度，确定其坚硬程度、完整程度和基本质量等级，判定有无洞穴、临空面、破碎岩体或软弱岩层；查明水文地质条件，评价地下水对桩基设计和施工的影响，判定水质对建筑材料的腐蚀性；查明不良地质作用，可液化土层和特殊性岩土的分布及其对桩基的危害程度，并提出防治措施的建议；评价成桩可能性，论证桩的施工条件及其对环境的影响。

工程需要时，详细勘察应论证地基土和地下水在建筑施工和使用期间可能产生的变化及其对工程和环境的影响，提出防治方案、防水设计水位和抗浮设计水位的建议。

4. 施工勘察

遇下列各种情况，都应配合设计、施工单位进行施工勘察，解决施工中的工程地质问题，并提出相应的勘察资料。

（1）对较重要建筑物的复杂地基，需进行施工勘察；

（2）基槽开挖后，地质条件与原勘察资料不符，并可能影响工程质量时；

（3）深基础施工设计及施工中需进行有关地基监测工作；

（4）当软弱地基处理时，需进行设计和检验工作；

（5）地基中溶洞或土洞较发育，需进一步查明及处理；

(6) 施工中出现边坡失稳，需进行观测和处理。

当需进行基坑开挖、支护和降水设计时，勘察工作应包括基坑工程勘察的内容。在初步设计阶段，应根据岩土工程条件，初步判定开挖可能发生的问题和需要采取的支护措施；在详细勘察阶段，应针对基坑工程设计的要求进行勘察；在施工阶段，必要时尚应进行补充勘察。

第二节 工程地质勘察报告

一、工程地质勘察报告的编制

地基勘察的最终成果是以报告书的形式提出的。勘察工作结束后，将取得的野外工作和室内试验的记录和数据以及搜集到的各种直接和间接资料进行分析整理、检查校对、归纳总结后，作出建筑场地的工程地质评价。这些内容，最后以简要明确的文字和图表编成报告书。

岩土工程勘察报告应资料完整、真实准确、数据无误、图表清晰、结论有据、建议合理、便于使用和适宜长期保存，并应因地制宜，重点突出，有明确的工程针对性。

岩土工程勘察报告应根据任务要求、勘察阶段、工程特点和地质条件等具体情况编写，并应包括下列内容：

(1) 勘察目的、任务要求和依据的技术标准；
(2) 拟建工程概况；
(3) 勘察方法和勘察工作布置；
(4) 场地地形、地貌、地层、地质构造、岩土性质及其均匀性；
(5) 各项岩土性质指标，岩土的强度参数、变形参数、地基承载力的建议值；
(6) 地下水埋藏情况、类型、水位及其变化；
(7) 土和水对建筑材料的腐蚀性；
(8) 可能影响工程稳定的不良地质作用的描述和对工程危害程度的评价；
(9) 场地稳定性和适宜性评价。

岩土工程勘察报告应对岩土利用、整治和改造的方案进行分析论证，提出建议；对工程施工和使用期间可能发生的岩土问题进行预测，提出监控和预防措施的建议。

成果报告应附下列图件：

(1) 勘探点平面布置图；
(2) 工程地质柱状图；
(3) 工程地质剖面图；
(4) 原位测试成果图表；
(5) 室内试验成果图表；
(6) 当需要时，尚可附综合工程地质图、综合地质柱状图、地下水等水位线图、素描、照片、综合分析图表以及岩土利用、整治和改造方案的有关图表、岩土工程计算简图及计算成果图表等。

二、勘察报告的阅读与使用

为了充分发挥勘察报告在设计和施工工作中的作用,必须重视对勘察报告的阅读和使用。阅读勘察报告应该熟悉勘察报告的主要内容,了解勘察结论和岩土参数的可靠程度,进而判断报告中的建议对该项工程的适用性,从而正确地使用勘察报告。这里,应把场地的工程地质条件与拟建建筑物具体情况和要求联系起来进行综合分析,既要从场地工程地质条件出发进行设计施工,也要在设计施工中发挥主观能动性,充分利用有利的工程地质条件。在阅读和使用地质报告的过程中,以下几点必须引起工程技术人员重视。

1. 场地稳定性评价

这里涉及到区域稳定性和场地地基稳定性两方面问题。前者是指一个地区的整体稳定,如有无新的、活动的构造断裂带通过;后者是指一个具体的工程建筑场地有无不良地质现象及其对场地稳定性的直接与潜在的危害。原则上采取区域稳定性和地基稳定性相结合的观点。当地区的区域稳定性条件不利时,找寻一个地基好的场地,会改善区域稳定性条件。对勘察报告中指明宜避开的危险场地,则不宜进行建筑,如不得不在其中较为稳定的地段进行建筑,也需事先采取有力的防范措施,以免中途更改场地或花费极高的处理费用。对建筑场地可能发生的不良地质现象,如泥石流、滑坡、崩塌、岩溶、塌陷等,应查明其成因、类型、分布范围、发展趋势及危害程度,采取适当的整治措施。因此,勘察报告的综合分析首先是评价场地的稳定性和适宜性,然后才是地基土的承载力和变形问题。

2. 持力层的选择

如果建筑场地是稳定的,地基基础的设计就必须满足地基承载力和基础沉降这两项基本要求。基础的形式有深、浅之分,前者主要把所承受的荷载相对集中地传递到地基深部,而后者则通过基础底面,把荷载扩散分布到浅层地基,因而基础形式不同、持力层选择时侧重点不一样。

对浅基础而言,在满足地基稳定和变形要求的前提下,基础应尽量浅埋。如果上层土地基承载力大于下层土时,尽量利用上层土作地基持力层,若遇软弱地基,宜利用上部硬壳层作为持力层。冲填土、建筑垃圾和性能稳定的工业废料,当均匀和密实度好时,亦可利用作为持力层,不应一概予以挖除。如果荷载影响范围内的地层不均匀,有可能产生不均匀沉降时,应采取适当的防治措施,或加固处理,或调整上部荷载的大小。如果持力层承载力不能满足设计要求,则可采取适当的地基处理措施,如软弱地基的深层搅拌、预压堆载、化学加固,湿陷性地基的强夯密实等。需要指出的是,由于勘察详细程度有限,加之地基土工程性质和勘察手段本身的局限性,勘察报告不可能完全准确地反映场地的全部特征,因而在阅读和使用勘察报告时,应注意分析和发现问题,对有疑问的关键性问题应设法进一步查明,以确保工程质量。

对深基础而言,主要的问题是选择桩尖持力层。一般地,桩尖持力层宜选择层位稳定的硬塑～坚硬状态的低压缩性黏土层和粉土层,中密以上的砂土和碎石层，中～微风化的基岩。当以第四纪松散的沉积层作为桩尖持力层时，持力层的厚度宜超过 6～10 倍桩身直径或桩身宽度。持力层的下部不应有软弱地基和可液化地层。当不可避免持力层下的软弱地层时，应从持力层的整体强度及变形要求考虑，保证持力层有足够的厚度。此外，还应结合地层的分布情况和岩土特征，考虑成桩时穿过持力层以上各地层的可能性。

3. 考虑环境效应

任何一个基础设计方案的实施不可能仅局限于拟建场地范围内，它或多或少，或直接或间接要对场地周围的环境甚至工程自身产生影响。如排水时地下水位要下降，基坑开挖时要引起坑外土体的变形，打桩时产生的挤土效应，灌注桩施工时泥浆排放对环境的污染等。因此选定基础方案时就要预测到施工过程中可能出现的岩土工程问题，并提出相应的防治措施和合理的施工方法。《岩土工程勘察规范》（GB 50021—2001）已经对这些问题的分析、计算与论证作了相应的规定，设计和施工人员在阅读和使用勘察报告时，也不应仅局限于掌握有关的工程地质资料，而要从工程建设的全过程出发来分析和考虑问题。

三、工程勘察报告示例

××市西郊乡土管所办公楼
岩土工程勘察报告
（详细勘察）（勘察编号：2003-043）

1. 工程概况

拟建××市西郊乡土管所办公楼，由××市西郊乡筹建，××市××建筑设计院设计，××市××建筑设计院进行岩土工程勘察。拟建工程为办公楼：东西长 14m，南北宽 50m，6 层，框架结构。场地位于江洲路东侧。拟建工程概况见表 6-1。

拟建工程概况　　　　　　　　表 6-1

建筑物名称	地上层数	基础埋置深度(m)	基础形式	结构类型
办公楼	六	待定	条形基础	框架

本次勘察的任务和要求：查明场地地层的分布及其物理力学性质在水平方向和垂直方向的变化情况；地基土的性质；地下水情况；提供地基土的承载力；对场地的稳定性和适宜性作出评价；对场地条件和地震液化进行判定；对水和土对建筑材料的腐蚀性作出评价；对地基和基础设计方案提出建议；对基槽开挖和地下水位的控制提出建议；对不良地质现象提出治理意见；提出地基处理的方案。

2. 勘察工作（略）

3. 场地条件

（1）位置和地形。场地位于江洲路东侧，场地地势较平坦，地貌单元单一。

（2）标高。本次勘察标高采用相对标高系统，标高接测点为场地东侧江洲南路路中心线处（J1 孔所对），假设该处标高为 0.00m，平、剖面图中勘探点的标高均由该引测点接测，场地标高一般在 0.00~0.15m 左右。地貌上为长江中下游第四纪全新世冲积平原。

（3）地层。本次勘察查明，在钻探所达深度范围内，场地土可分为4层，现将其物理力学性质逐层分述见表 6-2。

地 层 描 述　　　　　表 6-2

地层层序及名称	地 层 描 述
(1) 素填土	以灰色为主，粉质黏土，软塑，松散，厚约 0.7~1.9m 左右，该层土物理力学性质较差，为低强度高压缩性地基土
(2) 粉土	灰黄色~灰色，含白云母碎片，稍密为主，摇震反应中等、干强度较低、韧性较低、无光泽反应，层厚较均匀，一般在 4.0m 左右，该层土物理力学性质一般，为中等压缩性地基土
(3) 粉质黏土	可塑为主，局部硬塑，局部为黏土，光泽反应稍有光滑、无摇震反应、中等干强度，层厚较均匀，在 5.8~6.1m 左右，为中等压缩性地基土
(4) 粉质黏土	软塑，局部夹粉土，光泽反应稍有光滑、无摇震反应、中等偏低干强度，该层土最大揭穿厚度为 8.2m，本次勘察未揭穿

（4）地下水和土对建筑材料的腐蚀性评价。在本次勘察深度范围内浅层地下水为潜水类型，勘察期间实测稳定水位为假设标高－1.50m 左右，但地下水位会受大气降水入渗补给、蒸发、自然排泄等因素的影响。现场踏勘查明场地四周无明显的污染源，根据区域水文地质、工程地质资料，可判定地下水和土对混凝土无腐蚀性，对钢筋有弱的腐蚀性。

4. 岩土工程分析评价

（1）场地的稳定性和适宜性：本次勘察结果表明，拟建场地地基土在勘探深度范围内分布基本稳定，无明显的软弱下卧层，无发生滑坡、泥石流、崩塌等地质灾害的可能性，场地的稳定性较好，适宜进行本工程的建设。

（2）地基土力学性质评价

1）地基土常规物理力学性质指标见土工试验成果表（略）。

2）各层土的主要物理力学性质指标统计见分层统计表（略）。

（3）地基方案

1）地基土承载力、压缩性等设计指标的评价。地基土承载力根据本次勘察成果并结合地区勘察经验综合确定，压缩性指标根据土工试验成果取平均值，见表 6-3。

地基土承载力、压缩性等设计指标　　　　　表 6-3

地层层序及名称	地基土承载力特征值 f_{ak}(kPa)	压缩模量平均值 E_s(MPa)	地层层序及名称	地基土承载力特征值 f_{ak}(kPa)	压缩模量平均值 E_s(MPa)
(1) 素填土			(3) 粉质黏土	240	7.91
(2) 粉土	130	9.84	(4) 粉质黏土	160	

2）地基方案。根据拟建工程特点及场地土物理力学性质，拟建工程可采用天

然地基方案,基础持力层为第二层粉土,基槽开挖深度见工程地质剖面图,采用天然地基时应注意以下问题:

(A) 开挖基槽时如地下水位高于坑底,应采取坑内明排及时降低地下水位;
(B) 局部超深的应将表层填土全部挖除,用 1:1 砂石回填。

(4) 场地地震效应

根据《建筑抗震设计规范》(GB 50011—2001)有关规定,本场地的抗震设防烈度为 7 度,设计基本地震加速度为为 0.10m/s^2,设计地震分组为第一组。该工程抗震设防分类为丙类。

1) 场地土类型的划分。根据国家标准《建筑抗震设计规范》(GB 50011—2001)第 4.1.3 条之规定,根据土层名称和性状,按表 4.1.3 划分土的类型,再利用当地经验在表 4.1.3 的剪切波速范围内估算各土层剪切波速的规定。现以 J1 孔为例,经计算拟建场地土层等效剪切波速 V_{se} 值约为 185.2m/s,见表 6-4,故拟建场地土综合判定为中软场地土。

土层等效剪切波速　　　　表 6-4

孔号	层号	土层名称	地基承载力特征值 f_{ak}(kPa)	土层剪切波速 V_s(m/s)	层厚 (m)	传播时间 t(s)	土层等效剪切波速 V_{se}(m/s)
J1	1	素填土		100.0	1.60	0.016	185.2
	2	粉　土	130	160.0	4.00	0.025	
	3	粉质黏土	240	300.0	6.20	0.021	
	4	粉质黏土	160	180	8.2	0.046	

2) 建筑场地类别的划分。根据国家标准《建筑抗震设计规范》(GB 50011—2001)第 4.1.6 条之规定,场地土类型为中软场地土,场地覆盖层厚度依据区域地质资料,可知大于 50m,故建筑场地类别为Ⅲ类。

3) 场地地段的划分。根据国家标准《建筑抗震设计规范》(GB 50011—2001)第 4.1.1 条之规定拟建建筑场地地段为可进行建设的一般场地。

4) 拟建场地 15m 深度范围内饱和砂性土的液化判别:依据《建筑抗震设计规范》(GB 50011—2001)有关液化判别规定,经计算可知第二层粉土为非液化土层。具体判别见表 6-5。

标准贯入试验液化判别表　　　　表 6-5

层号	孔号	试验底深度 (m)	实测击数 (击)	水位深度 (m)	粘粒含量 ρ_c(%)	临界击数 N_{cr} (击)	液化指数	液化等级
1	J1	2.7	9	0.5	9.7	3.73		不液化
		4.2	14		5.8	5.48		不液化
2	J2	2.3	10		9.2	3.7		不液化
		3.8	16		6.1	5.18		不液化
		5.7	18		3.1	8.38		不液化

5. 结论和建议

(1) 地基方案：拟建工程可采用天然地基，以第二层粉土为基础持力层。

(2) 开挖基槽时，基槽底不宜夯拍，防止对持力层土的扰动，破坏土的原状结构，使地基土承载力降低。

(3) 基槽开挖后应通知勘察单位，会同各有关部门，做好验槽工作。

(4) 为避免差异沉降对结构的影响，应适当加强基础和上部结构的强度。

(5) 15m深度范围内，第二层粉土为非液化土层。

另实例中附上平面布置及钻孔平面位置图(图6-1)2—2′剖面图(图6-2)，其余从略。

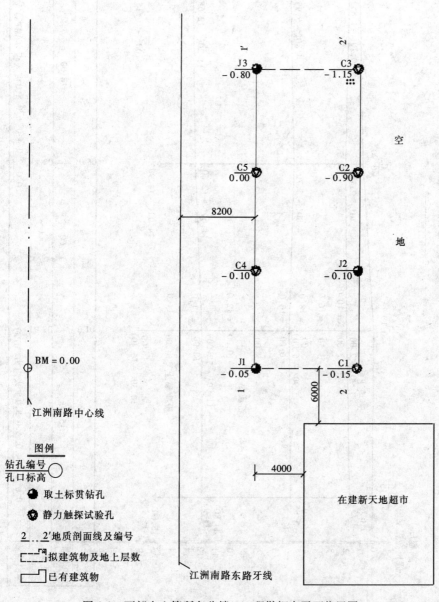

图6-1 西郊乡土管所办公楼 工程勘探点平面位置图

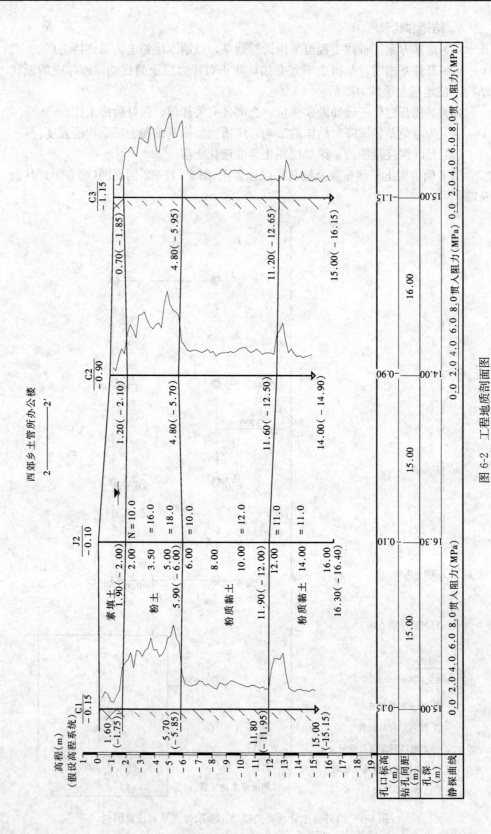

图 6-2 工程地质剖面图

第三节　基槽检验与地基的局部处理

一、基槽检验

基槽检验就是通常所说的"验槽"，它是在基槽开挖时，根据施工揭露的地层情况，对地质勘察成果与评价建议等进行现场的检查，校核施工所揭露的土层是否与勘察成果相符，结论和建议是否符合实际情况。如果有出入，应进行补充修正，必要时尚应作施工勘察。

（一）验槽的目的

验槽是一般工程地质勘察工作中的最后一个环节。当施工单位挖完基槽并普遍钎探后，由甲方约请勘察、设计、监理与施工单位技术负责人，共同到工地验槽。验槽的主要目的为：

(1) 检验岩土工程勘察成果及结论建议是否正确，是否与基槽开挖后的实际情况相一致。

(2) 根据挖槽后的直接揭露，设计人员可以掌握第一手工程地质和水文地质资料，对出现的异常情况及时提出分析处理意见。

(3) 解决勘察报告中未解决的遗留问题，必要时布置施工勘察项目，以便进一步完善设计，确保施工质量。

（二）验槽的内容

基槽检验主要以细致的观察为主，并以钎探、夯声等手段配合，这一过程的主要内容包括：

(1) 校核基槽开挖的平面位置与槽底标高是否符合勘察、设计要求。

(2) 检验槽底持力层土质与勘察报告是否相同。参加验槽的五方代表需下槽底，依次逐段检验。发现可疑之处，用铁铲铲出新鲜土面，用野外土的鉴定方法进行鉴定。

(3) 当发现基槽平面土质显著不均匀，或局部有古井、菜窖、坟穴、河沟等不良地基，可用钎探查明平面范围与深度。

(4) 检查基槽钎探情况。钎探位置：条形基槽宽度小于800mm时，可沿中心线打一排钎探孔；槽宽大于800mm时，可打两排错开孔。钎探孔间距1.5~2.5m。

基槽土质局部软弱、不均匀的情况经常遇到，应处理得当，避免严重不均匀沉降，导致墙体开裂等事故。

（三）验槽注意事项

(1) 验槽前应完成合格钎探，提供验槽的数据。

(2) 验槽时间应抓紧，基槽挖好立即组织验槽。尤其夏季要避免下雨浸泡，冬季要防冰冻，不可形成隐患。

(3) 槽底设计标高位于地下水位以下较深时，必须做好基槽排水，保证槽底不泡水。

(4) 验槽时，应验看新鲜土面，清除加填虚土。冬季冻结地表土或夏日晒干土，都是虚假状态。

我们要认识到验槽的重要性和面临问题的复杂性。例如，验槽时发现槽底存在钢筋混凝土巨大化粪池、邻近建筑基础等，为了保证工程的安全、防止事故的发生，需要及时妥善处理。

（四）基槽的防护处理

（1）采用较大型机械开挖基槽时，应先挖至设计标高以上 30~50cm，然后用人工挖掘的方法挖至设计标高，防止地基土遭受破坏而降低承载力。

（2）如果地基土比较软弱，施工运料不应直接从槽顶将砖石抛进槽内，而应沿斜坡滑下，以免扰动基底土的结构。

（3）若槽底土被扰动，基础施工前应先清除扰动部分土，作适当垫层后再施工基础。

（4）干砂地基，基础施工前应适当洒水夯实。

二、地基的局部处理

如果根据勘察报告局部存在异常地基或经基槽检验，局部分布异常土层时，可根据地基的实际情况、工程要求和施工条件，采取必要的局部处理措施。处理方法要遵循减小地基不均匀沉降的原则，使建筑物各个部分的沉降尽量趋于一致。下面列举了一些常见的地基局部处理的方法。

1. 古井、坑穴及局部淤泥层的处理

（1）将其中的虚土或淤泥全部挖除，然后采用与天然土压缩性相近的土回填，分层夯实至设计标高，保持地基的均匀性。如天然土为砂土，可用砂石回填，分层洒水夯实；天然土为密实的黏性土，可用 3∶7 的灰土分层夯实回填；天然土为中等密实可塑状态的黏性土或新近沉积的软弱土，则可用 1∶9 或 2∶8 的灰土分层夯实回填。

（2）坑井范围较大，全部挖除有困难时，则应将坑槽适当放坡。用砂石或黏性土回填时，坡度为 1∶1；用灰土回填时，坡度为 1∶0.5；如用 3∶7 灰土回填而基础刚度较大时，可不放坡。

（3）坑井埋藏深度大，可部分挖除虚土，挖除深度一般为槽宽的 2 倍，再行回填。

（4）在单独柱基础下，如坑井范围大于槽宽的 1/2 时，应尽量挖除虚土将基底落深，但相邻柱基的基底高差在黏性土中不得大于相邻基底的净间距，在砂土中不得大于相邻基底净间距的 1/2。

（5）在墙下条形基础下，如虚土的范围较大，可采用高低基础相接，降低局部基底标高，如图 6-3 所示。

（6）在上述情况下若通过地基局部处理仍不能解决问题时，可采取加强上部结构刚度或采用梁板形式跨越的方法，以抵抗可能发生的不均匀沉降，或者改变基础形式，如采用桩基础穿越坑井或软弱土层。

2. 局部坚硬土层的处理

在桩基或部分基槽下，有可能碰到局部坚硬层，如压实的路面、旧房墙基、老灰土、孤石、大树根及基岩等，均应挖除，然后再按上述办法回填处理，以防建筑物产生不均匀沉降而使上部结构和基础开裂。

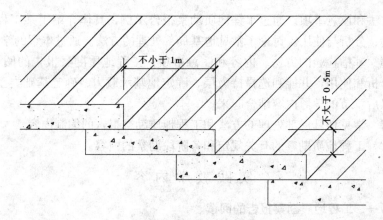

图 6-3　高低基础相接

3. 管道的处理

如基槽以上有上下水管道,应采取措施防止漏水浸湿地基土,特别是当地基土为填土、湿陷性黄土或膨胀土时,尤其应引起重视。如管道在基槽以下,也应采取保护措施,避免管道被基础压坏,此时可考虑在管道周围包筑混凝土,或用铸铁管代替缸瓦管等。如管道穿过基础或基础墙而基础又不允许被切断时,则应在管道周围留出足够空隙,使管道不至因基础沉降而产生变形或损坏,如图 6-4 所示。

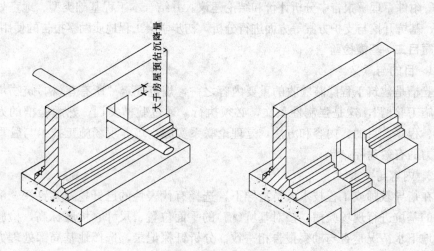

图 6-4　管道穿墙的处理

4. 其他情况处理

如遇人防通道,一般均不应将拟建建筑物设在人防工程或人防通道上。若必须跨越人防通道,基础部分可采取跨越措施。如在地基中遇有文物、古墓、战争遗弃物,应及时与有关部门联系,采取适当保护或处理措施。如在地基中发现事先未标明的电缆、管道,不应自行处理,应与主管部门共同协商解决办法。

本 章 小 结

本章主要介绍了工程地质勘察的目的、内容和勘察报告,基槽检验的目的、内容、方法和注意事项。通过工程地质勘察报告示例,具体介绍了某工程勘察报告的阅读、分析与使用。讨论了常见地基局部处理的方法。通过本章的学习,应

掌握 基槽检验的方法、内容和注意事项;工程地质勘察报告的阅读方法,能正确分析和使用,并能和选择持力层、确定地基承载力、确定基础类型、地基处理等以后章节的学习内容结合起来。

理解 常见地基局部处理的方法和工程地质勘察报告的编制内容。

了解 工程地质勘察的有关规定和各阶段勘察的内容。

<h2 style="text-align:center">实 践 教 学 内 容</h2>

题目一、工程地质勘察报告的阅读

1. 目的与意义

工程地质勘察是岩土工程的基础工作,也是建筑工程的重要工作之一,与建(构)筑物的安全和正常使用有着密切的关系。通过阅读训练和结合本工程实际情况进行分析,加深理解,培养工程地质勘察报告的阅读和使用的职业能力。

2. 内容与要求

在指导教师或工程技术人员指导下,了解该房屋建筑的工程特点及场地特征,了解工程地质勘察的主要内容和工作,土层分布和土层描述的内容;能看懂附图、附表等附件,理解报告中分析评价和结论建议。并结合本工程基础类型、地基处理方法、基坑开挖与支护方案等方面进行分析,初步学会工程地质勘察报告的使用。

题目二、基槽检验

1. 目的与意义

验槽是建筑工程隐蔽验收的重要内容之一,规范规定"所有建(构)筑物均应进行施工验槽",这是强制性条文,必须执行。通过验槽实训,熟悉验槽的人员组成、程序、目的、内容和方法,是理论联系实际,培养现场施工技术与管理职业能力的有效途径。

2. 内容与要求

在指导教师或工程技术人员指导下,选择有代表性的已开挖,并钎探、清理完毕的基坑进行现场验槽。核对基坑(槽)的平面位置、尺寸、坑底标高,检验土质和地下水情况是否与勘察报告相一致,分析钎探记录,选择地基局部处理方案和扰动土的处理措施,判定地基是否满足基础施工要求,并填写基坑(槽)隐蔽验收记录,办理相关验收手续。

若条件允许可与工程地质勘察报告的阅读实训结合起来进行。

<h2 style="text-align:center">复 习 思 考 题</h2>

1. 为何要进行工程地质勘察?中小工程荷载不大,是否要勘察?
2. 建筑物的岩土工程勘察分哪几阶段进行?各阶段的勘察工作主要有哪些?
3. 如何阅读和使用工程地质勘察报告?阅读使用勘察报告重点要注意哪些问题?
4. 完成工程地质勘察报告后,为何还要验槽?验槽包括哪些内容?应注意些什么问题?
5. 列举一些常见的地基局部处理的方法。

第七章 天然地基上浅基础设计

[学习重点]

1. 天然地基、人工地基、浅基础、深基础、无筋扩展基础、扩展基础、独立基础、条形基础、筏形基础、荷载效应组合、基础埋置深度、软弱下卧层等概念。
2. 地基基础设计的基本规定。
3. 浅基础的类型与受力特点。
4. 基础埋置深度的选择。
5. 浅基础的设计计算与构造要求。
6. 减少不均匀沉降的措施。
7. 基础施工图的识读与绘制。

基础设计是建筑结构设计的重要内容之一,基础施工是施工现场技术人员的重要工作内容之一,直接关系到建筑物的安全和正常使用,因此本章应作为全书重点学习内容之一。建议通过天然地基上浅基础课程设计和识读基础施工图等实践教学环节,加深对本章内容的理解,并熟悉有关规范和标准图集的使用,为常见浅基础的正确设计与施工奠定必要的基础。

第一节 概 述

地基基础设计是以建筑场地的工程地质条件和上部结构的要求为主要设计依据。所有建筑物(构筑物)都建造在一定地层上,如果基础直接建造在未经加固处理的天然地层上,这种地基称为天然地基。若天然地层较软弱,不足以承受建筑物荷载,而需要经过人工加固,才能在其上建造基础,这种地基称为人工地基。人工地基造价高,施工复杂。因此,一般情况下应尽量采用天然地基。

在工程实践中,基础可分为浅基础和深基础两大类,但无明显界限,主要视基础埋深和施工方法不同来区分:一般埋深在 5m 以内且用常规方法施工的基础称为浅基础;当基础需要埋在较深的土层上,并采用特殊方法(需要一定的机械设备)施工,如桩基础称为深基础。

基础设计应保证上部结构的安全与正常使用的前提下,使基础的费用尽可能经济合理。

一、地基基础设计的基本规定

(一) 地基基础设计等级

《建筑地基基础设计规范》(GB 50007—2002)根据地基复杂程度、建筑物规模和功能特征,以及由于地基问题可能造成建筑物破坏或影响正常使用的程度,将地基基础分为三个设计等级,设计时应根据具体情况,按表 7-1 选用。

建筑地基基础设计等级 表 7-1

设计等级	建筑和地基类型
甲级	重要的工业与民用建筑物 30 层以上的高层建筑 体型复杂、层数相差超过 10 层的高低层连成一体的建筑物 大面积的多层地下建筑物（如地下车库、商场、运动场等） 对地基变形有特殊要求的建筑物 复杂地质条件下的坡上建筑物（包括高边坡） 对原有工程影响较大的新建筑物 场地和地基条件复杂的一般建筑物 位于复杂地质条件及软土地区的二层及二层以上地下室的基坑工程
乙级	除甲级、丙级以外的工业与民用建筑物
丙级	场地和地基条件简单、荷载分布均匀的 7 层及 7 层以下民用建筑及一般工业建筑 次要的轻型建筑物

（二）地基基础设计规定

根据建筑物地基基础设计等级及长期荷载作用下地基变形对上部结构的影响程度，地基基础设计应符合下列规定：

（1）所有建筑物的地基计算均应满足承载力计算的有关规定；

（2）设计等级为甲级、乙级的建筑物，均应按地基变形设计；

（3）表 7-2 所列范围内设计等级为丙级的建筑物可不作变形验算，但如有下列情况之一时，仍应作变形验算：

可不作变形验算的设计等级为丙级的建筑物 表 7-2

地基主要受力层情况	地基承载力特征值 f_{ak}(kPa)		$60 \leqslant f_{ak}$ <80	$80 \leqslant f_{ak}$ <100	$100 \leqslant f_{ak}$ <130	$130 \leqslant f_{ak}$ <160	$160 \leqslant f_{ak}$ <200	$200 \leqslant f_{ak}$ <300
	各土层坡度(%)		≤5	≤5	≤10	≤10	≤10	≤10
建筑类型	砌体承重结构、框架结构(层数)		≤5	≤5	≤5	≤6	≤6	≤7
	单层排架结构 (6m 柱距)	单跨 吊车额定起重量(t)	5~10	10~15	15~20	23~30	30~50	50~100
		单跨 厂房跨度(m)	≤12	≤18	≤24	≤30	≤30	≤30
		多跨 吊车额定起重量(t)	3~5	5~10	10~15	15~20	23~30	30~75
		多跨 厂房跨度(m)	≤12	≤18	≤24	≤30	≤30	≤30
	烟囱	高度(m)	≤30	≤40	≤50		≤75	≤100
	水塔	高度(m)	≤15	≤20	≤30		≤30	≤30
		容积(m³)	≤50	50~100	100~200	200~300	300~500	500~1000

注：1. 地基主要受力层系指：条形基础底面下深度为 3b(b 为基础底面宽度)，独立基础下为 1.5b，且厚度均不小于 5m 的范围(二层以下一般的民用建筑除外)。

2. 地基主要受力层中如有承载力特征值小于 130kPa 的土层时，表中砌体承重结构的设计，应符合《建筑地基基础设计规范》第七章的有关要求；

3. 表中砌体承重结构和框架结构均指民用建筑，对于工业建筑可按厂房高度、荷载情况折合成与其相当的民用建筑层数；

4. 表中吊车额定起重量、烟囱高度和水塔容积的数值系指最大值。

1) 地基承载力特征值小于130kPa，且体形复杂的建筑；

2) 在基础上及其附近有地面堆载或相邻基础荷载差异较大，可能引起地基产生过大的不均匀沉降时；

3) 软弱地基上的建筑物存在偏心荷载时；

4) 相邻建筑距离过近，可能发生倾斜时；

5) 地基内有厚度较大或厚薄不均的填土，其自重固结未完成时。

（4）对经常承受水平荷载作用的高层建筑、高耸结构和挡土墙等，以及建造在斜坡上或边坡附近的建筑物和构筑物，尚应验算其稳定性；

（5）基坑工程应进行稳定性验算；

（6）当地下水埋藏较浅，存在地下水上浮问题时，尚应进行抗浮验算。

（三）荷载效应组合规定

地基基础设计时，所采用的荷载效应最不利组合与相应的抗力限值应符合《建筑地基基础设计规范》（GB 50007—2002）的规定：

（1）按地基承载力确定基础底面积及埋深或按单桩承载力确定桩数时，传至基础或承台底面上的荷载效应应按正常使用极限状态下荷载效应的标准组合。相应的抗力应采用地基承载力特征值或单桩承载力特征值。

（2）计算地基变形时，传至基础底面上的荷载效应应按正常使用极限状态下荷载效应的标准永久组合，不应计入风荷载和地震作用。相应的限值应为地基变形允许值。

（3）计算挡土墙压力、地基或斜坡稳定及滑坡推力时，荷载效应应按承载能力极限状态下荷载效应的基本组合，但其荷载分项系数均为1.0。

（4）在确定基础或桩承台高度、支挡结构截面、计算基础或支挡结构内力、确定配筋和验算材料强度时，上部结构传来的荷载效应组合和相应的基底反力，应按承载能力极限状态下荷载效应的基本组合，采用相应的荷载分项系数。

当需要验算基础裂缝宽度时，应按正常使用极限状态荷载效应标准组合。

（5）基础设计安全等级、结构设计使用年限、结构重要性系数应按有关规范的规定采用，但结构重要性系数γ_0不应小于1.0。

（四）荷载效应组合计算

1. 正常使用极限状态下，荷载效应的标准组合值S_k应用式7-1表示：

$$S_k = S_{Gk} + S_{Q1k} + \psi_{C2} S_{Q2k} + \cdots + \psi_{ci} S_{Qik} \tag{7-1}$$

式中 S_{Gk}——按永久荷载标准值G_k计算的荷载效应值；

S_{Q1k}——按可变荷载标准值Q_{1k}计算的荷载效应值；

ψ_{ci}——可变荷载Q_i的组合值系数。

荷载效应的准永久组合值应用式7-2表示：

$$S_k = S_{Gk} + \psi_{q1} S_{Q1k} + \psi_{Q2} S_{Q2k} + \cdots + \psi_{qi} S_{Qik} \tag{7-2}$$

式中 ψ_{qi}——准永久值系数。

2. 承载能力极限状态下，由可变荷载效应控制的基本组合设计值S应用式7-3表达

$$S = \gamma_G S_{Gk} + \gamma_{Q1} S_{Q1k} + \gamma_{Q2} \psi_{C2} S_{Q2k} + \cdots + \gamma_{Qi} \psi_{Ci} S_{Qik} \tag{7-3}$$

式中 γ_G——永久荷载的分项系数；

γ_{Qi}——第 i 个可变荷载的分项系数。

对由永久荷载效应控制的基本组合，也可采用简化规则，荷载效应组合的设计值 S 按下式确定：

$$S = 1.35 S_k < R \qquad (7-4)$$

式中 R——结构构件抗力的设计值，按有关建筑结构设计规范的规定确定；

S_k——荷载效应的标准组合值。

在式(7-1)～式(7-4)中，ψ_{ci}、ψ_{qi}、γ_G 及 γ_{Qi} 均按现行《建筑结构荷载规范》(GB 50009—2002)的规定取值。

3. 两种极限状态与承载力计算

(1) 承载力极限状态。保证地基具有足够的强度和稳定性。

当轴心荷载作用时，应符合下式要求：

$$p_k \leqslant f_a \qquad (7-5)$$

式中 p_k——相应于荷载效应标准组合时，基础底面处的平均压力值(kPa)；

f_a——修正后的地基承载力特征值(kPa)。

当偏心荷载作用时，除符合式(7-5)要求外，尚应符合下式要求：

$$p_{kmax} \leqslant 1.2 f_a \qquad (7-6)$$

式中 p_{kmax}——相应于荷载效应标准组合时，基础底面边缘的最大压力值(kPa)；

(2) 正常使用极限状态。保证地基的变形值控制在建筑物所允许的范围内。所谓建筑物允许的变形值是指地基在荷载及其他因素影响下，基础所产生的均匀沉降或不均匀沉降不致于影响建筑物的安全和正常使用；不能妨碍其设计功能的发挥。

地基的变形值应符合下式要求：

$$s \leqslant [s] \qquad (7-7)$$

式中 s——建筑物的地基变形计算值(mm)；

$[s]$——建筑物的地基变形允许值(mm)。

二、地基基础设计内容与步骤

1. 设计资料

在一般情况下，进行地基基础设计时，需具备下列资料：

(1) 建筑场地的地形图；

(2) 建筑场地的工程地质勘察资料；

(3) 建筑物的平面、立面、剖面图及使用要求，作用在基础上的荷载、设备基础以及各种设备管道的布置和标高；

(4) 建筑材料的供应情况。

2. 地基基础设计步骤

天然地基浅基础的设计，应根据上述资料和建筑物的类型、结构特点，按下列步骤进行：

(1) 选择基础的材料和构造形式；

(2) 确定基础的埋置深度；

(3) 确定地基土的承载力特征值；

(4) 确定基础底面尺寸,必要时进行下卧层强度验算;

(5) 对设计等级为甲级、乙级的建筑物,以及不符合表 7-2 的丙级建筑物,进行地基变形验算;

(6) 对建于斜坡上的建筑物和构筑物及经常承受较大水平荷载的高层建筑和高耸结构,进行地基稳定性验算;

(7) 确定基础的剖面尺寸,进行基础结构计算;

(8) 绘制基础施工图。

二、浅基础的类型

根据基础的材料、构造类型和受力特点不同,可将浅基础分为以下几种类型:

(一) 无筋扩展基础

无筋扩展基础系指由砖、毛石、混凝土或毛石混凝土、灰土和三合土等材料组成的,且不需配置钢筋的墙下条形基础或柱下独立基础,如图 7-1 所示。

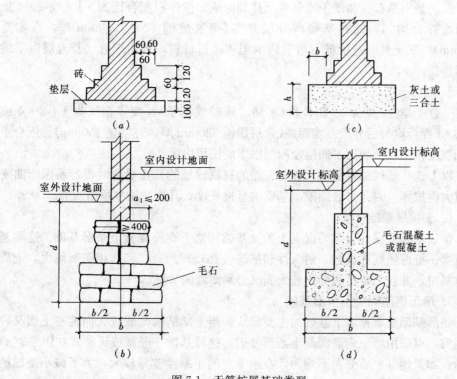

图 7-1 无筋扩展基础类型
(a)砖基础;(b)毛石基础;(c)灰土、三合土基础;(d)混凝土、毛石混凝土基础

1. 砖基础

多用于低层建筑的墙下基础。其优点是可就地取材,砌筑方便,但强度低且抗冻性差。因此,在寒冷而又潮湿地区采用不理想。为保证耐久性,砖的强度等级不低于 MU10,砌筑砂浆不低于 M5。砖基础剖面一般砌成阶梯形,通常称其为大放脚。大放脚从垫层上开始砌筑,为保证大放脚的刚度应采用两皮一收与一皮一收相间砌筑(即二、一间隔收砌筑法),每砌一阶,基础两边各收 1/4 砖长。一皮即一层砖,标志尺寸为 60mm,如图 7-1(a)所示。

2. 毛石基础

毛石基础是用强度等级不低于 MU20 的毛石，不低于 M5 的砂浆砌筑而成。由于毛石尺寸差别较大，为保证砌筑质量，毛石基础每台阶高度和基础墙厚不宜小于 400mm，每阶两边各伸出宽度不宜大于 200mm。石块应错缝搭砌，缝内砂浆应饱满，且每步台阶不应少于两皮毛石（图 7-1b）。

毛石基础的抗冻性较好，在寒冷潮湿地区可用于 6 层以下建筑物基础。

3. 混凝土和毛石混凝土基础

混凝土基础的强度、耐久性和抗冻性均较好，其混凝土强度等级一般可采用 C15，常用于荷载较大的墙柱基础。当浇筑较大基础时，为了节约混凝土用量，可在混凝土内掺入 15%～25%（体积比）的毛石做成毛石混凝土基础，如图 7-1(d) 所示，掺入毛石的尺寸不得大于 30mm，使用前须冲洗干净。

4. 灰土基础

灰土是用熟石灰和粉土或黏性土拌和而成。按体积配合比为 3∶7 或 2∶8 加适量水拌合均匀，铺在基槽内分层夯实（每层虚铺 220～250mm 厚，夯实至 150mm）。灰土基础造价低，可节约水泥和砖石材料，多用于五层及五层以下的民用建筑。

5. 三合土基础

三合土是由石灰、砂和骨料（矿渣、碎砖或石子），按体积比为 1∶2∶4 或 1∶3∶6 拌合均匀后分层夯实而成（每层虚铺 220mm 厚，夯实至 150mm）。三合土基础强度较低，一般用于四层及四层以下的民用房屋。

以上这些基础都是用抗弯性能较差的材料建造的，在受弯时很容易因弯曲变形过大而拉坏。因此，必须限制基础的悬挑长度，具体详见本章第四节。

（二）扩展基础

扩展基础系指柱下钢筋混凝土独立基础和墙下钢筋混凝土条形基础。这类基础抗弯、抗剪强度都很高，耐久性和抗冻性都较理想。特别适用于荷载大，土质较软弱时，并且需要基底面积较大而又必须浅埋的情况。

1. 墙下钢筋混凝土条形基础

条形基础是承重墙下基础的主要形式。当上部结构荷载较大而地基土质又较软弱时，可采用墙下钢筋混凝土条形基础。这种基础一般做成无肋式如图 7-2(a) 所示；如果地基土质分布不均匀，在水平方向压缩性差异较大，为了减小基础的不均匀沉降，增加基础的整体性，可做带肋式的条形基础（图 7-2b）。

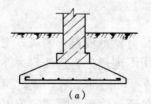
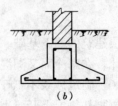

图 7-2 墙下钢筋混凝土条形基础
(a)无肋式；(b)有肋式

2. 柱下独立基础

独立基础是柱下基础的基本形式。现浇柱下独立基础的截面可做成阶梯形(图 7-3a)和锥形(图 7-3b);预制柱一般采用杯形基础(图 7-3c)。

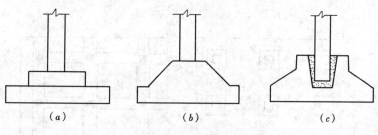

图 7-3 柱下独立基础
(a)阶梯形基础;(b)锥形基础;(c)杯形基础

(三) 柱下钢筋混凝土条形基础

当柱承受荷载较大而地基土软弱,采用柱下独立基础,基础底面积很大而几乎相互连接,为增加基础的整体性和抗弯刚度,可将同一柱列的柱下基础连通做成钢筋混凝土条形基础(图 7-4)。这种基础常在框架结构中采用。

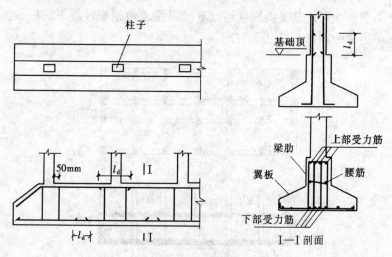

图 7-4 柱下条形基础

(四) 柱下十字交叉基础

对于荷载较大的高层建筑,如果地基土软弱且在两个方向分布不均,需要基础纵横两向都具有一定的抗弯刚度来调整基础的不均匀沉降。可在柱网下沿纵横两个方向都设置钢筋混凝土条形基础,即形成柱下十字交叉基础或叫柱下交梁基础(图 7-5)。

(五) 筏形基础

如果地基很软弱,荷载很大,采用十字交叉

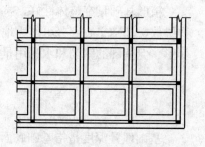

图 7-5 柱下十字交叉基础

基础仍不能满足要求；或相邻基础距离很小，或设置地下室时，可把基础底板做成一个整体的等厚度的钢筋混凝土连续板，形成无梁式筏形基础。当在柱间设有梁时则为梁板式筏形基础(图7-6)。筏形基础整体性好，刚度大，能有效地调整基础各部分的不均匀沉降。

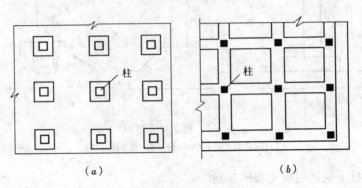

图 7-6 筏形基础
(a)平板式；(b)梁板式

（六）箱形基础

当柱荷载很大，地基又特别软弱，基础可做成由钢筋混凝土底板、顶板、侧墙及纵横墙组成的箱形基础(图7-7)。

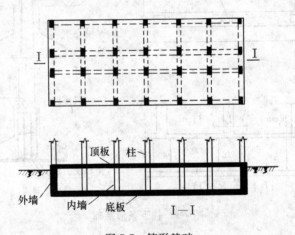

图 7-7 箱形基础

箱形基础具有整体性好，抗弯刚度大，且空腹深埋等特点，可相应增加建筑物层数，基础空心部分可作为地下室，可以减少基底附加应力，从而减小地基的变形。但基础的钢筋和水泥用量很大，造价较高，施工技术要求也高。

第二节 基础埋置深度的确定

基础埋置深度是指基础底面至设计地面(一般指室外设计地面)的距离。基础埋深的确定对建筑物的安全和正常使用以及对施工工期、造价影响较大。

基础埋置深度的确定，应综合考虑下列因素：

一、工程地质和水文地质条件

应从两方面考虑，一是合理选择持力层；二是考虑地下水的水位和水质。当上层地基的承载力大于下层土时，宜利用上层土作为持力层。当下层土承载力大于上层土时，则应进行方案比较后，再确定基础埋在哪一层上。此外，还应考虑地基在水平方向是否均匀，必要时同一建筑物的基础还可以采用不同的埋深，以调整地基的不均匀变形，使之减小到建筑物所允许的范围之内。如果存在地下水，宜将基础埋在地下水位以上，以避免地下水对基坑开挖、基础施工和使用期间的影响。若基础必须埋在地下水位以下时，应考虑施工期间的基坑降水、坑壁支撑以及是否会产生流砂、涌水等现象。需采取必要的施工措施，保护地基土不受扰动。对于有侵蚀性的地下水，应采取防止基础受侵蚀破坏的措施。对位于江河岸边的基础，其埋深应考虑流水的冲刷作用，施工时宜采取相应的保护措施。

二、建筑物用途及基础构造

确定基础埋深时，应了解建筑物的用途及使用要求。当有地下室、设备基础和地下设施时，往往要求加大基础的埋深。基础的形式和构造有时也对基础埋深起决定性作用。例如，采用无筋扩展基础，当基础底面积确定后，由于基础本身的构造要求（即满足台阶宽高比允许值要求），就决定了基础最小高度，也决定了基础的埋深。为了保证基础不受人类及生物活动的影响，基础埋置地表以下的最小埋深为 0.5m，且基础顶面至少应低于室外设计地面 0.1m。

三、作用在地基上的荷载大小和性质

基础埋深的选择必须考虑荷载的性质和大小的影响。比如对同一层土而言，荷载小的基础可能是良好的持力层；而对荷载大的基础则可能不适宜作持力层。尤其是承受较大的水平荷载的基础或承受较大的上拔力的基础（如输电塔等），往往需要有较大的基础埋深，以提供足够的抗拔阻力，保证基础的稳定性。此外，对于饱和的细粉砂土层，在振动荷载作用下，易产生"液化"现象，造成基础大量沉陷，甚至倾倒。因此，不宜选择这种土层作为承受振动荷载作用的基础持力层。

四、相邻建筑物的影响

在确定基础埋深时，应保证相邻原有建筑物在施工期间的安全和正常使用。一般新建筑物基础埋深不宜大于相邻原有建筑物基础。当必须深于原有建筑物基础时，两相邻基础之间应保持一定净距，其数值应根据原有建筑荷载大小和土质情况确定。一般取两相邻基础底面高差的 1~2 倍，如图 7-8 所示。若不能满足上述要求，应采取分段施工，设临时加固支撑，打板桩，浇筑地下连续墙等施工措施。

此外，当墙下条形基础有不同埋深时，应沿基础纵向做成台阶形，并由深到浅逐渐过渡，台阶做法如图 7-9 所示。在使用期间，还要注意由于新基础的荷载作用，是否将引起原有建筑物产生不均匀沉降。

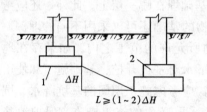

图 7-8 相邻基础的埋深
1—原有基础；2—新基础

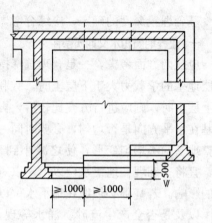

图 7-9 墙下基础埋深变化时台阶做法

五、地基土冻胀和融陷的影响

地表以下一定深度的地层温度是随大气温度而变化的。当地层温度低于 0～1℃时，土中部分孔隙水将冻结形成冻土。冻土可分为季节性冻土和多年冻土两类：季节性冻土指地表层冬季冻结、夏季全部融化的土；多年冻土则是指冻结状态持续 2 年或 2 年以上的土。我国季节性冻土主要分布在东北、西北和华北地区，季节性冻土层厚度都在 0.5m 以上，且最大厚度可达 3m 左右。

（一）地基土冻胀性分类与基础最小埋深

土的冻结不一定是冻胀，冻胀是指土冻结后其体积增大的现象。而冻土融化后引起地基土沉陷的现象称为融陷。土的冻胀主要是由于土中水从未冻结区向冻结区转移造成的，而冻胀的程度取决于当地气温、土的类别、冻前含水量、地下水位置等因素。确定基础埋深应考虑地基的冻胀性影响。《建筑地基基础设计规范》(GB 50007—2002)将地基的冻胀类别根据冻土层的平均冻胀率 η 的大小分为五类：不冻胀、弱冻胀、冻胀、强冻胀、特强冻胀，可按表 7-3 查取。

地基土的冻胀性分类　　　　表 7-3

土的名称	冻前天然含水量 $w(\%)$	冻结期间地下水位距冻结面的最小距离 $h_w(m)$	平均冻胀率 $\eta(\%)$	冻胀等级	冻胀类别
碎(卵)石、砾、粗、中砂(粒径小于 0.075mm)颗粒含量大于 15%，细砂(粒径小于 0.075mm 颗粒含量大于 10%)	$w \leqslant 12$	>1.0	$\eta \leqslant 1$	Ⅰ	不冻胀
		≤1.0	$1 < \eta \leqslant 3.5$	Ⅱ	弱冻胀
	$12 < w \leqslant 18$	>1.0			
		≤1.0	$3.5 < \eta \leqslant 6$	Ⅲ	冻 胀
	$w > 18$	>0.5			
		≤0.5	$6 < \eta \leqslant 12$	Ⅳ	强冻胀
粉　砂	$w \leqslant 14$	>1.0	$\eta \leqslant 1$	Ⅰ	不冻胀
		≤1.0	$1 < \eta \leqslant 3.5$	Ⅱ	弱冻胀
	$14 < w \leqslant 19$	>1.0			
		≤1.0	$3.5 < \eta \leqslant 6$	Ⅲ	冻 胀
	$19 < w \leqslant 23$	>1.0			
		≤1.0	$6 < \eta \leqslant 12$	Ⅳ	强冻胀
	$w > 23$	不考虑	$\eta > 12$	Ⅴ	特强冻胀

续表

土的名称	冻前天然含水量 $w(\%)$	冻结期间地下水位距冻结面的最小距离 h_w(m)	平均冻胀率 $\eta(\%)$	冻胀等级	冻胀类别
粉　土	$w \leqslant 19$	$\geqslant 1.5$	$\eta \leqslant 1$	Ⅰ	不冻胀
		$\leqslant 1.5$	$1 < \eta \leqslant 3.5$	Ⅱ	弱冻胀
	$19 < w \leqslant 22$	$\geqslant 1.5$			
		$\leqslant 1.5$	$3.5 < \eta \leqslant 6$	Ⅲ	冻　胀
	$22 < w \leqslant 26$	$\geqslant 1.5$			
		$\leqslant 1.5$	$6 < \eta \leqslant 12$	Ⅳ	强冻胀
	$26 < w \leqslant 30$	$\geqslant 1.5$			
		$\leqslant 1.5$	$\eta > 12$	Ⅴ	特强冻胀
	$w > 30$	不考虑			
黏性土	$w \leqslant w_p + 2$	$\geqslant 2.0$	$\eta \leqslant 1$	Ⅰ	不冻胀
		$\leqslant 2.0$	$1 < \eta \leqslant 3.5$	Ⅱ	弱冻胀
	$w_p + 2 < w \leqslant w_p + 5$	$\geqslant 2.0$			
		$\leqslant 2.0$	$3.5 < \eta \leqslant 6$	Ⅲ	冻　胀
	$w_p + 5 < w \leqslant w_p + 9$	$\geqslant 2.0$			
		$\leqslant 2.0$	$6 < \eta \leqslant 12$	Ⅳ	强冻胀
	$w_p + 9 < w \leqslant w_p + 15$	$\geqslant 2.0$			
		$\leqslant 2.0$	$\eta > 12$	Ⅴ	特强冻胀
	$w > w_p + 15$	不考虑			

注：1. w_p——塑限含水量(%)；w——在冻层内冻前天然含水量的平均值；
2. 盐渍化冻土不在表列；
3. 塑性指数大于22时，冻胀性降低一级；
4. 粒径小于0.005mm的颗粒含量大于60%时，为不冻胀土；
5. 碎石类土当充填物大于全部质量的40%时，其冻胀性按充填物土的类别判断；
6. 碎石土、砾砂、粗砂、中砂(粒径小于0.075mm颗粒含量不大于15%)，细砂(粒径小于0.075mm颗粒含量不大于10%)均按不冻胀考虑。

季节性冻土在冻融过程中，反复地产生冻胀和融陷，使土的强度降低，压缩性增大。当基础埋深浅于冻深时，即基础位于冻胀区内，在基础侧面作用着切向冻胀力 T，在基础底面作用着法向冻胀力 p(见图7-10)，如果作用在基础顶面上的荷载 F 和基础自重 G 不能足以平衡这些冻胀力，那么基础受冻胀力的作用而上抬。当春季融化时，冻胀力消失，基础产生下沉。由于融陷和上抬往往都是不均

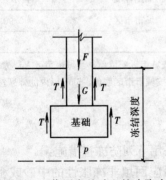

图 7-10　作用在基础上的冻胀力

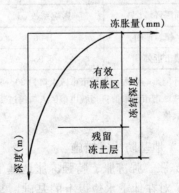

图 7-11　土的冻胀量示意图

匀的,致使建筑物产生方向相反、相互交叉的斜裂缝。

为了使建筑免遭冻害,对于埋置在冻胀土中的基础,应保证基础有相应的最小埋置深度 d_{min} 以消除基底冻胀力。基础最小埋深按下式计算:

$$d_{min} = z_d - h_{max} \tag{7-8}$$

式中 z_d——设计冻深(m),若当地有多年实测资料时,可按 $z_d = h' - \Delta z$,h' 和 Δz 分别为实测土层厚度和地表冻胀量;当无实测资料时,z_d 应按下式计算:

$$z_d = z_0 \psi_{zs} \cdot \psi_{zw} \cdot \psi_{ze} \tag{7-9}$$

式中 z_0——标准冻深(m)。系采用在地表平坦、裸露、城市之外的空旷场地中不少于 10 年实测最大冻深的平均值(m)。当无实测资料时,按《建筑地基基础设计规范》(GB 50007—2002)附录 F 采用;

  ψ_{zs}——土的类别对冻深的影响系数,按表 7-4 查取;

  ψ_{zw}——土的冻胀性对冻深的影响系数,按表 7-5 查取;

  ψ_{ze}——环境对冻深的影响系数,按表 7-6 查取;

  h_{max}——基础底面下允许残留冻土层的最大厚度(m),参见图 7-11,按表 7-7 查取。

土的类别对冻深的影响系数 表 7-4

土的类别	影响系数 ψ_{zs}	土的类别	影响系数 ψ_{zs}
黏性土	1.00	中、粗、砾砂	1.30
细砂、粉砂、粉土	1.20	碎石土	1.40

土的冻胀性对冻深的影响系数 表 7-5

冻胀性	影响系数 ψ_{zw}	冻胀性	影响系数 ψ_{zw}
不冻胀	1.00	强冻胀	0.85
弱冻胀	0.95	特强冻胀	0.80
冻 胀	0.90		

环境对冻深的影响系数 表 7-6

周围环境	影响系数 ψ_{ze}	周围环境	影响系数 ψ_{ze}
村、镇、旷野	1.00	城市市区	0.90
城市近郊	0.95		

注:环境影响系数,当城市市区人口为 20~50 万时,按城市近郊取值;当城市市区人口大于 50 万时按城市市区取值;当城市市区人口超过 100 万时,按城市市区取值,5km 以内的郊区按城市近郊取值。

(二)地基防冻害措施

在冻胀、强冻胀、特强冻胀地基上,应采用下列防冻害措施:

(1)对在地下水位以上的基础,基础侧面应回填非冻胀性的中砂或粗砂,其厚度不应小于 100mm。对在地下水位以下的基础,可采用桩基础、自锚式基础

(冻土层下有扩大板或扩底短桩)或采取其他有效措施。

（2）宜选择地势高、地下水位低，地表排水良好的建筑场地。对低洼场地，宜在建筑四周向外一倍冻深距离范围内，使室外地坪至少高出自然地面 300～500mm。

（3）防止雨水、地表水、生产废水、生活污水浸入建筑地基，应设置排水设施。在小区应设截水沟，以排走地表水和潜水流。

（4）在强冻胀性土和特强冻胀性地基上，其基础结构应设置钢筋混凝土圈梁和基础梁，并控制上部建筑物长高比，增强房屋整体刚度。

建筑基底允许残留冻土层厚度 h_{max}(m)　　　　表 7-7

基础冻胀性	采暖形式	基底情况	基底平均压力(kPa) 90	110	130	150	170	190	210
弱冻胀土	方形基础	采暖	—	0.94	0.99	1.04	1.11	1.15	1.20
		不采暖	—	0.78	0.84	0.91	0.97	1.04	1.10
	条形基础	采暖	—	>2.50	>2.50	>2.50	>2.50	>2.50	>2.50
		不采暖	—	2.20	2.50	>2.50	>2.50	>2.50	>2.50
冻胀土	方形基础	采暖	—	0.64	0.70	0.75	0.81	0.86	—
		不采暖	—	0.55	0.60	0.65	0.69	0.74	—
	条形基础	采暖	—	1.55	1.79	2.03	2.26	2.50	—
		不采暖	—	1.15	1.35	1.55	1.75	1.95	—
强冻胀土	方形基础	采暖	—	0.42	0.47	0.51	0.56	—	—
		不采暖	—	0.36	0.40	0.43	0.47	—	—
	条形基础	采暖	—	0.74	0.88	1.00	1.13	—	—
		不采暖	—	0.56	0.66	0.75	0.84	—	—
特强冻胀土	方形基础	采暖	0.30	0.34	0.38	0.41	—	—	—
		不采暖	0.24	0.27	0.31	0.34	—	—	—
	条形基础	采暖	0.43	0.52	0.61	0.70	—	—	—
		不采暖	0.33	0.40	0.47	0.53	—	—	—

注：1. 本表只计算法向冻胀力，如果基侧存在切向冻胀力，应采取防切向力措施；
　　2. 基础宽度小于 0.6m 时不适用，矩形基础取短边尺寸按方形基础计算；
　　3. 表中数据不适用于淤泥、淤泥质土和欠固结土；
　　4. 表中基底平均压力数值为永久荷载标准值乘以 0.9，可以内插。

（5）当独立基础联系梁下或桩基础承台下有冻土时，应在梁或承台下留有相当于该土层冻胀量的空隙，以防止因土的冻胀将梁或承台拱裂。

（6）外门斗、室外台阶和散水坡等部位宜与主体结构断开，散水坡分段不宜超过 1.5m，坡度不宜小于 3%，其下宜填入非冻胀性材料。

（7）对跨年度施工的建筑，入冬前应对地基采取相应的防护措施；按采暖设计的建筑物，当冬期不能正常采暖，也应对地基采取保温措施。

第三节 基础底面尺寸的确定

一、作用在基础上的荷载

计算作用在基础顶面的总荷载时,应从建筑物的檐口(屋顶)开始计算。首先计算屋面恒载和活载,其次计算由上至下房屋各层结构(梁、板)自重及楼面活载,然后再计算墙和柱的自重。这些荷载在墙或柱的承载面以内的总和,在相应于荷载效应标准组合时,就是上部结构传至基础顶面(±0.00处)的竖向力值F_k。在这里需要注意,外墙和外柱(边柱),由于存在室内外高差,荷载应算至室内设计地面与室外设计地面平均标高处;内墙和内柱算至室内设计地面标高处(图7-12)。最后再加上基础自重和基础上的土重G_k。

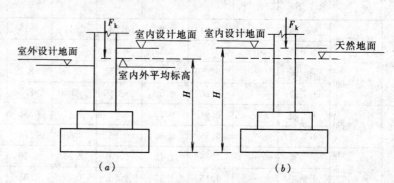

图 7-12 基础上的荷载计算
(a)外墙或外柱;(b)内墙或内柱

二、中心荷载作用下的基础

1. 柱下独立基础

在中心荷载作用下,基础底面上的平均压力应小于或等于经修正后的地基承载力特征值,即

$$p_k = \frac{F_k + \gamma_G A d}{A} \leqslant f_a$$

由此可得基础底面积为:

矩形基础
$$A = l \cdot b \geqslant \frac{F_k}{f_a - \gamma_G d} \tag{7-10}$$

对于柱下矩形基础,如果取基础长边l与短边b的比例为$l/b=n$(一般取$n=1.5\sim2.0$),则$A=l \cdot b=n \cdot b^2$,于是基底宽度可写成:

$$b = \sqrt{\frac{A}{n}} = \sqrt{\frac{F_k}{n(f_a - \gamma_G d)}} \tag{7-11}$$

基底长边
$$l = n \cdot b$$

方形基础
$$b = l = \sqrt{\frac{F_k}{f_a - \gamma_G d}} \tag{7-12}$$

2. 墙下条形基础

墙下条形基础通常沿墙纵向取单位长度($l=1\text{m}$)为计算单元，F_k即为每延长米的荷载(kN/m)，则为条形基础宽度为：

$$b \geq \frac{F_k}{f_a - \gamma_G d} \tag{7-13}$$

应当指出，如果计算带有窗洞口的墙下基础时，应取一个开间（即 s 为相邻窗洞中心线间的距离）为荷载计算单元，其荷载(kN/m)可以由相邻窗洞中心线间的荷载除以窗洞中心线的距离得到。

三、偏心荷载作用下的基础

单层工业厂房的柱基础是典型的偏心受压基础，它在 $F_k + G_k$，M_k 和 V_k 共同作用下，可以假定基底压力呈直线分布，在满足 $p_{k\min} \geq 0$ 条件下时，基底压力呈梯形分布（如图7-13）。在确定基底尺寸时，可暂不考虑基础底面的水平荷载，仅考虑基底形心处的竖向荷载和单向力矩（荷载作用在某一主轴上）。在偏心荷载作用下，基础底面积通常采用试算的方法确定，其具体步骤如下：

(1) 先假定基础底宽 $b \leq 3\text{m}$，进行承载力深度修正，初步确定地基承载力特征值 f_a；

(2) 按中心受压情况，用式(7-10)估算基础面积 A_0，然后再考虑偏心荷载的影响，将基底面积 A_0 扩大 10%~40%，即

$$A = (1.1 \sim 1.4) A_0$$
$$= (1.1 \sim 1.4) \frac{F_k}{f_a - \gamma_G d} \tag{7-14}$$

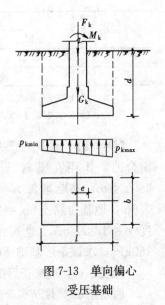

图 7-13 单向偏心受压基础

(3) 对于矩形基础，取基底长短边之比 $l/b = 1.5 \sim 2.0$，初步确定基底的长短边尺寸，并计算基底边缘的最大和最小压力；要求最大压力应满足：$p_{k\max} \leq 1.2 f_a$，同时要求基底平均压力应满足：$\bar{p}_k \leq f_a$。

如果不满足地基承载力要求，需重新调整基底尺寸，直至符合要求为止。

四、软弱下卧层承载力验算

按式(7-10)~式(7-14)确定的基础底面积，只考虑基底压力不超过持力层承载力。如果地基受力层范围内有软弱下卧层时，还应验算软弱下卧层的地基承载力。要求作用在软弱下卧层顶面的附加应力与自重应力之和不超过下卧层的承载力，即

$$p_z + p_{cz} \leq f_{az} \tag{7-15}$$

式中 p_z——相应于荷载效应标准组合时，软弱下卧层顶面处的附加压力值(kPa)；

p_{cz}——软弱下卧层顶面处土的自重应力值(kPa)；

f_{az}——软弱下卧层顶面处经深度修正后地基承载力特征值。

对条形基础和矩形基础，式(7-15)中的 p_z 值可按下列公式简化计算：

条形基础

$$p_z = \frac{b(p_k - p_c)}{b + 2z\tan\theta} \tag{7-16}$$

矩形基础

$$p_z = \frac{b(p_k - p_c)}{(b + 2z\tan\theta)(l + 2z\tan\theta)} \tag{7-17}$$

式中　　b——矩形基础或条形基础底边的宽度(m);

　　　　l——矩形基础底边的长度(m);

　　　　p_k——基础底面处的平均压力值;

　　　　p_c——基础底面处土的自重压力值(kPa);

　　　　z——基础底面至软弱下卧层顶面的距离(m);

　　　　θ——地基压力扩散线与垂直线的夹角如图7-14所示,可按表7-8采用。

地基压力扩散角 θ　　　　　　　表7-8

E_{a1}/E_{s2}	z/b		E_{a1}/E_{s2}	z/b	
	0.25	0.50		0.25	0.50
3	5°	23°	10	20°	30°
5	10°	25°			

注:1. E_{a1} 为上层土压缩模量;E_{s2} 为下层土压缩模量;

　　2. $z/b<0.25$ 时取 $\theta=0°$,必要时,宜由试验确定;$z/b>0.50$ 时 θ 值不变。

【**例7-1**】 墙下条形基础,在荷载效应标准组合时,作用在基础顶面上的轴向力 $F_k=280$kN/m,基础埋深 $d=1.5$m,室内外高差 0.6m,地基为黏土($\eta_b=0.3$,$\eta_d=1.6$),其重度 $\gamma=18$kN/m³,地基承载力特征值 $f_{ak}=150$kPa,求该条形基础宽度。

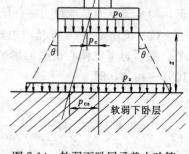

图7-14 软弱下卧层承载力验算

【**解**】(1)求修正后的地基承载力特征值

假定基础宽度 $b<3$m,因埋深 $d>0.5$m,故仅进行地基承载力深度修正。

$$F_a = f_{ak} + \eta_d \gamma_m (d-0.5)$$
$$= 150 + 1.6 \times 18 \times (1.5-0.5)$$
$$= 178.8 \text{kPa}$$

(2)求基础宽度

因为室内外高差 0.6m,故基础自重计算高度

$$d = 1.5 + \frac{0.6}{2} = 1.8\text{m}$$

基础宽度　　$$b \geqslant \frac{F_k}{f_a - \gamma_G d} = \frac{280}{178.8 - 20 \times 1.8} = 1.96\text{m}$$

取 $b=2$m,由于与假定相符,最后取 $b=2$m。

【**例7-2**】 某柱下矩形单独基础如图7-15所示。已知按荷载效应标准组合时传至基础顶面的内力值 $F_k=920$kN,$V_k=15$kN,$M_k=235$kN·m;地基为粉质黏土,其重度 $\gamma=18.5$kN/m³,地基承载力特征值 $f_{ak}=180$kPa($\eta_b=0.3$,$\eta_d=1.6$)基础埋深 $d=1.2$m,试确定基础底面尺寸。

【**解**】(1)求修正后的地基承载力特征值

先假定基础宽度 $b<3$m,则

$$f_a = f_{ak} + \eta_d \gamma_m (d-0.5) = 180 + 1.6 \times 18.5 \times (1.2-0.5) = 200.72\text{kPa}$$

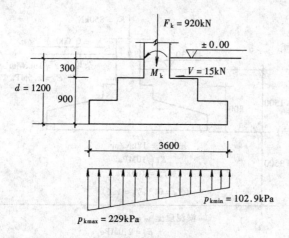

图 7-15 例 7-2 附图

(2) 初步按轴心受压基础估算基底面积

$$A_0 = \frac{F_k}{f_a - \gamma_G d} = \frac{920}{200.72 - 20 \times 1.2} = 5.2 \text{m}^2$$

考虑偏心荷载的影响，将底面积 A_0 增大 20%，则 $A = 5.2 \times 1.2 = 6.24 \text{m}^2$。

取基底长短边之比 $l/b = 2$，得 $b = \sqrt{\dfrac{A}{2}} = 1.77\text{m}$，取 $b = 1.8\text{m}$，$l = 3.6\text{m}$。

(3) 验算地基承载力

基础及其台阶上土重

$$G_k = \gamma_G A d = 20 \times 3.6 \times 1.8 \times 1.2 = 155.52 \text{kN}$$

基底处力矩

$$M_k = 235 + 15 \times 0.9 = 248.5 \text{kN} \cdot \text{m}$$

偏心矩

$$e = \frac{M_k}{F_k + G_k} = \frac{248.5}{920 + 155.52} = 0.23 < \frac{l}{6} = 0.6\text{m}$$

基底边缘最大压力

$$p_{k\max} = \frac{F_k + G_k}{A}\left(1 + \frac{6e}{l}\right) = \frac{920 + 155.52}{3.6 \times 1.8}\left(1 + \frac{6 \times 0.23}{3.6}\right) = 229\text{kPa} < 1.2 f_a$$
$$= 240.86 \text{kPa}$$

满足要求，故基底尺寸长 $l = 3.6\text{m}$ 宽 $b = 1.8\text{m}$ 合适。

【例 7-3】 有一轴心受压基础，上部结构传来轴向力 $F_K = 850\text{kN}$，地质条件如图 7-16 所示，试根据图示地质资料，验算软弱下卧层承载力是否满足要求。

【解】 (1) 计算下卧层经修正后的地基承载力特征值

已知按持力层承载力求得的基底尺寸为 $l = 3\text{m}$，$b = 2\text{m}$，持力层厚 $z = 3.5\text{m}$，基础埋深 $d = 1.5\text{m}$，下卧层埋深应为 $d + z = 5\text{m}$。

下卧层埋深范围内土的加权平均重度为：

$$\gamma_{mz} = \frac{\gamma_1 d + \gamma_2 z}{d + z} = \frac{16 \times 1.5 + 18 \times 3.5}{1.5 + 3.5} = 17.40 \text{kN/m}^3$$

经深度修正下卧层承载力特征值为

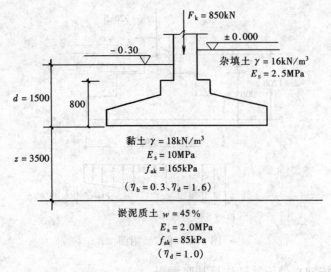

图 7-16 例 7-3 附图

$$f_{az} = f_{ak} + \eta_d \gamma_{mz}(d_z - 0.5) = 85 + 1.0 \times 17.40 \times (5-0.5) = 163.30 \text{kPa}$$

(2) 下卧层顶面处的自重应力

$$p_{cz} = \gamma_{mz} d_z = 17.40 \times 5 = 87 \text{kPa}$$

(3) 确定地基压力扩角 θ

按持力层与下卧层压缩模量之比 $E_{S1}/E_{S2} = \dfrac{10}{2} = 5$ 及 $z/b = 3.5/2 = 1.75 > 0.5$,查表 7-8 得 $\theta = 25°$,$\tan\theta = 0.466$。

(4) 计算基底平均压力和土的自重压力

$$p_k = \frac{F_k + G_k}{A} = \frac{850 + 20 \times 3 \times 2 \times 1.65}{3 \times 2} = 174.67 \text{kPa}$$

$$p_c = \gamma_1 d = 16 \times 1.5 = 24 \text{kPa}$$

(5) 计算下卧层顶面处的附加压力 p_z

$$p_z = \frac{lb(p_k - p_c)}{(l + 2z\tan\theta)(b + 2z\tan\theta)}$$

$$= \frac{3 \times 2 \times (174.67 - 24)}{(3 + 2 \times 3.5 \times 0.466)(2 + 2 \times 3.5 \times 0.466)}$$

$$= 27.44 \text{kPa}$$

(6) 验算下卧层承载力

$$p_z + p_{cz} = 27.44 + 87 = 114.44 \text{kPa} < f_{az} = 163.30 \text{kPa}$$

满足要求。

第四节 无筋扩展基础设计

无筋扩展基础材料抗拉、抗剪强度低,而抗压性能相对较高。因此,在地基反力作用下,基础挑出部分如同悬臂梁一样向上弯曲。显然,基础外伸悬臂长度越大,基础越容易因弯曲而拉裂。所以必须减少外伸悬臂长度或增加基础高度,

使基础宽高比 b_2/H_0 减小而刚度增大。

根据大量实验研究和实践表明,对无筋扩展基础当材料及基础底面积确定后,只要限制基础台阶宽高比 b_2/H_0 小于(表 7-9)允许值要求,就可以保证基础不会因受弯、受剪而破坏。b_2/H_0 的比值,就是基础斜面 AC 与垂直线 AE 所构成的角度 α 的正切值(图 7-17)。

无筋扩展基础台阶宽高比的允许值　　　　　　表 7-9

基础材料	质量要求	台阶宽高比的允许值		
		$p_k \leqslant 100$	$100 < p_k \leqslant 200$	$200 < p_k \leqslant 300$
混凝土基础	C15 混凝土	1∶1.00	1∶1.00	1∶1.25
毛石混凝土基础	C15 混凝土	1∶1.00	1∶1.25	1∶1.50
砖基础	砖不低于 MU10、砂浆不低于 M5	1∶1.50	1∶1.50	1∶1.50
毛石基础	砂浆不低于 M5	1∶1.25	1∶1.50	—
灰土基础	体积比为 3∶7 或 2∶8 的灰土,其最小干密度 粉土 1.55t/m³ 粉质黏土 1.50t/m³ 黏土 1.45t/m³	1∶1.25	1∶1.50	—
三合土基础	体积比 1∶2∶4～1∶3∶6(石灰∶砂∶骨料),每层约虚铺 220mm,夯至 150mm	1∶1.50	1∶2.00	—

注:1. p_k 为荷载效应标准组合时基础底面处的平均压力值(kPa);
　　2. 阶梯形毛石基础的每阶伸出宽度,不宜大于 200mm;
　　3. 当基础由不同材料叠合组成时,应对接触部分作抗压验算;
　　4. 基础底面处的平均压力值超过 300kPa 的混凝土基础,尚应进行抗剪验算。

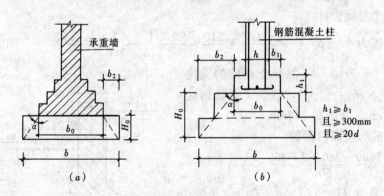

图 7-17 无筋扩展基础构造示意图
d—柱中纵向钢筋直径

基础高度应满足下式要求:

$$H_0 \geqslant \frac{b-b_0}{2\tan\alpha} \tag{7-18}$$

式中　b——基础底面宽度(m);
　　　b_0——基础顶面的墙体宽度或柱脚宽度(m);
　　　H_0——基础高度(m);

$\tan\alpha$——基础台阶宽高比 b_2/H_0，b_2 为基础台阶宽度(m)，其允许值可按表 7-9 选用。

采用无筋扩展基础的钢筋混凝土柱，其柱脚高度 h_1 不得小于 b_1（图 7-17），并不应小于 300mm 且不小于 $20d$（d 为柱中的纵向受力钢筋的最大直径）。当柱纵向钢筋在柱脚内的竖向锚固长度不满足锚固要求时，可沿水平方向弯折，弯折后的水平锚固长度不应小于 $10d$ 也不应大于 $20d$。

【**例 7-4**】 某中学教学楼承重墙厚240mm，地基第一层土为 0.8m 厚的杂填土，重度 17kN/m³；第二层为粉质黏土层，厚 5.4m，重度为 18kN/m³，地基承载力特征值 $f_{ak}=180$kPa，$\eta_b=0.3$，$\eta_d=1.6$。已知上部墙体传来的竖向荷载值 $F_k=210$kN/m，室内外高差为 0.45m，试设计该承重墙下条形基础。

【**解**】 （1）计算经修正后的地基承载力特征值

选择粉质黏土层作为持力层，初步确定基础埋深 $d=1.0$m。

$$\gamma_m=\frac{17\times0.8+18\times0.2}{0.8+0.2}=17.2\text{kN/m}^3$$

$$f_a=f_{ak}+\eta_d\gamma_m(d-0.5)=180+1.6\times17.2\times(1.0-0.5)=193.76\text{kPa}$$

（2）确定基础宽度

$$b\geqslant\frac{F_k}{f_a-\gamma_G\overline{d}}=\frac{210}{193.76-20\times\left(1.0+\frac{0.45}{2}\right)}=1.24\text{m}$$

取基础宽度 $b=1.3$m

（3）选择基础材料，并确定基础剖面尺寸

基础采用 350mm 厚 C15 素混凝土，其上层采用 MU10 砖 M5 砂浆砌二、一间隔收的砖大放脚。

混凝土基础设计：

基底压力 $\quad p_k=\dfrac{F_k+G_k}{A}=\dfrac{210+20\times1.3\times1.0\times1.225}{1.3\times1.0}=186$kPa

由表 7-9 查得 C15 混凝土基础的宽高比允许值 $[b_2/h_0]=1:1$，混凝土基础每边收进 350mm，基础高 350mm。

砖大放脚所需台阶数

$$n=\frac{1300-240-2\times350}{60}\times\frac{1}{2}=3$$

基础高度 $H=120\times2+60\times1+350=650$mm

（4）基础剖面图

基础剖面形状及尺寸如图 7-18 所示。

【**例 7-5**】 黑龙江某地区学生宿舍，底层内纵墙厚 0.37m，上部结构传至基础顶面处竖向力值 $F_k=260$kN/m，已知基础埋深 $d=2.0$m，（室内外高差 0.3m）基础材料

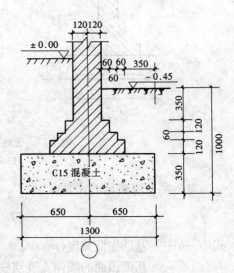

图 7-18 例 7-4 附图

采用毛石，砂浆采用 M5 砌筑，地基土为黏土，其重度 $\gamma=18\mathrm{kN/m^3}$，经深度修正后的地基承载力特征值 $f_\mathrm{a}=200\mathrm{kPa}$，试确定毛石基础宽度及剖面尺寸，并绘出基础剖面图形。

【解】（1）确定基础宽度

$$b \geqslant \frac{F_\mathrm{k}}{f_\mathrm{a}-\gamma_\mathrm{G}d} = \frac{260}{200-20\times 2.0} = 1.63\mathrm{m} \quad 取 b = 1.7\mathrm{m}$$

（2）确定台阶宽高比允许值

基底压力 $p_\mathrm{k} = \dfrac{F_\mathrm{k}+G_\mathrm{k}}{A} = \dfrac{260+20\times 1.7\times 1.0\times 2}{1.7\times 1.0} = 193\mathrm{kPa}$

由表 7-9 查得毛石基础台阶宽高比允许值为 1∶1.5。

（3）毛石基础所需台阶数（要求每台阶宽≤200mm）

$$n = \frac{b-b_0}{2} \times \frac{1}{200} = \frac{1700-370}{2} \times \frac{1}{200} = 3.3 \quad 需设四步台阶$$

（4）确定基础剖面尺寸并绘出图形（图 7-19）

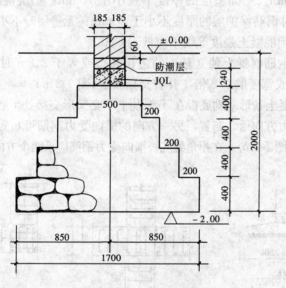

图 7-19 例 7-5 附图

（5）验算台阶宽高比

基础宽高比 $\quad b_2/H_0 = \dfrac{665}{1600} = \dfrac{1}{2.4} < \dfrac{1}{1.5}$

每阶宽高比 $\quad b_2/H_0 = \dfrac{200}{400} = \dfrac{1}{2} < \dfrac{1}{1.5} \quad$ 满足要求。

第五节 扩展基础设计

一、扩展基础的构造要求

（一）现浇柱基础

（1）锥形基础的截面形式如图 7-20 所示。锥形基础的边缘高度不宜小于

200mm；顶部做成平台，每边从柱边缘放出不少于 50mm，以便于柱支模。

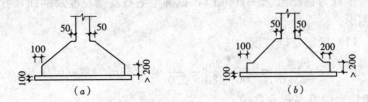

图 7-20　现浇柱锥形基础形式

（2）阶梯形基础的每阶高度宜为 300mm～500mm。当基础高度 $h\leqslant 500$mm 时，宜用一阶；当基础高度 500mm$<h\leqslant 900$mm 时，宜用两阶；当 $h>900$ 时，宜用三阶。阶梯形基础尺寸一般采用 50mm 的倍数。由于阶梯形基础的施工质量容易保证，宜优先考虑采用。

（3）扩展基础底板受力钢筋最小直径不宜小于 10mm；间距不宜大于 200mm，也不宜小于 100mm。基础垫层的厚度不宜小于 70mm；垫层混凝土强度等级为 C10。当有垫层时钢筋保护层的厚度不小于 40mm；无垫层时不小于 70mm。

（4）扩展基础混凝土强度等级不应低于 C20。

（5）当柱下钢筋混凝土独立基础的边长大于或等于 2.5m 时，底板受力钢筋的长度可取边长或宽度的 0.9 倍，并宜交错布置（图 7-21a）。

（6）钢筋混凝土条形基础底板在 T 形及十字交叉形交接处，底板横向受力钢筋仅沿一个主要受力方向通常布置，另一方向的横向受力钢筋可布置到主要受力方向底板宽度 1/4 处（图 7-21b）。在拐角处底板横向受力钢筋应沿两个方向布置（图 7-21c）。

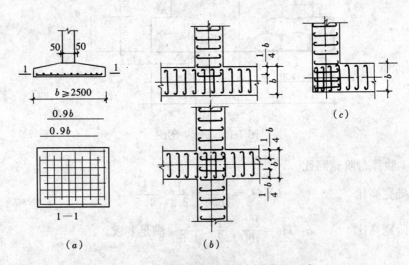

图 7-21　扩展基础底板受力钢筋布置示意

（7）钢筋混凝土柱和剪力墙纵向受力钢筋在基础内的锚固长度 l_a 应根据钢筋在基础内的最小的保护层厚度，按《混凝土结构设计规范》（GB 50010—2002）的有关规定确定：

有抗震设防要求时，纵向钢筋最小锚固长度 l_{aE} 应按下式计算：

一、二级抗震等级 $l_{aE}=1.15l_a$；
三级抗震等级 $l_{aE}=1.05l_a$；
四级抗震等级 $l_{aE}=l_a$。
式中 l_a 为受拉钢筋的锚固长度。

(8) 现浇柱的基础插筋，其数量、直径以及钢筋种类应与柱内纵向受力钢筋相同。插筋的锚固长度应满足上述要求，插筋与柱内纵向受力钢筋的连接方法，应符合现行《混凝土结构设计规范》(GB 50010—2002)的规定。插筋的下端宜作成直钩放在基础底板钢筋网上。当符合下列条件之一时，可仅将四角的插筋伸至底板钢筋网上，其余插筋锚固在基础顶面下 l_a 或 l_{aE}（有抗震要求时）处（图7-22）：

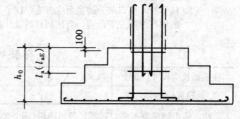

图 7-22 现浇柱的基础中插筋构造示意

1) 柱为轴心受压或小偏心受压，基础高度 $h \geqslant 1200mm$；
2) 柱为大偏心受压，基础高度 $h \geqslant 1400mm$。

(二) 预制柱杯形基础

如图7-23所示预制柱与杯形基础的连接，应符合下列要求：

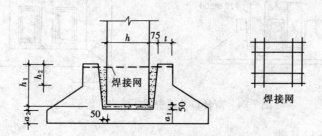

图 7-23 预制钢筋混凝土柱独立基础示意（$a_2 > a_1$）

(1) 柱插入杯口深度，可按表7-10选用，并应满足钢筋锚固长度要求及吊装时柱的稳定性。

柱的插入深度 h_1 (mm) 表7-10

矩形或工字形柱				双肢柱
$h<500$	$500 \leqslant h<800$	$800 \leqslant h<1000$	$h>1000$	
$1\sim1.2h$	h	$0.9h$ 且 $\geqslant 800$	$0.8h$ 且 $\geqslant 1000$	$(1/3\sim2/3)h_a$ $(1.5\sim1.8)h_b$

注：1. h 为柱截面长边尺寸；h_a 为双肢柱全截面长边尺寸；h_b 为双肢柱全截面短边尺寸；
2. 柱轴心受压或小偏心受压时，h_1 可适当减小，偏心距大于 $2h$ 时，h_1 应适当加大。

(2) 基础的杯底厚度和杯壁厚度，可按表7-11选用。

(3) 当柱为轴心受压或小偏心受压且 $t/h_2 \geqslant 0.65$ 时，或大偏心受压且 $t/h_2 \geqslant 0.75$ 时，杯壁可不配筋；当柱为轴心受压或小偏心受压且 $0.5 \leqslant t/h_2 < 0.65$ 时，杯壁可按表7-12构造配筋；其他情况下，应按计算配筋。

基础的杯底厚度和杯壁厚度　　　　　　　　　　　表 7-11

柱截面长边尺寸 h (mm)	杯底厚度 a_1 (mm)	杯壁厚度 t (mm)	柱截面长边尺寸 h (mm)	杯底厚度 a_1 (mm)	杯壁厚度 t (mm)
$h<500$	$\geqslant 150$	$150\sim 200$	$1000\leqslant h<1500$	$\geqslant 250$	$\geqslant 350$
$500\leqslant h<800$	$\geqslant 200$	$\geqslant 200$	$1500\leqslant h<2000$	$\geqslant 300$	$\geqslant 400$
$800\leqslant h<1000$	$\geqslant 200$	$\geqslant 300$			

注：1. 双肢柱的杯底厚度值，可适当加大；
　　2. 当有基础梁时，基础梁下的杯壁厚度，应满足其支承宽度的要求；
　　3. 柱子插入杯口部分的表面应凿毛，柱子与杯口之间的空隙，应用比基础混凝土强度等级高一级的细石混凝充填密实，当达到材料设计强度的 70% 以上时，方能进行上部吊装。

杯壁构造配筋　　　　　　　　　　表 7-12

柱截面长边尺寸(mm)	$h<1000$	$1000\leqslant h<1500$	$1500\leqslant h\leqslant 2000$
钢筋直径(mm)	$8\sim 10$	$10\sim 12$	$12\sim 16$

注：表中钢筋置于杯口顶部，每边两根(图 7-23)。

（4）双杯口基础(图 7-24)用于厂房伸缩缝处的双柱下，或者考虑厂房扩建而设置的预留杯口情况。当中间杯壁的宽度小于 400mm 时，宜在其杯壁内配筋。

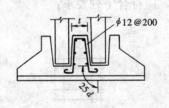 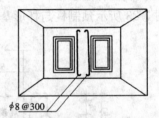

图 7-24　双杯口基础中间杯壁构造配筋示意

（三）高杯口基础

高杯口基础是带有短柱的杯形基础，其构造形式如图 7-25 所示。一般用于上层土较软弱或有空穴、井等不宜作持力层以及必须将基础深埋的情况。

高杯口基础柱的插入深度应符合杯形基础的要求；杯壁厚度应符合表 7-13 的规定和有关要求；杯壁短柱配筋可按图 7-26 的构造要求设置。基础短柱的纵向钢筋，在非地震区及抗震设防烈度低于 9 度地区，短柱四角纵向钢筋直径不宜小于 20mm，并延伸至基础底板的钢筋网上。短柱长边的纵向钢筋，当长边尺寸小于或等于 1000mm 时，其钢筋直径不应小于 12mm，间距不应大于 300mm；当长边尺寸大于 1000mm 时，其钢筋直径不应小于 16mm，间距不应大于 300mm，每隔一半左右伸下一根并作 150mm 的直钩支承在基础底部的钢筋网上，其余钢筋锚固至基础底板顶面下 l_a 处(图 7-26)。短柱短边每隔 300mm 应配置直径不少于 12mm 的

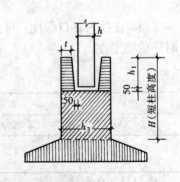

图 7-25　高杯口基础

纵向钢筋,且每边的配筋率不少于0.05%短柱的截面面积。短柱中的箍筋直径不应小于8mm,间距不应大于300mm;当抗震设防烈度为8度和9度时,箍筋直径不小于8mm,间距不应大于150mm。

高杯口基础的杯壁厚度 t　　　　　　　　　　　　表7-13

h(mm)	t(mm)	h(mm)	t(mm)	h(mm)	t(mm)	h(mm)	t(mm)
600<h≤800	≥250	1000<h≤1400	≥350	800<h≤1000	≥300	1400<h≤1600	≥400

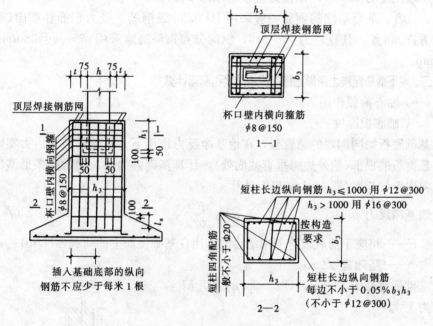

图7-26　高杯口基础构造配筋示意

(四)墙下钢筋混凝土条形基础

(1)墙下钢筋混凝土条形基础的构造如图7-27所示。当基础高度 $h>250$mm 时,截面采用锥形,其边缘高度不宜小于200mm。当基础高度 $h≤250$mm 时,宜采用平板式。

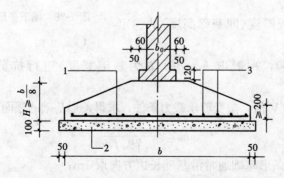

图7-27　墙下钢筋混凝土条形基础的构造
1—受力钢筋;2—C10混凝土垫层;3—构造钢筋

当地基较软弱时，为增加基础抗弯刚度，减少基础不均匀沉降的影响，基础剖面也可采用带肋式条形基础（图 7-2b），肋的纵向钢筋和箍筋一般按经验确定。

(2) 墙下钢筋混凝土条形基础纵向分布钢筋的直径不小于 8mm；间距不大于 300mm；每延米分布钢筋的面积应不小于受力钢筋面积的 1/10。基础有垫层时，钢筋保护层不小于 40mm；无垫层时不小于 70mm。

(3) 墙下钢筋混凝土条形基础的宽度大于或等于 2.5m 时，底板受力钢筋的长度可取宽度的 0.9 倍，并且交错布置（图 7-21a）。

(4) 墙下条形基础的钢筋一般采用 HPB235 级钢筋，受力钢筋在横向（基础宽度方向）布置，其直径为 $\phi 8 \sim \phi 16$，纵向分布钢筋通常采用 $\phi 6 \sim \phi 8$@250mm 或 300mm。

二、墙下钢筋混凝土条形基础的底板厚度和配筋计算

（一）轴心荷载作用

1. 基础底板厚度

基础底板如同倒置的悬臂板，在地基净反力作用下，基础的最大内力实际发生在悬臂板的根部（墙外边缘垂直截面处）。计算基础内力时，通常沿条形基础长度方向取单位长度（即 $l=1$m）进行计算。

地基净反力 p_j 为：
$$p_j = \frac{F}{b} \tag{7-19}$$

式中　F——相应于荷载效应基本组合时作用在基础顶面上的荷载（kN/m）；

　　　b——基础宽度（m）。

基础任意截面 I—I 处（图 7-28）的弯矩 M 和剪力 V 为：

$$M = \frac{1}{2} p a_1^2 \tag{7-20}$$

$$V = p_j a_1 \tag{7-21}$$

其最大弯矩截面的位置：

当墙体材料为混凝土时，取 $a_1 = b_1$；

如为砖墙且大放脚不大于 1/4 砖长时，取 $a_1 = b_1 + 1/4$ 砖长。

条形基础底板厚度（即基础高度）的确定，有下列两种方法：

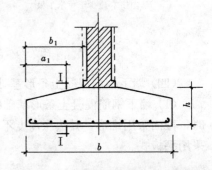

图 7-28　墙下条形基础的计算示意

(1) 根据经验，一般取 $h = b/8$（b 为基础宽度）进行抗剪验算，即 $V \leqslant 0.7 \beta_{hs} f_t b h_0$；

(2) 根据剪力 V 值，按受剪承载力条件，求得条形基础的截面有效高度 h_0，即

$$h_0 \geqslant \frac{V}{0.7 \beta_{hs} f_t b} \tag{7-22}$$

式中　b——对于条形基础通常沿基础长边方向取 1m；

　　　f_t——混凝土轴心抗拉强度设计值（N/mm²）；

β_{hs}——受剪承载力截面高度影响系数，$\beta_{hs}=\left(\dfrac{800}{h_0}\right)^{\frac{1}{4}}$，当 h_0 小于 800mm 时，取 800mm；h_0 大于 2000mm 时，取 2000mm。

基础底板厚度：

当设垫层时 $\qquad h=h_0+\dfrac{\phi}{2}+40$

当无垫层时 $\qquad h=h_0+\dfrac{\phi}{2}+70$

式中 ϕ——受力钢筋直径(mm)。

基础底板厚度的最后取值，应以 50mm 为模数确定。一般条形基础的受剪承载力均能满足要求。

2. 基础底板配筋

基础底板配筋按下式计算：
$$A_s=\dfrac{M}{0.9h_0f_y} \qquad (7-23)$$

式中 A_s——条形基础每米长基础底板受力钢筋截面面积($\mathrm{mm^2/m}$)；

f_y——钢筋抗拉强度设计值($\mathrm{N/mm^2}$)。

（二）偏心荷载作用

基础在偏心荷载作用下，基底净反力一般呈梯形分布，如图 7-29 所示。

计算基底偏心距
$$e_0=\dfrac{M}{F} \qquad (7-24)$$

基底边缘处的最大和最小净反力
$$\begin{array}{c}p_{j\max}\\p_{j\min}\end{array}=\dfrac{F}{b}\left(1\pm\dfrac{6e_0}{b}\right) \qquad (7-25)$$

悬臂支座处 Ⅰ—Ⅰ 截面的地基净反力为
$$p_{j\mathrm{I}}=p_{j\min}+\dfrac{b-a_1}{b}(p_{j\max}-p_{j\min}) \qquad (7-26)$$

Ⅰ—Ⅰ 截面处的弯矩 M 和剪力 V
$$M=\dfrac{1}{4}(p_{j\max}+p_{j\mathrm{I}})a_1^2 \qquad (7-27)$$
$$V=\dfrac{1}{2}(p_{j\max}+p_{j\mathrm{I}})a_1 \qquad (7-28)$$

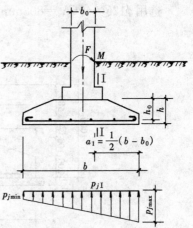

图 7-29 墙下条形基础受偏心荷载作用

【例 7-6】 某住宅楼砖墙承重，底层墙厚 0.37m，相应于荷载效应基本组合时，作用基础顶面上的荷载 $F=235\mathrm{kN/m}$，基础埋深 $d=1.0\mathrm{m}$，已知条形基础宽度 $b=2\mathrm{m}$，基础材料采用 C15 混凝土，$f_t=0.91\mathrm{N/mm^2}$；HPB235 钢筋，$f_y=210\mathrm{N/mm^2}$。试确定墙下钢筋混凝土条形基础的底板厚度及配筋。

【解】 (1) 地基净反力
$$p_j=\dfrac{F}{b}=\dfrac{235}{2}=117.5\mathrm{kPa}$$

(2) 计算基础悬臂部分最大内力

$$a_1 = \frac{2-0.37}{2} = 0.815 \text{m}$$

$$M = \frac{1}{2}p_j a_1^2 = \frac{1}{2} \times 117.5 \times 0.815^2 = 39 \text{kN} \cdot \text{m} = 39 \times 10^6 \text{N} \cdot \text{mm}$$

$$V = p_j a_1 = 117.5 \times 0.815 = 95.76 \text{kN}$$

(3) 初步确定基础底板厚度

一般先按 $h = \frac{b}{8}$ 的经验值,先取然后再进行抗剪验算。

$$h = \frac{b}{8} = \frac{2.0}{8} = 0.25 \text{m}$$

取 $h = 0.3 \text{m} = 300 \text{mm}$,$h_0 = 300 - 40 = 260 \text{mm}$。

(4) 受剪承载力验算

$$0.7\beta_{hs}f_t b h_0 = 0.7 \times 1.0 \times 0.91 \times 1000 \times 260$$
$$= 165620 \text{N} = 165.620 \text{kN} > V$$
$$= 95.76 \text{kN}$$

(5) 基础底板配筋

$$A_s = \frac{M}{0.9 h_0 f_y} = \frac{39 \times 10^6}{0.9 \times 260 \times 210} = 793.65 \text{mm}^2$$

选用 $\phi 12@140$($A_s = 808 \text{mm}^2$),分布钢筋选用 $\phi 8@300$(见图 7-30)。

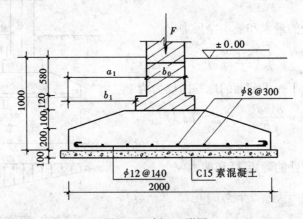

图 7-30 例 7-6 附图

三、柱下钢筋混凝土单独基础的底板厚度和配筋计算

(一) 基础底板厚度

柱下钢筋混凝土单独基础的底板厚度(即基础高度)主要由受冲切承载力确定。在柱轴心荷载作用下,如果基础底板厚度不足,将沿柱周边(或基础变阶处)产生冲切破坏,形成 45°斜裂面的锥体(图 7-31)。为防止基础发生这种破坏,由冲切破坏锥体以外的地基净反力所产生的冲切力 F_l 应小于冲切面处混凝土的抗冲切能力。

对矩形截面柱的矩形基础,应验算柱与基础交接处以及基础变阶处的受冲切

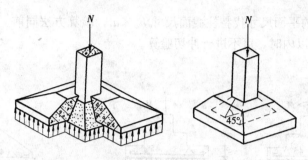

图 7-31 基础冲切破坏

承载力；受冲切承载力应按下列公式验算：

$$F_l \leqslant 0.7\beta_{hp} \cdot f_t \cdot a_m \cdot h_0 \tag{7-29}$$

$$a_m = (a_t + a_b)/2 \tag{7-30}$$

$$F_l = p_j \cdot A_l \tag{7-31}$$

式中 β_{hp}——受冲切承载力截面高度影响系数，当 h 不大于 800mm 时 β_{hp} 取 1.0；当 h 大于等于 2000mm 时，β_{hp} 取 0.9，其间按线性内插法取用；

f_t——混凝土轴心抗拉强度设计值；

h_0——基础冲切破坏锥体的有效高度；

a_m——冲切破坏锥体最不利一侧计算长度；

a_t——冲切破坏锥体最不利一侧截面的上边长，当计算柱与基础交接处的受冲切承载力时，取柱宽；当计算基础变阶处的受冲切承载力时，取上阶宽。

a_b——冲切破坏锥体最不利一侧斜截面在基础底面积范围内的下边长，当冲切破坏锥体的底面落在基础底面以内（图 7-32a、b），计算柱与基础交接处的受冲切承载力时，取柱宽加两倍基础有效高度；当计算基础变阶处的受冲切承载力时，取上阶宽加两倍该处的基础有效高度。当冲切破坏锥体的底面在 l 方向落在基础底面以外，即 $a + 2h_0 \geqslant l$ 时（图 7-32c），$a_b = l$；

p_j——扣除基础自重及其上土重后相应于荷载效应基本组合时的地基土单位面积净反力，对偏心受压基础可取基础边缘处最大地基土单位面积净反力；

F_l——相应于荷载效应基本组合时作用在 A_l 上的地基土净反力设计值；

A_l——冲切验算时取用的部分底面积（图 7-32a、b 中的阴影面积 $ABCDEF$，或图 7-32(c) 中的阴影面积 $ABCD$）。

当 $l \geqslant a_t + 2h_0$ 时（图 7-32a、b）

$$A_l = \left(\frac{b}{2} - \frac{h_c}{2} - h_0\right)l - \left(\frac{l}{2} - \frac{a_t}{2} - h_0\right)^2 \tag{7-32}$$

当 $l < a_t + 2h_0$ 时（图 7-32c）

$$A_l = \left(\frac{b}{2} - \frac{h_c}{2} - h_0\right)l \tag{7-33}$$

阶梯形基础，尚需验算变阶处的受冲切承载力，此时可将上阶底周边视为柱周边，用台阶的平面尺寸代替柱截面尺寸 $h_c \times a_t$，验算方法同前。当基础底面在45°冲切破坏线以内时，可不进行冲切验算。

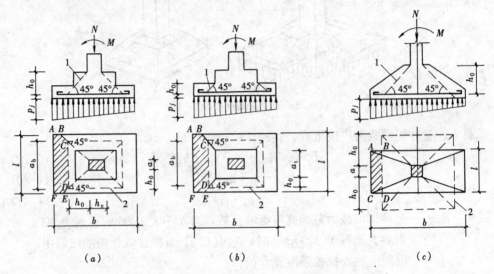

图 7-32 计算阶梯形基础的受冲切承载力截面位置
(a)、(c)柱与基础交接处；(b)基础变阶处
1—冲切破坏锥体最不利一侧的斜截面；2—冲切破坏锥体的底面线

（二）基础底板的配筋

基础底板的配筋，应按受弯承载力确定。柱下单独基础在轴心荷载或单向偏心荷载作用下，基础底板由于地基净反力的作用而沿柱周边向上弯曲，当弯曲应力超过基础受弯承载力时，基础底板将发生弯曲破坏。一般柱下单独基础的长短边尺寸较为接近，故基础底板为双向弯曲，其内力可采用简化的方法计算。即将单独基础的底板视为嵌固在柱子周边的梯形悬臂板，近似地将基底面积按对角线划分成四块梯形面积，计算截面取柱边或基础变阶处（阶梯形基础）。矩形基础沿基础长短两个方向的弯矩，等于梯形面积上的地基净反力的合力对柱边或基础变阶处截面的力矩。

对于矩形基础（图 7-33），当台阶的宽高比小于或等于 2.5 和偏心距小于或等于 1/6 基础宽度时，基础底板任意截面的弯矩可按下列公式计算：

轴心荷载作用（图 7-33a）

$$\text{I}-\text{I 截面} \quad M_\text{I} = \frac{1}{6} a_1^2 (2l+a') p_j = \frac{1}{24}(b-b')^2(2l+a')p_j \qquad (7-34)$$

$$\text{II}-\text{II 截面} \quad M_\text{II} = \frac{1}{24}(l-a')^2(2b+b')p_j \qquad (7-35)$$

偏心荷载作用（图 7-33b）

$$\text{I}-\text{I 截面} \quad M_\text{I} = \frac{1}{12}a_1^2 \left[(2l+a')\left(p_{\max}+p-\frac{2G}{A}\right)+(p_{\max}-p)l \right] \qquad (7-36)$$

$$\text{II}-\text{II 截面} \quad M_\text{II} = \frac{1}{48}(l-a')^2(2b+b')\left(p_{\max}+p_{\min}-\frac{2G}{A}\right) \qquad (7-37)$$

式中 M_I、M_{II}——任意截面Ⅰ—Ⅰ、Ⅱ—Ⅱ处相应荷载效应基本组合时的弯矩设计值(kN·m);

a_1——任意截面Ⅰ—Ⅰ至基底边缘最大反力处的距离(m);

l、b——基础底面的边长(m);

p_{max}、p_{min}——相应于荷载效应基本组合时的基础底面边缘最大和最小地基反力设计值(kPa);

p——相应于荷载效应基本组合时在任意截面Ⅰ—Ⅰ处基础底面地基反力设计值(kPa);

G——考虑荷载分项系数的基础自重及其上的土重;当组合值由永久荷载控制时,$G=1.35G_K$,G_K 为基础及其上土的自重标准值。

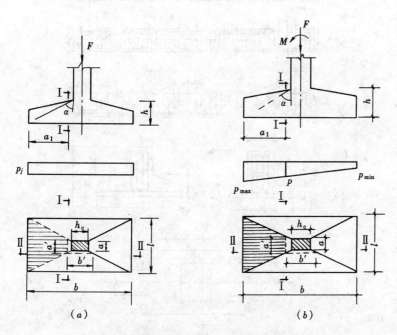

图 7-33 矩形基础底板配筋计算示意
(a)轴心荷载作用;(b)偏心荷载作用

平行基底 b 方向的受力钢筋面积为:

$$A_{sI} = \frac{M_I}{0.9 h_0 f_y} \tag{7-38}$$

平行基底 l 方向的受力钢筋面积为:

$$A_{sII} = \frac{M_{II}}{0.9 h_0 f_y} \tag{7-39}$$

一般情况下最大弯矩产生在沿柱边截面处,阶梯形基础尚需计算变阶处的弯矩及其配筋,此时只要用台阶平面尺寸代替柱截面尺寸即可,计算方法同前。

当扩展基础的混凝土强度等级小于柱的混凝土强度等级时,尚应验算柱下扩展基础顶面的局部受压承载力。

第六节 钢筋混凝土梁板式基础简介

一、柱下条形基础简介

柱下条形基础是指布置成单向或双向的钢筋混凝土条状基础,也称为基础梁。它由肋梁及其横向伸出的翼板组成,其断面呈倒 T 形(图 7-34)。由于肋梁的截面相对较大且配置一定数量的纵筋和腹筋,因此具有较大的抗弯及抗剪能力。

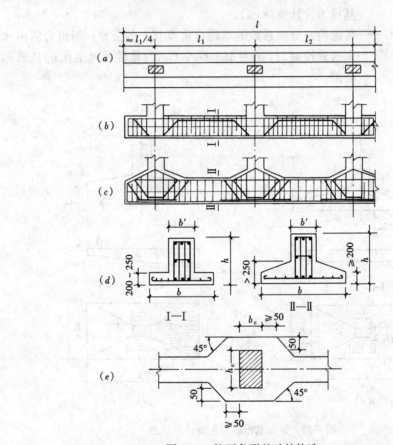

图 7-34 柱下条形基础的构造
(a)平面图;(b)、(c)纵剖面图;(d)横剖面图;(e)现浇柱与条形基础梁交接处平面尺寸

(一)柱下条形基础的构造

柱下条形基础的构造除满足扩展基础的要求外,尚应符合下列规定:

(1)柱下条形基础梁的高度宜为柱距的 $1/4 \sim 1/8$,肋宽 b_1 应比该方向的柱截面稍大些,翼板宽 b 应按地基承载力计算确定;

(2)翼板厚度不应小于 200mm,当翼板厚度大于 250mm 时,宜采用变厚度翼板,其坡度宜小于或等于 1∶3;当柱荷载较大时,可在柱位处加腋,如图 7-34 所示;

(3)条形基础的端部宜向外伸出,其长度宜为第一跨距的 0.25 倍;

(4)现浇柱与条形基础梁的交接处的平面尺寸不应小于图 7-34 的规定;

(5) 条形基础肋梁顶部和底部的纵向受力筋除满足计算要求外，顶部钢筋按计算配筋全部贯通，底部通长钢筋不应少于底部受力钢筋总面积的 1/3；

(6) 翼板受力钢筋按计算确定，直径不宜小于 10mm，间距宜为 100～200mm。箍筋直径为 6～8mm，在距支座轴线为 $0.25\sim 0.3l$（l 为柱距）范围内箍筋应加密布置。当肋宽 $b\leqslant 350$mm 时采用双肢箍；当 $350<b\leqslant 800$mm 时采用四肢箍；当 $b>800$mm 时采用六肢箍；

(7) 柱下条形基础的混凝土强度等级不应低于 C20。

(二) 柱下条形基础的简化计算方法

柱下条形基础应按地基承载力特征值确定基础底面尺寸，计算时可将条形基础视为长度为 l，宽度为 b 较狭长的矩形基础。先计算荷载合力的位置，然后调整基础两端的悬臂长度，使荷载合力的重心尽可能与基础形心重合。在比较均匀的地基上，当上部结构刚度较好，荷载分布较均匀，且条形基础的高度不小于 1/6 柱距时，地基反力可视为按直线分布，条形基础梁的内力可按连续梁计算（即倒梁法），此时边跨中弯矩及第一内支座的弯矩宜乘以 1.2 的系数。当不满足这些要求时，宜按弹性地基梁计算。

倒梁法是假定柱下条形基础的基底反力为直线分布，以柱子作为固定铰支座，基底净反力作为荷载，将基础视为倒置的连续梁计算内力的方法。计算简图如 7-35 所示。

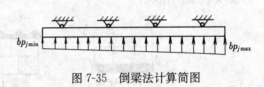

图 7-35 倒梁法计算简图

当基础或上部结构刚度较大，柱距不大且接近等间距，相邻柱荷载相差不大时，用倒梁法计算内力比较接近实际。但按这种方法计算的支座反力一般不等于柱荷载。主要原因是没有考虑土与基础及上部结构的三者共同作用，且假定地基反力按直线分布与实际不符，可通过逐次调整消除不平衡力。将不平衡力折算为均布荷载布置在支座两侧 1/3 跨度范围内，再按连续梁计算内力，然后与原来求得的内力叠加。

1. 基底反力计算

将作用在基础梁上的竖向荷载向基础梁中心简化，然后按偏心受压公式计算基底反力（图 7-36）并要求：

$$\begin{matrix} p_{j\max} \\ p_{j\min} \end{matrix} = \frac{\Sigma N_i}{b \cdot l} \pm \frac{6\Sigma M_i}{b \times l^2} \begin{matrix} \leqslant 1.2 f_a \\ \geqslant 0 \end{matrix} \qquad (7-40)$$

式中　ΣN_i——柱子传来的竖向力之和 (kN)；

ΣM_i——各荷载对基础梁中心的力矩之和 (kN·m)；

$p_{j\max}$、$p_{j\min}$——基础梁边缘处最大及最小地基反力 (kPa)；

l、b——基础梁的长度及宽度 (m)。

基础宽度 b 可按平均压力求出，再增加

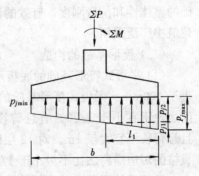

图 7-36 翼板的计算示意

10%～40%后进行验算。

2. 基底翼板的计算

先按式(7-40)计算基底沿宽度 b 方向的净反力,然后按斜截面抗剪能力确定翼板的厚度,并将翼板作为悬臂板按下式计算弯矩和剪力：

$$M = \left(\frac{p_{j1}}{3} + \frac{p_{j2}}{2}\right)l_1^2 \qquad (7-41)$$

$$V = \left(\frac{p_{j1}}{3} + \frac{p_{j2}}{2}\right)l_1 \qquad (7-42)$$

式中 M 和 V 分别为柱或墙边的弯矩和剪力,P_{j1}、P_{j2}、l 如图 7-36 所示。

二、筏形基础的简介

（一）筏形基础的类型及特点

筏形基础是地基上支承全部建筑物荷载整体连续的钢筋混凝土板式基础。分为平板式和梁板式两种类型。平板式筏形基础常做成等厚度的钢筋混凝土板（图 7-37a）,适用于柱荷载不大,柱距较小且等柱距的情况。梁板式筏形基础是沿柱轴线纵横两方向设肋梁（图 7-37b、图 7-37c）,一般用于柱荷载很大且不均匀,柱距又较大的情况。

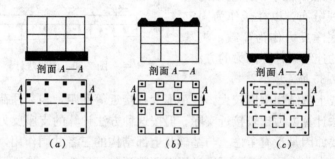

图 7-37 筏形基础的类型

筏形基础的结构与钢筋混凝土肋梁楼盖类似,由柱子或墙传来的荷载,经主、次梁及板传给地基。若将地基反力视为作用于筏基底板上的荷载,则筏形基础的受力特点相当于一倒置的钢筋混凝土平面楼盖。筏板基础不仅能承受较大建筑物荷载,还具有减少地基土单位面积上的压力,显著提高地基承载力,增强基础的整体性和抗弯刚度,有效的调整地基不均匀沉降的能力。因而在多层和高层建筑中广泛采用。

（二）筏形基础的构造

(1) 平板式筏形基础的底板厚度应满足受冲切承载力要求,且最小厚度不宜小于 400mm。梁板式筏形基础的板厚不应小于 300mm,且板厚与板格的最小跨度之比不宜小于 1/20。有悬臂筏板时可做成坡度,但边端厚度不小于 200mm,且悬臂长不宜大于 1m。对 12 层以上建筑的梁板式筏基,其底板厚度与最大双向板格的短边净跨之比不应小于 1/4,且板厚不应小于 400mm。

梁板式筏形基础的底板除计算正截面受弯承载力外,其筏板厚度应满足受冲切承载力、受剪承载力的要求。

(2) 筏形基础的混凝土强度等级不应低于 C30。当有地下室时应采用防水混凝土，防水混凝土的抗渗等级应根据地下水的最大水头与防渗混凝土厚度的比值，按现行《地下工程防水技术规范》选用，但不应小于 0.6MPa。必要时宜设架空排水层。

(3) 筏板与地下室外墙的接缝、地下室外墙沿高度处的水平接缝应严格按施工缝要求施工，必要时可设通长止水带。

(4) 地下室底层柱、剪力墙与梁板式筏形基础的基础梁连接的构造应符合下列要求：

1) 柱、墙的边缘至基础梁边缘的距离不应小于 50mm（图 7-38）；

2) 当交叉基础梁宽度小于柱截面边长时，交叉基础梁连接处应设置八字角，柱角与八角之间的净距不宜小于 50mm（图 7-38a）；

3) 单向基础梁与柱的连接，可按图 7-38(c) 采用；

4) 基础梁与剪力墙的连接，可按图 7-38(b) 采用。

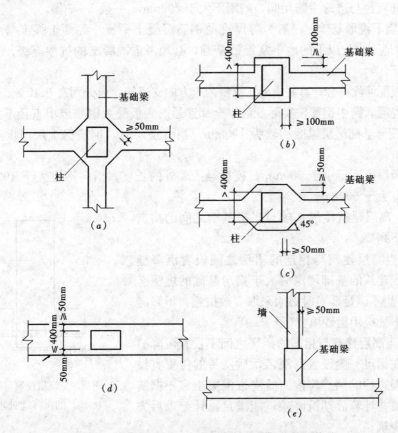

图 7-38 地下室底层柱或剪力墙与基础梁连接的构造

(5) 筏形基础地下室施工完毕后，应及时进行基坑回填。回填基坑时，应先清除基坑中的杂物，并应在相对的两侧或四周同时回填并分层夯实。

(6) 筏板配筋：筏板配筋由计算确定，按双向配筋。并考虑下列要求：

1) 平板式筏形基础，柱下板带和跨中板带的配筋分别计算，以柱下板带的正弯矩计算底部钢筋，用跨中板带的负弯矩计算顶部钢筋，用柱下和跨中板带正弯矩的平均值计算跨中板带的底部钢筋。

平板式筏基柱下板带和跨中板带的底部钢筋应有 1/2～1/3 贯通全跨，且配筋率不应小于 0.15%；顶部钢筋应按计算配筋全部贯通。

2）梁板式筏形基础，在用四边嵌固双向板计算跨中和支座弯矩时，应适当予以折减。对肋梁取柱下板带宽度等于柱距，按 T 形梁计算。肋板也应适当挑出 1/6～1/3 柱距。

梁板式筏基的底板和基础梁的配筋除满足计算要求外，纵横方向的底部钢筋尚应有 1/2～1/3 贯通全跨，其配筋率不应小于 0.15%，顶部钢筋按计算配筋全部贯通。

筏板分布钢筋在板厚小于或等于 250mm 时，钢筋直径为 8mm，间距 250mm；板厚大于 250mm 时，钢筋直径为 10mm，间距 200mm。

对于双向悬臂挑出但基础梁不外伸的筏板，应在板底布置放射状附加钢筋，附加钢筋直径与边跨主筋相同，间距不大于 200mm，一般 5～7 根。

3）墙下筏形基础，一般为等厚度的钢筋混凝土平板，混凝土强度等级采用 C20。对地下水位以下的地下室筏形基础，必须考虑混凝土的抗渗等级，并进行抗裂验算。

筏板配筋除符合计算要求外，纵横两个方向支座筋尚应分别有 0.15%、0.10% 配筋率连通，跨中钢筋按实际配筋率全部连通。底板受力钢筋最小直径不宜小于 8mm。筏形基础垫层厚度一般为 100mm，当有垫层时，钢筋保护层厚度不宜小于 40mm。

筏板厚度不得小于 200mm。筏板悬挑墙外的长度，横向不宜大于 1000mm，纵向不宜大于 600mm。

（7）高层建筑筏形基础与裙房基础之间的构造应符合下列要求：

1）当高层建筑与相连的裙房之间设置沉降缝时，高层建筑的基础埋深应大于裙房基础的埋深至少 2m。当不满足要求时必须采取有效措施。沉降缝地面以下处应用粗砂填实（图 7-39）；

2）当高层建筑与相连的裙房之间不设置沉降缝时，宜在裙房一侧设置后浇带，后浇带的位置宜设在距主楼边柱的第二跨内。后浇带混凝土宜根据实测沉降值并计算后期沉降差，能满足设计要求后方可进行浇筑；

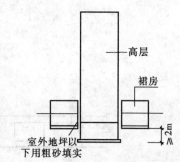

图 7-39 高层建筑与裙房间的沉降缝处理

3）当高层建筑与相连的裙房之间不允许设置沉降缝和后浇带时，应进行地基变形计算，验算时需考虑地基与结构变形的相互影响并采取相应的有效措施。

（三）筏形基础的计算要点

（1）筏形基础的平面尺寸，应根据地基土的承载力，上部结构的布置及荷载分布等因素确定。对单幢建筑物，地基土比较均匀的条件下，基底平面形心宜与

结构竖向永久荷载重心重合。当不能重合时,在荷载效应准永久组合下,偏心距 e 宜符合下式要求:

$$e \leqslant 0.1W/A \qquad (7-43)$$

式中　W——与偏心距方向一致的基础底面边缘抵抗矩;
　　　A——基础底面积。

如果偏心较大,或者不满足地基承载力要求,为调整筏板底面的形心,减小偏心矩和扩大基底面积,可将筏板外伸悬挑一定的长度。对于肋梁不外伸的悬挑筏板,挑出长度不宜大于 2m,其边缘厚度不小于 200mm。

(2) 当地基土比较均匀,上部结构刚度较好,梁板式筏基梁的高跨比或平板式筏基板的厚跨比不小于 1/6,且相邻柱荷载及柱间距的变化不超过 20% 时,筏形基础可仅考虑局部弯曲作用,筏形基础的内力,可按基底反力直线分布进行计算。计算时基底反力可视为均布,其值应扣除底板自重及其上填土自重。

当框架柱网在纵横两个方向上尺寸的比值小于 2 且在柱网单元内不再布置小肋梁时,可将筏形基础近似地视为倒置的楼盖,以地基净反力作为荷载,肋间筏板视为单向或双向多跨连续板,纵横肋梁按多跨连续梁计算,即"倒楼盖法"。这些简化方法在工程中广泛采用。

当地基比较复杂,上部结构刚度较差,或柱荷载及柱间距变化较大时,筏基内力应按弹性地基梁板方法进行计算。

(3) 按倒楼盖法计算的梁板式筏基,其基础梁的内力可按连续梁分析,边跨跨中弯矩以及第一内支座的弯矩值宜乘以的 1.2 系数。考虑到整体弯曲的影响,梁板式筏基的底板和基础梁的配筋除满足计算要求外,纵横方向的支座钢筋尚应有 1/2~1/3 贯通全跨。且其配筋率不应小于 0.15%;跨中钢筋应按实际配筋全部连通。

(4) 按倒楼盖法计算的平板式基础,可按柱下板带和跨中板带(图 7-40)分别进行内力分析,柱下板带和跨中板带的承载力应符合计算要求。

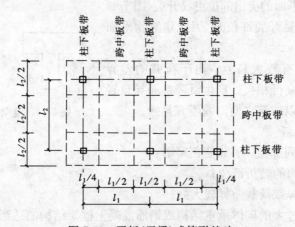

图 7-40　平板(无梁)式筏形基础

柱下板带中,柱宽及其两侧各 0.5 倍板厚的有效宽度范围内的钢筋配置量,不应小于柱下板带钢筋数量的一半,且应能承受作用在冲切临界面重心上的部分

不平衡弯矩 M_p 的作用，详见《建筑地基基础设计规范》。

考虑到整体弯曲的影响，柱下板带(图 7-40)和跨中板带的底部钢筋应有 1/2～1/3 贯通全跨，且配筋率不应小于 0.15%；顶部钢筋应按实际配筋全部连通。

对有抗震设防要求的平板式筏基，计算柱下板带受弯承载力时，柱内力应考虑地震作用不利组合。

(5) 平板式筏板除满足受冲切承载力外，尚应验算柱边处筏板的受剪承载力。

(6) 梁板式筏基的基础梁除满足正截面受弯及斜截面受剪承载力外，尚应验算底层柱下基础梁顶面的局部受压承载力。

有抗震设防要求时，对无地下室且抗震等级为一、二级的框架结构，基础梁除满足抗震构造要求外，计算时尚应将柱脚组合的弯矩设计值分别乘以 1.5 和 1.25 的增大系数。

第七节 减少不均匀沉降的措施

由于建筑物荷载的作用，使地基土改变了原有的受力状态，从而产生了一定的压密变形，导致建筑物随之沉降。如果地基土比较软弱，会产生过大的沉降或不均匀沉降，引起上部结构开裂与破坏。因此，为保证建筑的安全和正常作用，应采取合理的建筑措施、结构措施及施工措施，减少基础的不均匀沉降。

一、建筑措施

1. 建筑体型力求简单

建筑平面应少转折。因平面形状复杂的建筑物，如 L 形、T 形、工字形等，在其纵横单元相交处，基础密集，地基中应力集中，该处的沉降往往大于其他部位的沉降，使附近墙体出现裂缝。尤其在建筑平面的突出部位更易开裂(图 7-41 中的虚线表示最易开裂部位)，因此建筑物平面以简单为宜。

若建筑立面有较大高差，由于荷载的差异大，将使建筑物高低相接处产生沉降差而导致轻低部分损坏，所以建筑立面高差不宜悬殊。

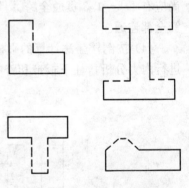

图 7-41 复杂平面的裂缝位置

2. 设置沉降缝

建筑物的下列部位，宜设置沉降缝：

(1) 建筑平面的转折部位；

(2) 高度差异或荷载差异较大处；

(3) 长高比过大的砌体承重结构或钢筋混凝土框架结构的适当部位；

(4) 地基土的压缩性有显著差异处；

(5) 建筑结构或基础类型不同处；

(6) 分期建造房屋的交界处。

沉降缝应从屋面至基础底面将房屋垂直断开，分割成若干独立的刚度较好的单元，形成各自的沉降体系。沉降缝应有足够的宽度，以防止基础不均匀沉降引起房屋碰撞。其缝宽可按表 7-14 选用。

房屋沉降缝的宽度　　　　表 7-14

房屋层数	沉降缝宽度(mm)
二～三	50～80
四～五	80～120
五层以上	不小于 120

基础沉降缝做法根据房屋结构类型及基础类型不同，一般采用悬挑式(图 7-42a、b)、跨越式(图 7-42c)、平行式(图 7-42d)等。对于刚度较大的筏形基础沉降缝做法如图 7-42e 所示。

3. 相邻建筑物基础间的净距

如果相邻建筑物距离太近，由于地基附加应力的扩散作用，会引起相邻建筑物产生附加沉降。在一般情况下，相邻建筑物基础的影响与被影响之间的关系为：重高建筑物基础影响轻低建筑物基础；新建筑物基础影响旧建筑物基础。所以，相邻建筑物基础之间(尤其是在软弱地基上)应保留一定的净距，可按表 7-15 选用。

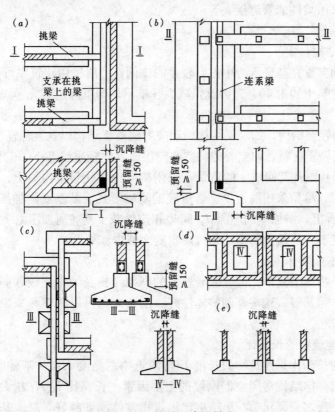

图 7-42　基础沉降缝做法
(a)混合结构沉降缝；(b)柱下条形基础沉降缝；(c)跨越式沉降缝；
(d)偏心基础沉降缝；(e)筏形基础沉降缝

相邻建筑物基础间的净距(m)　　　　　表 7-15

影响建筑的预估平均沉降量 s(mm)	被影响建筑的长高比 $2.0 \leqslant \dfrac{L}{H_f} < 3.0$	$3.0 \leqslant \dfrac{L}{H_f} < 5.0$
70～150	2～3	3～6
160～250	3～6	6～9
260～400	6～9	9～12
>400	9～12	≥12

注：1. 表中 L 为建筑物长度或沉降缝分隔的单元长度(m)；H_f 为自基础底面标高算起的建筑物高度(m)；
　　2. 当被影响建筑的长高比为 $1.5 < L/H_f < 2.0$ 时，其间净距可适当缩小。

相邻高耸结构对倾斜要求严格的构筑物的外墙间隔距离，应根据允许值确定。

4. 控制建筑物标高

建筑物各组成部分的标高，应根据可能产生的不均匀沉降，采取下列相应措施：

(1) 室内地坪和地下设施的标高，应根据预估沉降量予以提高。建筑物各部分(或设备)有联系时，可将沉降较大者标高提高；

(2) 建筑物与设备之间，应留有足够的净空。与建筑物有管道穿过时，应预留孔洞，或采用柔性的管道接头等。

二、结构措施

1. 减轻结构自重

建筑物的自重在基底压力中占有较重的比例，一般民用建筑中可高达60%～70%，工业建筑中约占50%。因此，减少基础不均匀沉降应首先考虑减轻结构的自重。

(1) 选用轻型结构，如轻钢结构，预应力混凝土结构以及各种轻型空间结构；

(2) 采用轻质材料，如空心砖、空心砌块或其他轻质墙等；

(3) 减轻基础及其回填土的重量，采用架空地板代替室内填土、设置半地下室或地下室等，尽量采用覆土少、自重轻的基础形式。从基底附加压力 $p_0 = p - \gamma d$ 公式可以看出，增加基础埋深 d，可以相应地减少基底附加压力 p_0，从而可以减小地基的变形，建筑物的不均匀沉降也随之减少。

2. 加强基础整体刚度

对于建筑物体型复杂，荷载差异较大的框架结构及地基比较软弱时，可采用桩基、筏基、箱基等。这些基础整体性好、刚度大，可以调整和减少基础的不均匀沉降。

3. 控制建筑物的长高比

建筑物的长高比是建筑物的长度 L 与建筑物总高度 H_f(从基础底面算起)之比。它是决定砌体结构房屋空间刚度的主要因素。长高比 L/H_f 越大，建筑物整体刚度越差；反之长高比 L/H_f 越小，建筑物整体刚度越好，对地基的不均匀变形调整能力越强。因此，现行《建筑地基基础设计规范》规定：对于三层和三层以上的房屋，其长高比 L/H_f 宜小于或等于 2.5；当房屋的长高比为 $2.5 < L/H_f$

≤3.0时，宜做到纵墙不转折或少转折，并应控制其内横墙间距或增强基础刚度和强度。当房屋的预估最大沉降量小于或等于120mm时，其长高比可不受限制。

4. 设置圈梁和钢筋混凝土构造柱

墙体内宜设置钢筋混凝土圈梁或钢筋砖圈梁，以增加房屋的整体性，提高砌体结构的抗弯能力，防止或延缓墙体出现裂缝及阻止裂缝开展。

如在墙体转角及适当部位，设置现浇钢筋混凝土构造柱，并用锚筋与墙体拉结，可更有效地提高房屋的整体刚度和抗震能力。

圈梁的设置及构造要求详见有关规定。

三、施工措施

在软弱地基上开挖基槽和砌筑基础时，如果建筑物各部分荷载差异较大，应合理地安排施工顺序。即先施工重高建筑物，后施工轻、低建筑物；或先施工主体部分，再施工附属部分，可调整一部分沉降差。

淤泥及淤泥质土，其强度低渗透性差，压缩性高。因而施工时应注意不要扰动其原状土。在开挖基槽时，可以暂不挖至基底标高，通常在基底保留200mm厚的土层，待基础施工时再挖除。如发现槽底土已被扰动，应将扰动的土挖掉，并用砂、石回填分层夯实至要求的标高。一般先铺一层中粗砂，然后用碎砖、碎石等进行处理。

此外，应尽量避免在新建基础及新建筑物侧边堆放大量土方、建筑材料等地面堆载，应根据使用要求、堆载特点、结构类型、地质条件确定允许堆载量和范围，堆载量不应超过地基承载力特征值。如有大面积填土，宜在基础施工前3个月完成，以减少地基的不均匀变形。

本 章 小 结

本章主要介绍了地基基础设计的基本规定，浅基础类型、构造与受力特点，减少不均匀沉降的措施。重点讨论了基础埋置深度和基础底面尺寸的确定方法，无筋扩展基础和扩展基础的设计方法与构造要求，钢筋混凝土梁板式基础简介。通过本章的学习，应

掌握 各类基础的构造与受力特点，无筋扩展基础、钢筋混凝土条形基础和柱下独立基础的设计计算方法，能进行天然地基上一般浅基础的设计，正确实施各类基础的构造要求。

理解 地基基础的设计原则，基础选型和基础埋置深度的选择，减少不均匀沉降的措施。

了解 其他基础的简化设计要点和地基基础与上部结构共同工作的概念。

实 践 教 学 内 容

题目一、天然地基上浅基础课程设计

1. 目的与意义

浅基础是基础的基本类型，学习掌握浅基础设计又是指导基础施工的重要知识点。学生学完专业课程不等于会做设计，因此就需要通过课程设计来完成这个

理论到实际的过渡，引导学生学好最基本的设计知识。通过训练使学生加深对荷载计算到绘制施工图的整个设计过程的理解，加强本课程与相关课程之间的联系，熟悉构造要求、基础施工图等，培养独立思考，综合运用所学知识，查阅现行规范、标准和有关资料的能力。

2. 内容与要求

天然地基上浅基础设计可以选择一般中小型民用建筑工程项目，进行墙下条形基础设计。结合本地区实际情况编写任务书与指导书，根据已知的上部结构类型、建筑平、立、剖面图，工程做法，工程地质、水文地质、气象等条件，合理确定基础埋深，计算上部荷载，进行基础设计计算，并绘制基础平面图和部分详图，编写必要的说明。

题目二、识读基础施工图

1. 目的与要求

施工图的识读是施工现场工程技术人员必备的职业能力之一。通过对钢筋混凝土基础施工图的识读，掌握识图的基本方法和重点内容，掌握现行规范与平面整体表示方法制图规则和构造详图等，完成理论到实践的过渡，为一出校门就能胜任基础施工工作打下良好的基础。

2. 内容与要求

在指导教师或工程技术人员的指导下，选择一套有代表性的筏形基础或其他梁板式基础施工图，结合建筑地基基础设计规范、建筑地基基础工程施工质量验收规范、平面整体表示方法制图规则和构造详图等，从基础类型、平面布置、埋置深度、底面尺寸、截面尺寸、钢筋布置、构造要求、材料要求、施工注意事项以及特殊处理等方面进行系统的识图训练。熟悉施工中的一般要求，明确关键点，并能和设计要点联系起来。若条件允许，可结合施工现场参观对比加深理解。

复习思考题

1. 影响基础埋深的主要因素有哪些？为什么基底下可以保留一定厚度的冻土层？
2. 在中心荷载及偏心荷载作用下，基础底面积如何确定？当基底面积很大时，宜采用哪一种基础？
3. 无筋扩展基础有哪些类型？主要应满足哪些构造要求？
4. 何谓扩展基础？它们的基础高度如何确定？
5. 减少基础不均匀沉降应采取哪些有效措施？

习 题

7-1 某综合住宅楼底层柱截面尺寸为 300mm×400mm，已知柱传至室内设计标高处的荷载 $F_k=780$kN，$M_k=110$kN·m，地基土为粉质黏土，$\gamma=18$kN/m³，$f_{ak}=165$kPa，承载力修正系数 $\eta_b=0.3$，$\eta_d=1.6$，基础埋深 $d=1.3$m，试确定基础底面积尺寸。

7-2 某承重墙厚度为 370mm，承受上部结构传来轴向力 $F_K=270$kN/m，基础埋深 $d=1.0$m，采用混凝土强度等级 C20、HPB235 钢筋，试验算基础宽度及底板高度，并计算底板钢筋面积（图 7-43）。

7-3 某柱下单独基础底面积尺寸 $l \times b = 4\text{m} \times 2\text{m}$，上部结构传来的轴向力 $F_k = 1100\text{kN}$，基础埋深 $d = 1.5\text{m}$，地基土为黏土（e、I_L 均小于 0.85），重度 $\gamma = 18\text{kN/m}^3$，地基承载力特征值 $f_{ak} = 170\text{kPa}$，试求修正后的地基承载力特征值 f_a，并验算地基承载力是否满足？

7-4 某住宅砖墙承重，外墙厚 0.49m，上部结构传来轴向力 $F_k = 220\text{kN/m}$，基础埋深 $d = 1.6\text{m}$，室内外高差为 0.6m，地基土为粉土，其重度 $\gamma = 18.5\text{kN/m}^3$，经修正后的地基承载力特征值 $f_a = 200\text{kPa}$，基础材料采用毛石，砂浆采用 M5，试设计此墙下条形基础，并绘出基础剖面图形。

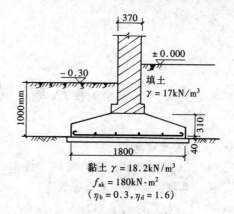

图 7-43 习题 7-2 附图

第八章 桩基础设计

[学习重点]

1. 摩擦型桩、端承型桩、挤土桩、部分挤土桩、非挤土桩、灌注桩、预制桩、单桩、群桩、承台等概念。
2. 桩基础的类型。
3. 单桩承载力和群桩承载力的确定方法。
4. 桩基础的设计内容、方法、步骤。

桩基础是一种发展迅速、应用广泛的基础形式，是岩土工程界非常感兴趣的研究对象。全面深入地掌握桩基础设计，尚需今后专门的学习与研究。在本章的学习中，建议对桩基础的类型、特点、各种类型桩的适用条件、构造要求、荷载传递机理和桩基础设计原理等方面给予足够重视。结合施工技术、质量检验等课程的相关知识，能正确进行桩基础施工。

第一节 概　　述

桩基础，简称桩基，通常由桩体与连接桩顶的承台组成，见图 8-1。当承台底面低于地面以下时，承台称为低桩承台，相应的桩基础称为低承台桩基础，如图 8-1(a)。当承台底面高于地面时，承台称为高桩承台，相应的桩基础称为高承台桩基础，如图 8-1(b)。工业与民用建筑多用低承台桩基础。

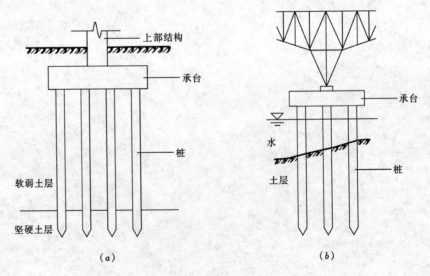

图 8-1　桩基础
(a)低承台桩基础；(b)高承台桩基础

一、桩基础的适用范围

桩基础是建筑物常用的基础形式之一，当建筑场地浅层地基土比较软弱，不能满足建筑物对地基承载力和变形的要求，又不适宜采取地基处理措施时，可考虑选择桩基础，以下部坚实土层或岩层作为持力层。作为基础结构的桩，是将承台荷载(竖向的和水平的)全部或部分传递给地基土(或岩层)的具有一定刚度和抗弯能力的杆件。

桩基础通过承台把若干根桩的顶部联结成整体，共同承受荷载，其结构形式根据上部结构的特点和地质条件选用：在框架结构的承重柱下，或桥梁墩台下，通常借助承台设置若干根桩，构成独立的桩基础；若上部为剪力墙结构，可在墙下设置排桩，因为桩径一般大于剪力墙厚度，故需设置构造性的过渡梁；若承台采用筏板，则在筏板下满堂布桩，或按柱网轴线布桩，使板不承受桩的冲剪，只承受水浮力和有限的土反力；当地下室由具有底板、顶板、外墙和若干纵横内隔墙构成空箱结构时，亦可满堂布桩，或按桩网轴线布桩，由于箱体结构的刚度很大，能有效地调整不均匀沉降，因此这种桩基础适用于任何软弱、复杂的地质条件下的任何结构形式的建筑物。

桩基的主要功能就是将上部结构的荷载传至地下一定深度处密实岩土层，以满足承载力、稳定性和变形的要求。由于桩基础能够承受比较大而且复杂的荷载形式，适宜各种地质条件，因而在对基础沉降有严格要求的高层建筑、重型工业厂房、高耸的构筑物等情况下成为比较理想的基础选型。

桩基础具有较高的承载能力与稳定性，是减少建筑物沉降与不均匀沉降的良好措施，具有良好的抗震性能，且布置灵活，对结构体系、范围及荷载变化等有较强的适应能力。但造价高，施工复杂，打入桩存在振动及噪声等环境问题，灌注桩给场地环境卫生带来影响。

二、桩基础的类型

（一）按承载性状分类

桩在竖向荷载作用下，桩顶部的荷载由桩与桩侧岩土层间的侧阻力和桩端的端阻力共同承担。由于桩侧、桩端岩土的物理力学性质以及桩的尺寸和施工工艺不同，桩侧和桩端阻力的大小以及它们分担荷载的比例有很大差异，据此将桩分为摩擦型桩和端承型桩，如图8-2所示。

（1）摩擦型桩：是指在竖向极限荷载的作用下，桩顶荷载全部或主要由桩侧阻力承受。根据桩侧阻力分担荷载的大小，摩擦型桩可以分为摩擦桩和端承摩擦桩两类。摩擦桩是指桩顶荷载的绝大部分由桩侧阻力承受，桩端阻力小到可以忽略不计的桩。端承摩擦桩是指桩顶荷载由桩侧阻力和桩端阻力共同承担，但大部分由桩侧阻力承受的桩。

（2）端承型桩：是指在竖向极限荷载的作用下，桩顶荷载全部或主要由桩端阻力承受。根据桩端阻力发挥的程度和分担荷载的比例，端承型桩又可分为摩擦端承桩和端承桩两类。桩顶荷载由桩侧阻力和桩端阻力共同承担，但主要由桩端阻力承受的，称其为摩擦端承桩。桩顶荷载绝大部分由桩端阻力承受，桩侧阻力可以小到忽略不计的，称为端承桩。

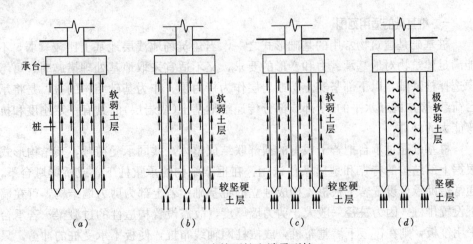

图 8-2 摩擦型桩和端承型桩
(a)摩擦桩；(b)端承摩擦桩；(c)摩擦端承桩；(d)端承桩

（二）按使用功能分类

当上部结构完工后，承台下部的桩不但要承受上部结构传递下来的竖向荷载，还担负着由于风和振动作用引起的水平力和力矩，保证建筑物的安全稳定。根据桩在使用状态下的抗力性能和工作机理，把桩分为四类：

(1) 竖向抗压桩：主要承受竖向荷载的桩；

(2) 竖向抗拔桩：主要承受向上拔荷载的桩；

(3) 水平受荷桩：主要承受水平方向上荷载的桩；

(4) 复合受荷桩：承受竖向、水平向荷载均较大的桩。

（三）按桩身材料分类

桩根据其构成材料的不同分为三类：

(1) 混凝土桩：按制作方法不同又可分为灌注桩和预制桩。在现场采用机械或人工挖掘成孔，就地浇灌混凝土成桩，称为灌注桩。这种桩可在桩内设置钢筋笼以增强桩的强度，也可不配筋。预制桩是在工厂或现场预制成型的混凝土桩，有实心（或空心）方桩、管桩之分。为提高预制桩的抗裂性能和节约钢材可做成预应力桩，为减小沉桩挤土效应可做成敞口式预应力管桩。

(2) 钢桩：主要有钢管桩和 H 形钢桩等。钢桩的抗弯抗压强度均较高，施工方便，但造价高，易腐蚀。

(3) 组合材料桩：是指用两种材料组合而成的桩，如钢管内填充混凝土，或上部为钢管桩而下部为混凝土等形式的桩。

（四）按成桩方法分类

成桩过程对建筑场地内的土层结构有扰动，并产生挤土效应，引发施工环境问题。根据成桩方法和挤土效应将桩划分为非挤土桩、部分挤土桩和挤土桩三类。

(1) 非挤土桩：采用干作业法，泥浆护壁法或套管护壁法施工而成的桩。由于在成孔过程中已将孔中的土体清除掉，故没有产生成桩时的挤土作用；

(2) 部分挤土桩：采用预钻孔打入式预制桩、打入式敞口桩或部分挤土灌注桩。上述成桩过程对桩周土的强度及变形性质会产生一定的影响；

（3）挤土桩：挤土灌注桩（如沉管灌注桩），实心的预制桩在锤击、振入或压入过程中都需将桩位处的土完全排挤开才能成桩，因而使土的结构遭受严重破坏。这种成桩方式还会对场地周围环境造成较大影响，因而事先必须对成桩所引起的挤土效应进行评价，并采取相应的防护措施。

（五）按桩径大小分类

(1) 小桩：$d \leqslant 250$mm；

(2) 中等直径桩：250mm$< d <800$mm；

(3) 大直径桩：$d \geqslant 800$mm。

d——桩身设计直径。

三、桩及桩基础的构造要求

(1) 摩擦型桩的中心距不宜小于桩身直径的 3 倍（见表 8-1）；扩底灌注桩的中心距不宜小于扩底直径的 1.5 倍（见表 8-2）。当扩底直径大于 2m 时，桩端净距不宜小于 1m。在确定桩距时尚应考虑施工工艺中挤土效应等对邻近桩的影响。

桩的最小中心距　　　　表 8-1

土类与成桩工艺		排数不少于3排且桩数不少于9根的摩擦型桩基	其他情况
非挤土和部分挤土灌注桩		$3.0d$	$2.5d$
挤土灌注桩	穿越非饱和土	$3.5d$	$3.0d$
	穿越饱和软土	$4.0d$	$3.5d$
挤土预制桩		$3.5d$	$3.0d$
打入式敞口管桩和 H 形钢桩		$3.5d$	$3.0d$

注：d——桩身设计直径。

灌注桩扩底端最小中心距　　　　表 8-2

成桩方法	最小中心距
钻、挖孔灌注桩	$1.5D$ 或 $D+1$m（当 $D>2$m 时）
沉管夯扩灌注桩	$2.0D$

注：D——扩大端设计直径。

(2) 扩底灌注桩的扩底直径，不应大于桩身直径的 3 倍。

(3) 桩底进入持力层的深度，根据地质条件、荷载及施工工艺确定，宜为桩身直径的 1~3 倍。在确定桩底进入持力层深度时，尚应考虑特殊土、岩溶以及震陷液化等影响。嵌岩灌注桩周边嵌入完整和较完整的未风化、微风化、中风化硬质岩体的最小深度，不宜小于 0.5m。

(4) 布置桩位时宜使桩基承载力合力点与竖向荷载标准组合合力作用点重合。

(5) 预制桩的混凝土强度等级不应低于 C30；灌注桩不应低于 C20；预应力桩不应低于 C40。

(6) 桩的主筋应经计算确定。打入式预制桩的最小配筋率不宜小于 0.8%；静压预制桩的最小配筋率不宜小于 0.6%；灌注桩的最小配筋率不宜小于 0.2%~

0.65%（小直径桩取大值）；

（7）配筋长度：

1）受水平荷载和弯矩较大的桩，配筋长度应通过计算确定。

2）桩基承台下存在淤泥、淤泥质土或液化土层时，配筋长度应穿过淤泥、淤泥质土或液化土层。

3）坡地岸边的桩、8度及8度以上的地震区的桩、抗拔桩、嵌岩端承桩应通长配筋。

4）桩径大于600mm的钻孔灌注桩，构造钢筋的长度不宜小于桩长的2/3。

（8）桩顶嵌入承台内的长度不宜小于50mm。主筋伸入承台内的锚固长度不宜小于钢筋直径的30倍（HPB235级）和钢筋直径的35倍（HRB335级、HRB400级）。对于大直径灌注桩，当采用一柱一桩时，可设置承台或将桩和柱直接连接。柱纵筋插入桩身的长度应满足锚固长度的要求。

（9）承台及地下室周围的回填中，应满足填土密实性的要求。

第二节 桩的承载力

一、单桩竖向承载力

外荷载作用下，桩基础破坏大致可分为两类：①桩的自身材料强度不足，发生桩身被压碎而丧失承载力的破坏；②地基土对桩支承能力不足而引起的破坏。通常桩的承载力由地基土对桩的支承能力控制，桩身材料的强度得不到充分发挥，但对于端承桩，超长桩或桩身有缺陷的桩，桩身材料的强度就起着控制作用。另外，对沉降有特殊要求的结构，桩的承载力受沉降量的控制。

单桩竖向承载力特征值的确定应符合下列规定：

（1）单桩竖向承载力特征值应通过单桩竖向静载荷试验确定。在同一条件下的试桩数量，不宜少于总桩数的1%，且不应少于3根。

当桩端持力层为密实砂卵石或其他承载力类似的土层时，对单桩承载力很高的大直径端承型桩，可采用深层平板载荷试验确定桩端土的承载力特征值。

（2）地基基础设计等级为丙级的建筑物，可采用静力触探及标贯试验参数确定承载力特征值。

（3）初步设计时，单桩竖向承载力特征值可按公式估算。

（一）静载试验法

1. 试验目的

在建筑工程现场实际工程地质条件下用与设计采用的工程桩规格尺寸完全相同的试桩，进行静载荷试验，直至加载破坏，确定单桩竖向极限承载力，并进一步计算出单桩竖向承载力特征值。

2. 试验准备

（1）在工地选择有代表性的桩位，将与设计工程桩完全相同截面与长度的试桩，沉至设计标高。

（2）根据工程的规模、试桩的尺寸、地质情况、设计采用的单桩竖向承载力及经费情况确定加载装置。

(3) 筹备荷载与沉降的量测仪表。

(4) 从成桩到试桩需间歇的时间。在桩身强度达到设计要求的前提下，对于砂类土不应少于10d；对于粉土和一般性黏土不应少于15d；对于淤泥或淤泥质土中的桩，不应少于25d。用以消散沉桩时产生的孔隙水压力和触变等影响，反映真实的桩的端承力与桩侧摩擦力的大小。

3. 试验加载装置

一般采用油压千斤顶加载，千斤顶反力装置常用下列形式：

(1) 锚桩横梁反力装置，见图8-3(a)。试桩与两端锚桩的中心距不小于4倍桩径，且不小于2.0m，如果采用工程桩作为锚桩时，锚桩数量不得少于4根，并应检测试验过程中锚桩的上拔量。

(2) 压重平台反力装置，见图8-3(b)。压重平台支墩边到试桩的净距不应小于4倍桩径，并大于2.0m。压重量不得少于预计试桩荷载的1.2倍。

(3) 锚桩压重联合反力装置。当试桩最大加载量超过锚桩的抗拔能力时，可在横梁上放置一定重物，由锚桩和重物共同承担反力。

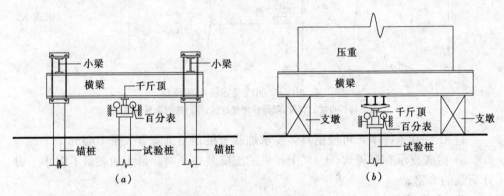

图8-3 单桩静载荷试验的装置
(a)锚桩横梁反力式；(b)压重平台反力式

4. 荷载与沉降的量测：

桩顶荷载量测有两种方法：

(1) 在千斤顶上安置应力环和应变式压力传感器直接测定，或采用连于千斤顶上的压力表测定油压，根据千斤顶率定曲线换算荷载。

(2) 试桩沉降量测一般采用百分表或电子位移计。对于大直径桩应在其2个正交直径方向对称安装4个百分表；中小直径桩径可安装2～3个百分表。

5. 静载荷试验要点：

(1) 加载采用慢速维持荷载法，即逐级加载。加荷分级不应小于8级，每级加载量为预估极限荷载的1/8～1/10。

(2) 测读桩沉降量的间隔时间：每级加载后，第5min、10min、15min时各测读一次，以后每隔15min读一次，累计1h后每隔30min读一次。

(3) 沉降相对稳定标准：在每级荷载下，桩的沉降量连续2次在每小时内小于 0.1mm 时可视为稳定。

(4) 终止加载条件。符合下列条件之一时可终止加载：

1) 当荷载-沉降(Q-s)曲线上有可判定极限承载力的陡降段，且桩顶总沉降量超过 40mm，如图 8-4(a)所示；

2) $\dfrac{\Delta s_{n+1}}{\Delta s_n} \geqslant 2$，且经 24h 尚未达到稳定，如图 8-4($b$)所示；

式中 Δs_n——第 n 级荷载的沉降增量；

Δs_{n+1}——第 $n+1$ 级荷载的沉降增量。

3) 25m 以上的嵌岩桩，曲线呈缓变型时，桩顶总沉降量 60~80mm，如图 8-4(c)所示；

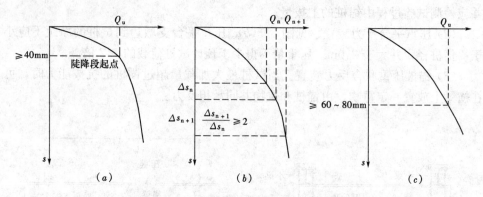

图 8-4 由 Q-s 曲线确定极限荷载 Q
(a)明显转折点法；(b)沉降荷载增量比法；(c)按沉降量取值法

4) 在特殊条件下，可根据具体要求加载至桩顶总沉降量大于 100mm；

5) 桩底支承在坚硬岩(土)层上，桩的沉降量很小时，最大加载量不应小于设计荷载的 2 倍。

(5) 卸载观测的规定：每级卸载值为加载值的 2 倍。卸载后隔 15min 测读一次，读 2 次后，隔 30min 再读一次，即可卸下一级荷载。全部卸载后，隔 3~4 小时再测读一次。

6. 单桩竖向极限承载力的确定

单桩竖向极限承载力按下列方法确定：

(1) 作荷载-沉降(Q-s)曲线和其他辅助分析所需的曲线；

(2) 当陡降段明显时，取相应于陡降段起点的荷载值；

(3) 当 $\dfrac{\Delta s_{n+1}}{\Delta s_n} \geqslant 2$，且经 24h 尚未达到稳定时，取前一级荷载值；

(4) (Q-s)曲线呈缓变形时，取桩顶总沉降量 $s=40$mm 所对应的荷载值，当桩长大于 40m 时，宜考虑桩身的弹性压缩；

(5) 当按上述方法判断有困难时，可结合其他辅助分析方法综合判定，对桩基沉降在特殊要求者，应根据具体情况选取。

7. 单桩竖向承载力特征值的确定

参加统计的试桩，当满足其极差不超过平均值的 30% 时，可取其平均值为单桩竖向极限承载力。极差超过平均值的30%时，宜增加试桩数量并分析离差过大的原因，结合工程具体情况确定极限承载力。

对桩数为3根及3根以下的柱下桩台，取最小值作为单桩竖向承载力极限值。

将单桩竖向极限承载力极限值除以安全系数2，为单桩竖向承载力特征值 R_a。

（二）静力触探法

静力触探法依单桥探头和双桥探头而分为两种。本书仅以后者为例进行简要说明。

根据双桥探头静力触探资料确定混凝土预制桩单桩竖向极限承载力标准值时，对于黏性土、粉土和砂土，如无当地经验时可按下式计算：

$$Q_{uk}=u\Sigma L_i\beta_i f_{si}+\alpha q_c A_p \quad (8-1)$$

式中 f_{si}——桩侧第 i 层土的探头摩阻力平均值，当其值小于5kPa时，可取为5kPa；

q_c——桩端平面上、下的探头阻力平均值，取桩端平面以上 $4d$（d 为桩的直径或边长）范围内按土层厚度加权的探头阻力平均值，然后再与桩端平面以下 $1d$ 范围内的探头阻力进行平均；

α——桩端阻力修正系数，对黏性土、粉土取0.67，饱和砂土取0.5；

β_i——第 i 层土桩侧摩阻力综合修正系数，按下式计算：

黏性土、粉土 $\qquad \beta_i = 10.04(f_{si})^{-0.55}$

砂土 $\qquad \beta_i = 5.05(f_{si})^{-0.45}$

双桥探头的圆锥底面积为15cm²，锥角60°，摩擦套筒高21.85cm，侧面积300cm²。

（三）按公式估算

静力学公式是根据桩侧摩阻力、桩端阻力与土层的物理力学状态指标的经验关系来确定单桩竖向承载力。这种方法可用于初估单桩承载力特征值及桩数，在各地区各部门均有大量应用。

1. 按单桩极限承载力确定单桩承载力特征值

先建立土层的物理力学状态指标与桩极限侧摩阻力、极限桩端力的经验关系为

$$Q_{uk} = Q_{sk} + Q_{pk} = u_p\Sigma q_{sik}l_i + q_{pk}A_p \quad (8-2)$$

式中 Q_{uk}——单桩竖向极限承载力标准值；

q_{sik}——桩侧第 i 层土的极限侧阻力标准值，如无当地经验值时，可按表8-3取值；

q_{pk}——极限端阻力标准值，如无当地经验值时，可按表8-5取值；

A_p——桩底端横截面面积；

u_p——桩身周边长度；

l_i——第 i 层岩土的厚度。

单桩承载力特征值 R_a 可按下式求得

$$R_a = Q_{uk}/k \quad (8-3)$$

式中 k 值一般可取2.0。

桩的极限侧阻力标准值 q_{sk} (kPa) 表 8-3

土的名称	土的状态	混凝土预制桩	水下钻(冲)孔桩	沉管灌注桩	干作业钻孔桩
填 土		20~28	18~26	15~22	18~26
淤 泥		11~17	10~16	9~13	10~16
淤泥质土		20~28	18~26	15~22	18~26
黏性土	$I_L>1$	21~36	20~34	16~28	20~34
	$0.75<I_L\leqslant 1$	36~50	34~48	28~40	34~48
	$0.50<I_L\leqslant 0.75$	50~66	48~64	40~52	48~62
	$0.25<I_L\leqslant 0.5$	66~82	64~78	52~63	62~76
	$0<I_L\leqslant 0.25$	82~91	78~88	63~72	76~86
	$I_L\leqslant 0$	91~101	88~98	72~80	86~96
红黏土	$0.7<\alpha_w\leqslant 1$	13~32	12~30	10~25	12~30
	$0.5<\alpha_w\leqslant 0.7$	32~74	30~70	25~68	30~70
粉 土	$e>0.9$	22~44	22~40	16~32	20~40
	$0.75\leqslant e\leqslant 0.9$	42~64	40~60	32~50	40~60
	$e<0.75$	64~85	60~80	50~67	60~80
粉细砂	稍密	22~42	22~40	16~32	20~40
	中密	42~63	40~60	32~50	40~60
	密实	63~85	60~80	50~67	60~80
中 砂	中密	54~74	50~72	42~58	50~70
	密实	74~95	72~90	58~75	70~90
粗 砂	中密	74~95	74~95	58~75	70~90
	密实	95~116	95~116	75~92	90~110
砾 砂	中密、密实	116~138	116~135	92~110	110~130

注：1. 对于尚未完成自重固结的填土和以生活垃圾为主的杂填土，不计算其侧阻力；
2. α_w 为含水比，$\alpha_w=w/w_L$；
3. 对于预制桩，根据土层埋深 h，将 q_{sk} 乘以表 8-4 修正系数。

表 8-4

土层埋深 h (m)	≤5	10	20	≥30
修正系数	0.8	1.0	1.1	1.2

桩的极限端阻力标准值 q_{pk} (kPa) 表 8-5

土名称	桩型 土的状态	预制桩入土深度 (m)				水下钻(冲)孔桩入土深度 (m)				沉管灌注桩入土深度 (m)				干作业钻孔桩入土深度 (m)		
		$h\leqslant 9$	$9<h\leqslant 16$	$16<h\leqslant 30$	$h>30$	5	10	15	$h>30$	5	10	15	>15	5	10	15
黏性土	$0.75<I_L\leqslant 1$	210~840	630~1300	1100~1700	1300~1900	100~150	150~250	250~300	300~450	400~600	600~750	750~1000	1000~1400	200~400	400~700	700~950
	$0.50<I_L\leqslant 0.75$	840~1700	1500~2100	1890~2500	2300~3200	200~300	350~450	450~550	550~750	670~1100	1200~1500	1500~1800	1800~2000	420~630	740~950	950~1200
	$0.25<I_L\leqslant 0.50$	1500~2300	2300~3000	2700~3600	3600~4400	400~500	700~800	800~900	900~1000	1300~2200	2300~2700	2700~3500	3000~3500	850~1100	1500~1700	1700~1900
	$0<I_L\leqslant 0.25$	2500~3800	3800~5100	5100~5900	5900~6800	750~850	1000~1200	1200~1400	1400~1600	2500~2900	3500~3900	4000~4500	4200~5000	1600~1800	2200~2400	2600~2800

续表

土名称	桩型 土的状态	预制桩入土深度(m)				水下钻(冲)孔桩入土深度(m)				沉管灌注桩入土深度				干作业钻孔桩入土深度(m)		
		$h\leq 9$	$9<h\leq 16$	$16<h\leq 30$	$h>30$	5	10	15	$h>30$	5	10	15	>15	5	10	15
粉土	$0.75<e\leq 0.90$	840~1700	1300~2100	1900~2700	2500~3400	250~350	300~500	450~650	650~850	1200~1600	1600~1800	1800~2100	2100~2600	600~1000	1000~1400	1400~1600
	$e\leq 0.75$	1500~2300	2100~3000	2700~3600	3600~4400	550~800	650~900	750~1000	850~1000	1800~2200	2200~2500	2500~3000	3000~3500	1200~1700	1400~1900	1600~2100
粉砂	稍密	800~1600	1500~2100	1900~2500	2100~3000	200~400	350~500	450~600	550~700	800~1300	1300~1800	1800~2000	2000~2400	500~900	1000~1400	1500~1700
	中密、密实	1400~2200	2100~3000	2500~3800	3800~4600	350~500	550~800	700~900	900~1100	1300~1700	1800~2400	2400~2800	2800~3600	850~1000	1500~1700	1700~1900
细砂		2500~3800	3600~4800	4400~5700	5300~6500	550~650	750~1000	1000~1200	1200~1500	1800~2200	2200~3400	3500~3900	4000~4900	1200~1400	1900~2100	2200~2400
中砂	中密、密实	3600~5100	5100~6300	6300~7200	7000~8000	850~950	1300~1400	1600~1900	1700~2000	2300~3200	4400~5000	5200~5500	5500~7000	1800~2000	2800~3000	3300~3500
粗砂		5700~7400	7400~8400	8400~9500	9500~10300	1400~1500	2000~2200	2300~2400	2300~2500	4500~5000	6700~7200	7700~8200	8400~9000	2900~3200	4200~4600	4900~5200
砾砂		6300~10500				1500~2500				5000~8400				3200~5300		
角砾	中密、密实	7400~11600				1800~2800				5900~9200						
圆砾 碎石		8400~12700				2000~3000				6700~10000						

注：1. 砂土和碎石类土中桩的极限端阻力取值，要综合考虑土的密实度，桩端进入持力层的深度比 h_b/d，土愈密实，h_b/d 愈大，取值愈高。
2. 表中沉管灌注桩系指带预制桩尖沉管灌注桩。

2. 直接建立土层的物理力学状态指标与单桩承载力特征值的关系

初步设计时单桩竖向承载力特征值可按下式估算

$$R_a = q_{pa}A_p + u_p\Sigma q_{sia}l_i \tag{8-4}$$

式中 R_a——单桩竖向承载力特征值；

q_{pa}，q_{sia}——桩端端阻力、桩侧阻力特征值，由当地静载荷试验结果统计分析算得；

A_p——桩底端横截面面积；

u_p——桩身周边长度；

l_i——第 i 层岩土的厚度。

当桩端嵌入完整及较完整的硬质岩中时，可按下式估算单桩竖向承载力特征值：

$$R_a = q_{pa}A_p \tag{8-5}$$

式中 q_{pa}——桩端岩石承载力特征值。

(四) 桩身材料验算

根据桩身结构强度确定单桩竖向承载力，将桩视为一轴向受压构件，按《混凝土结构设计规范》或《钢结构设计规范》进行计算。如钢筋混凝土桩的竖向抗压承载力设计值可按下式计算：

$$Q = \varphi(f_c A + f_y A_s) \tag{8-6}$$

式中　Q——相应于荷载效应基本组合时的单桩竖向承载力设计值；

　　　f_c——桩身混凝土轴心抗压设计强度；考虑预制桩运输及沉桩施工的影响，灌筑桩成孔及水下浇筑混凝土质量情况，设计应按规范规定的强度值做适当折减；

　　　f_y——钢筋抗压强度设计值；

　　　A——桩身断面积；

　　　A_s——桩身纵筋断面积。

φ 为桩纵向弯曲系数，对于低承台桩除极软土层中桩长与桩径之比很大或深厚可液化土层内的桩以外，一般取 $\varphi=1.0$；对于高承台桩，一般可取 $\varphi=0.25\sim1.0$。

混凝土桩的承载力尚应满足桩身混凝土强度的要求。计算中应按桩的类型和成桩工艺的不同将混凝土的轴心抗压强度设计值乘以工作条件系数 ψ_c，桩身强度应符合下式要求：

桩轴心受压时，

$$Q \leqslant A_p f_c \psi_c \tag{8-7}$$

式中　f_c——混凝土轴心抗压强度设计值，按现行《混凝土结构设计规范》取值；

　　　Q——相应于荷载效应基本组合时的单桩竖向承载力设计值；

　　　A_p——桩身横截面积；

　　　ψ_c——工作条件系数，预制桩取 0.75，灌注桩取 0.6~0.7（水下灌注桩或长桩时用低值）。

【**例 8-1**】　根据静载荷试验结果确定单桩的竖向承载力。

条件：某工程为混凝土灌注桩。

在建筑场地现场已进行的 3 根桩的静载荷试验（$\phi377$ 的振动沉管灌注桩），其报告提供根据有关曲线确定桩的极限承载力标准值分别为 590kN、605kN、620kN。

要求：确定单桩竖向极限承载力特征值 R_a。

【**解**】　由静载荷试验得出单桩的竖向极限承载力，三次试验的平均值为

$Q_{um} = [(590+605+620)/3] = 605\text{kN}$

极差 $= 620 - 590 = 30\text{kN} < 605 \times 30\%$
$= 181.5\text{kN}$

故取 $Q_{uk} = Q_{um} = 605\text{kN}$

$R_a = Q_{uk}/2 = 605/2 = 302.5\text{kN}$

【**例 8-2**】　单根灌注桩的竖向承载力计算。

条件：如图 8-5 所示，某建筑场地，根据工程地质勘察，有关土的物理力学性质指标见表 8-6 所示，拟建建筑物为 8 层住宅楼，确定基础形式为混凝土灌注桩，桩管采用 $\phi377$。选

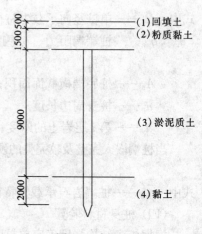

图 8-5　例 8-2 附图

择黏土层作为持力层，桩尖进入持力层深度不小于1m，桩顶的承台厚度1.0m，承台顶面距地表1.0m，桩长11m，桩的入土深度13m。土的有关物理力学性质指标见表8-6。

土的物理力学性质指标　　　　　　　　表8-6

土层名称	厚度(m)	$\gamma(kN/m^3)$	$W(\%)$	e	I_p	I_l	$E_s(MPa)$
回填土	0.5	18					
粉质黏土	1.5	19	26.2	0.8	12	0.6	8.5
淤泥质土	9.0	16.4	74	2.09	21.3	2.55	2.18
黏　　土	>7.0	20.8	17.5	0.50	20	0.26	13

要求：确定基桩的竖向承载力。

【解】　$Q_{uk} = Q_{sk} + Q_{pk} = u\Sigma q_{sik} l_i + q_{pk} A_p$

其中　　　　　　　$u = 3.14 \times 0.377 = 1.18m$

$A_p = 3.14 \times 0.377^2 / 4 = 0.111 m^2$

由于淤泥质土 $e=2.09$，取 $q_{sik}=15kPa$

黏土 $I_L=0.26$，可塑，取 $q_{sik}=60kPa$，$q_{pk}=2700kPa$

则　　　　$Q_{uk} = [1.18 \times (9 \times 15 + 2 \times 60) + 0.111 \times 2700]$

$= (300.9 + 299.7)$

$= 600.6 kN$

基桩的竖向承载力特征值

$R_a = Q_{uk}/k = 600.6/2 = 300.3 kN$

二、单桩水平承载力

根据桩的入土深度、桩土相对软硬程度以及桩受力分析方法，桩可分为长桩、中长桩与短桩三种类型，其中短桩为刚性桩，而长桩及中长桩属于弹性桩。

作用于桩基上的水平荷载主要有挡土结构物上的土压力、水压力、拱结构拱脚水平推力、厂房吊车制动力、风力及水平地震惯性力等。水平荷载作用下桩身的水平位移按刚性桩与弹性桩考虑有较大差别，当地基土比较松软而桩长较小时，桩的相对抗弯刚度大，故桩体如刚性体一样绕桩体或土体某一点转动，如图8-6(a)所示。当桩前方土体受到桩侧水平挤压应力作用而达到屈服破坏时，桩体的侧向变形迅速增大甚至倾覆，失去承载作用。图8-6(b)所示为弹性桩的受力变形情况。这种情况下，桩的入土深度较大而桩周土比较硬，桩身产生弹性挠曲变形。随着水平荷载的增加，桩侧土的屈服由

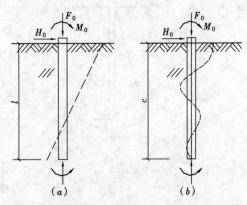

图8-6　单桩水平受力与变形情况
(a)刚性桩；(b)弹性桩

上向下发展,但不会出现全范围内的屈服。当水平位移过大时,可因桩体开裂而造成破坏。

单桩水平承载力取决于桩的材料与断面尺寸、入土深度、土质条件及桩顶约束条件等因素。单桩极限水平承载力特征值应满足两方面条件,即①桩侧土不因为水平位移过大而造成塑性挤出、丧失对桩的水平约束作用,故桩的水平位移应较小,使桩长范围内大部分桩侧土处于弹性变形阶段;②对于桩身而言,或不允许开裂、或限制开裂宽度并在卸载后裂缝闭合,使桩身处于弹性工作状态。

桩的水平承载力一般通过现场载荷试验确定,亦可用理论方法估算。

三、单桩抗拔承载力

桩基础承载受上拔力的结构类型较多,主要有高压输电线路铁塔、高耸建筑物(如电视塔等)、受地下水浮力的地下结构物(如地下室、水池、深井泵房、车库等)、水平荷载作用下出现上拔力的结构物以及膨胀土地基上建筑物等。

一般来讲,桩在承受上拔荷载后,其抗力可来自三个方面,桩侧摩阻力、桩重以及有扩大端头桩的桩端阻力。其中对直桩来讲,桩侧摩阻力是最主要的。抗拔桩一般以抗拔静载试验确定单桩抗拔承载力,重要工程均应进行现场抗拔试验。对次要工程或无条件进行抗拔试验时,实用上可按经验公式估算单桩抗拔承载力。

四、群桩竖向承载力

(一)群桩的特点

当建筑物上部荷载远大于单桩承载力时,通常由多根桩组成群桩共同承受上部荷载,群桩的受力情况与承载力计算是否与单桩完全相同,由图8-7加以说明。

图8-7(a)为单桩受力情况,桩顶轴向荷载 N 由桩端阻力与桩周摩擦力共同承受。图8-7(b)为群桩受力情况,同样每根桩的桩顶轴向荷载由桩端阻力和桩周摩擦力共同承受,但因桩距小,桩间摩擦力不能充分发挥作用,同时在桩端产生应力叠加,因此群桩的承载力小于单桩承载力与桩数的乘积。

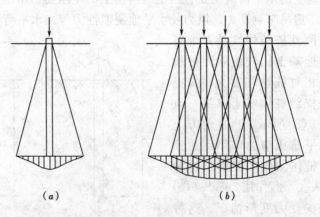

图 8-7 摩擦桩应力传递

群桩承载力验算应按荷载效应标准组合取值与承载力特征值进行比较。

除了端承桩基之外,对于群桩效应较强的桩基,应验算群桩的地基承载力和软弱下卧层的地基承载力,可把桩群连同所围土体作为一个实体深基础来分析。其计算图式如图8-8 所示。假定群桩基础的极限承载力等于沿桩群外侧倾角扩散至桩端平面所围成面积内地基土极限承载力的总和。

在中心竖直荷载作用时,按下式计算桩底土的地基强度:

$$p_{l+h}=\gamma(l+h)+\frac{N_k+G_k+W_k}{ab}\leqslant f_{az} \qquad (8-8)$$

式中 p_{l+h}——桩端平面处地基土的总压力值;

l、h——桩长和承台的埋置深度;

N_k——相应于荷载效应标准组合时,作用于桩基承台的竖向总荷载;

G_k——桩承台的超重(指超过同体积土重部分);

W_k——桩体的超重(指超过被其取代的土重部分);

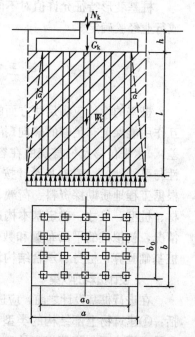

图8-8 群桩基础地基强度验算

f_{az}——桩端持力层顶面处经深度修正后的地基承载力特征值;

a、b——桩端平面计算受力面积的边长;

$$a=a_0+2l\tan\frac{\varphi}{4} \qquad b=b_0+2l\tan\frac{\varphi}{4}$$

φ——桩端平面以上各土层内摩擦角的平均值。

在计算时,地下水位以下应扣除浮力,若桩端持力层为不透水层,则不应扣除浮力。

(二)桩基软弱下卧层验算

当桩端持力层下存在软弱下卧层时,必须验算其强度是否满足。此时桩基作为实体深基础,假设作用于桩基的竖向荷载全部传到持力层顶面并作用于桩群外包线所围的面积上,该荷载以 α 角扩散到软弱下卧层顶面,对软弱下卧层顶面处的承载能力进行验算。

(三)群桩沉降的计算及变形验算

现有群桩沉降计算方法主要有以下两类:①实体深基础法;②明德林——盖得斯法。详见有关资料。

桩基变形验算,应采用荷载效应准永久组合,不计入风荷载与地震作用。

对于各种桩基础,其变形主要有四种类型,即沉降量、沉降差、倾斜及水平侧移。这些变形特征均应满足结构物正常使用所确定的限量值要求,即

$$\Delta \leqslant [\Delta] \qquad (8-9)$$

式中 Δ——桩基变形特征计算值;

$[\Delta]$——桩基变形特征允许值。

桩基变形特征允许值对不同的结构物类型以及不同地区可有差异，应按地区或行业经验确定。

第三节 桩基础设计

桩基的设计应满足两方面的要求：①在外荷载的作用下，桩与地基之间的相互作用能保证有足够的竖向（抗拔或抗压）或水平承载力；②桩基的沉降（或沉降差）、水平位移及桩身挠曲在容许范围内。同时，还应考虑技术和经济上的合理性与可能性。一般桩基设计按下列步骤进行：调查研究、收集相关的设计资料；根据工程地质勘探资料、荷载、上部结构的条件要求等确定桩基持力层；选定桩材、桩型、尺寸、确定基本构造；计算并确定单桩承载力；根据上部结构及荷载情况，初拟桩的平面布置和数量；根据桩的平面布置拟定承台尺寸和底面高程；桩基础验算；桩身、承台结构设计；绘制桩基（桩和承台）的结构施工图。

一、设计资料的收集

在进行桩基设计之前，应进行深入的调查研究，充分掌握相关的原始资料，包括：①建筑物上部结构的类型、尺寸、构造和使用要求，以及上部结构的荷载；②符合国家现行规范规定的工程地质勘探报告和现场勘察资料；③当地建筑材料的供应及施工条件（包括沉桩机具、施工方法、施工经验等）；④施工场地及周围环境（包括交通、进出场条件、有无对振动敏感的建筑物、有无噪声限制等）。

二、桩型、桩断面尺寸及桩长的选择

（一）桩型的选择

桩型的选择应综合考虑上部结构荷载的大小及性质、工程地质条件、施工条件等多方面因素，选择经济合理、安全适用的桩型和成桩工艺，充分利用各桩型的特点来适应建筑物的安全、经济及工期等方面的要求。

（二）断面尺寸的选择

如采用混凝土灌注桩、断面尺寸均为圆形，其直径一般随成桩工艺有较大变化。对于沉管灌注桩，直径一般为 300～500mm 之间；对钻孔灌注桩，直径多为 500～1200mm；对扩底钻孔灌注桩，扩底直径一般为桩身直径的 1.5～2 倍。混凝土预制桩断面常用方形，边长一般不超过 550mm。

（三）桩长的选择

桩长的选择与桩的材料，施工工艺等因素有关，但关键在于选择桩端持力层。一般应选择较硬土层作为桩端持力层。桩端全截面进入持力层的深度，对于黏性土、粉土，不宜小于 $2d$；对于砂土，不宜小于 $1.5d$；对于碎石类土，不宜小于 $1d$。当存在软弱下卧层时，桩基以下硬持力层厚度不宜小于 $4d$。嵌岩桩周边嵌入微风化或中等风化岩体的最小深度为 0.5m，桩底以下 3 倍桩径范围内应无软弱夹层、断裂带、洞穴或空隙，在桩端应力扩散的范围内无岩体临空现象。摩擦桩桩长的确定与桩基的承载力和沉降量有关，因此，在确定桩长时，应综合考虑桩基的承载力和沉降量。桩的实际长度应包括桩尖及嵌入承台的长度。桩端下土层的厚度对保证桩端提供可行的承载力有重要意义。桩端下坚硬土层的厚度

一般不宜小于 5 倍桩径。

在选择桩长时还应该注意对同一建筑物尽量采用同一类型的桩,尤其不应同时使用端承桩和摩擦桩。除落于斜岩面上的端承桩外,桩端标高之差不宜超过相邻桩的中心距;对于摩擦型桩,在相同土层中不宜超过桩长的 1/10。

对于楼层高、荷载大的建筑物,宜采用大直径桩,尤其是大直径人工挖孔桩较为经济实用。

如已选择的桩长不能满足承载力或变形等方面的要求,可考虑适当调整桩的长度,必要时需调整桩型、断面尺寸及成桩工艺等。

三、确定单桩承载力

根据结构物对桩功能要求及荷载特性,需明确单桩承载力的类型,如抗压、抗拔及水平受荷等,并根据确定承载力的具体方法及有关规范要求给出单桩承载力特征值。按照上部结构和使用功能的要求可以确定承台底面的埋深,而桩的持力层和入土深度已经选定,于是桩的有效长度便确定了。根据桩周与桩底土层情况,即可利用规范经验方法或静力触探资料初步估算单桩承载力。对于重要的或用桩量很大的工程,应按规范规定通过一定数量的静载试验确定单桩承载力,作为设计的依据。

四、桩的数量计算及桩的平面布置

(一) 桩的数量计算

对于承受竖向中心荷载的桩基,可按下式计算桩数 n:

$$n \geqslant \frac{F_k + G_k}{R_a} \tag{8-10}$$

式中　F_k——相应于荷载效应标准组合时,作用于桩基承台顶面的竖向力;

　　　G_k——桩基承台自重及承台上土自重标准值;

　　　R_a——单桩竖向承载力特征值;

　　　n——桩基中的桩数。

对于承受竖向偏心荷载的桩基,各桩受力不均匀,先按下式估算桩数,待桩布置完以后,再根据实际荷载(复合荷载)确定受力最大的桩并验算其竖向承载力,最后确定桩数。

$$n \geqslant \mu \frac{F_k + G_k}{R_a} \tag{8-11}$$

式中　μ——桩基偏心增大系数,通常取 1.1~1.2。

(二) 桩的平面布置

1. 桩的中心距

通常桩的中心距宜取 $(3\sim4)d$(桩径),且不小于表 8-1 有关要求。中心距过小,桩施工时互相影响大;中心距过大,桩承台尺寸太大,不经济。

2. 桩的平面布置

根据桩基的受力情况,桩可采用多种形式的平面布置。如等间距布置、不等间距布置,以及正方形、矩形网格,三角形、梅花形等布置形式。布置时,应尽量使上部荷载的中心与桩群的中心重合或接近,以使桩基中各桩受力比较均匀。

对于柱基,通常布置梅花形或行列式;对于条形基础,通常布置成一字形,小型工程一排桩,大中型工程两排桩;对于烟囱、水塔基础,通常布置成圆环形。桩离桩承台边缘的净距应不小于 $d/2$。

五、桩基础验算

(一)单桩受力验算

1. 轴心竖向力作用下

$$Q_k = \frac{F_k + G_k}{n} \leqslant R_a \tag{8-12}$$

式中　F_k——相应于荷载效应标准组合时,作用于桩基承台顶面的竖向力;
　　　G_k——桩基承台自重及承台上土自重标准值;
　　　n——桩基中的桩数;
　　　Q_k——相应于荷载效应标准组合轴心竖向力作用下任一单桩的竖向力;
　　　R_a——单桩竖向承载力特征值。

2. 偏心竖向力作用下

桩基偏心受压时,各桩桩顶轴压力为

$$Q_{ik} = \frac{F_k + G_k}{n} \pm \frac{M_{xk} y_i}{\Sigma y_i^2} \pm \frac{M_{yk} x_i}{\Sigma x_i^2} \tag{8-13}$$

式中　Q_{ik}——相应于荷载效应标准组合偏心竖向力作用下第 i 根桩的竖向力;
M_{xk}、M_{yk}——相应于荷载效应标准组合时作用于承台底面通过桩群形心的 x、y 轴的力矩;
　x_i、y_i——桩 i 至桩群形心的 y、x 轴线的距离。

在 Q_{ik} 中的最大值 Q_{ikmax},应满足下式

$$Q_{ikmax} \leqslant 1.2 R_a \tag{8-14}$$

若不能满足上式要求,则需重新确定桩的数量 n,并进行验算,直至满足要求为止。

一般情况下,Q_{ik} 中的最小值 Q_{ikmin} 若为拉力,则有

$$Q_{ikmin} \leqslant T_a \tag{8-15}$$

式中　T_a——单桩抗拔承载力特征值。

3. 桩基承受水平荷载时,桩基中各桩桩顶水平位移相等,故各桩桩顶所受水平荷载可按各桩弯曲刚度进行分配。当桩材料与断面面积相同时,应满足下式要求

$$H_{ik} = \frac{H_k}{n} \leqslant R_{ha} \tag{8-16}$$

式中　H_k——相应于荷载效应标准组合时,作用于承台底面的水平力;
　　　H_{ik}——相应于荷载效应标准组合时,作用于任一单桩的水平力;
　　　R_{ha}——单桩水平承载力特征值。

(二)群桩承载力与变形验算(略)。

六、桩身结构设计

(一)钢筋混凝土预制桩

设计时应分析桩在吊运、沉桩和承载各阶段的受力状况并验算桩身内力,

按偏心受压柱或按受弯构件进行配筋。一般设 4 根（截面边长 a<300mm）或 8 根（a=350～550mm）主筋，主筋直径 12～25mm。配筋率一般为 1‰左右，最小不得低于 0.8‰。箍筋直径 6～8mm。间距不大于 200mm。桩身混凝土的强度等级一般不低于 C30。

桩在吊运过程中的受力状态与梁相同。一般按两支点（桩长 L<18m 时）或三支点（桩长 L>18m 时）起吊和运输。在打桩架下竖起时，按一点吊立，吊点的位置应使桩身在自重下产生正负弯矩相等。按受弯构件计算，考虑到在吊运过程中可能受到的冲撞和振动影响，应采取动力系数，一般取 K=1.5。按吊运过程中引起的内力对上述配筋进行验算。通常情况下它对桩的配筋起决定作用。

打入桩在沉桩过程中产生的锤击应力（压、拉）和冲击疲劳容易使桩顶附近产生裂损，故应加强构造配筋，在桩顶 2500～3000mm 范围内将箍筋加密（间距 50～100mm），并且在桩顶放置三层钢筋网片。在桩尖附近应加密箍筋，并将主筋集中焊在一根粗的圆钢上形成坚固的尖端以利破土下沉。

（二）灌注桩

灌注桩的结构设计主要考虑承载力条件。灌注桩的混凝土强度等级一般不得低于 C15（水下灌注者不低于 C20）。

灌注桩按偏心受压柱或受弯构件计算，若经计算表明桩身混凝土强度满足要求时，桩身可不配受压钢筋，只需在桩顶设置插入承台的构造钢筋。轴心受压桩主筋的最小配筋率不宜小于 0.2％，受弯时不宜小于 0.4％。当桩周上部土层软弱或为可液化土层时，主筋长度应超过该土层底面。抗拔桩应全长配筋。

灌注桩的混凝土保护层厚度不宜小于 40mm，水下浇筑时不得小于 50mm。箍筋宜采用焊接环式或螺旋箍筋，直径不小于 6mm，间距为 200～300mm，每隔 2m 设一道加劲箍筋。钢管内放置钢筋笼者，箍筋宜设在主筋内侧，其外径至少应比钢管内径小 50mm；采用导管浇灌水下混凝土时，箍筋应放在钢筋笼外，钢筋笼内径应比混凝土导管接头的外径大 100mm 以上，其外径应比钻孔直径小 100mm 以上。

七、承台设计

承台设计应包括确定承台的形状、尺寸、高度及配筋等，必须进行局部受压、受剪和受弯承载力的验算，并应符合构造要求。

1. 构造要求

桩承台的宽度不应小于 500mm。边桩中心至承台边缘的距离不宜小于桩的直径或边长，且桩的外缘至承台边缘的距离不小于 150mm。对于条形承台梁，桩的外边缘至承台梁边缘的距离不小于 75mm。承台的最小厚度不应小于 300mm。

承台的配筋，对于矩形承台，其钢筋应按双向均匀通长布置，见图 8-9(a)，钢筋直径不宜小于 10mm，间距不宜大于 200mm；对于三桩承台，钢筋应按三向板带均匀布置，且最里面的三根钢筋围成的三角形应在柱截面范围内，见图 8-9(b)；承台梁的主筋除满足计算要求外，尚应符合最小配筋率的要求，主筋直径不宜小于 12mm，架立筋不宜小于 10mm，箍筋直径不宜小于 6mm，见图 8-9(c)。

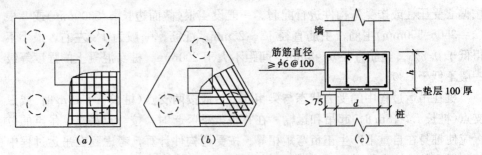

图 8-9 承台配筋示意
(a)矩形承台配筋；(b)三桩承台配筋；(c)承台梁

承台混凝土强度等级不应低于 C20，纵向钢筋的混凝土保护层厚度不应小于 70mm，当有混凝土垫层时，不应小于 40mm。

2. 承台板正截面受弯承载力验算

一般柱下单独桩基承台板作为受弯构件，在桩的反力作用下，其正截面受弯承载力和钢筋配置可按《混凝土结构设计规范》(GB 50010—2002)的有关规定计算。

多桩(例如 6 根以上)矩形承台的弯矩计算截面取在柱边和承台厚度突变处(杯口外侧或台阶边缘)，如图 8-10 所示，两个方向的正截面弯矩表达式分别为：

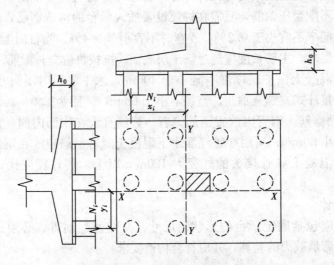

图 8-10 承台弯矩计算示意

$$M_x = \Sigma N_i y_i \qquad (8\text{-}17)$$
$$M_y = \Sigma N_i x_i \qquad (8\text{-}18)$$

式中 M_x、M_y——分别为垂直 y 轴和 x 轴方向计算截面处的弯矩设计值；

x_i、y_i——垂直 y 轴和 x 轴方向自桩轴线相应计算截面的距离；

N_i——扣除承台和其上填土自重后相应于荷载效应基本组合时的第 i 桩竖向力设计值。

3. 承台板的冲切验算

承台板的冲切有两种情况，分别缘起于柱底竖向力和桩顶竖向力。

(1) 柱对承台的冲切，可按下列公式计算冲切承载力，见图 8-11。

$$F_l \leq 2[\beta_{ox}(b_c + a_{oy}) + \beta_{oy}(h_c + a_{ox})]\beta_{hp} f_t h_0 \quad (8\text{-}19)$$

$$F_l = F - \Sigma N_i \quad (8\text{-}20)$$

$$\beta_{ox} = 0.84/(\lambda_{ox} + 0.2)$$

$$\beta_{oy} = 0.84/(\lambda_{oy} + 0.2)$$

式中　F_l——扣除承台及其上填土自重，作用在冲切破坏锥体上相应于荷载效应基本组合的冲切力设计值，冲切破坏锥体应采用自柱边或承台变阶处至相应桩顶边缘连线构成的锥体，锥体与承台底面的夹角不小于 45°；

h_0——冲切破坏锥体的有效高度；

β_{hp}——受冲切承载力截面设计影响系数，其值按本规范第 8.2.7 条规定取值；

β_{ox}、β_{oy}——冲切系数；

λ_{ox}、λ_{oy}——冲跨比，$\lambda_{ox} = a_{ox}/h_0$、$\lambda_{oy} = a_{oy}/h_0$，$a_{oy}$、$a_{ox}$ 为柱边或变阶处至桩边的水平距离；当 $a_{ox}(a_{oy}) < 0.2h_0$ 时，$a_{ox}(a_{oy}) = 0.2h_0$；当 $a_{ox}(a_{oy}) > h_0$ 时，$a_{ox}(a_{oy}) = h_0$；

F——柱根部轴力设计值；

ΣN_i——冲切破坏锥体范围内各桩的净反力设计值之和。

对中低压缩性土上的承台，当承台与地基之间没有脱空现象时，可根据地区经验适当减小柱下桩基础独立承台受冲切计算的承台厚度。

(2) 角桩对承台的冲切，多桩矩形承台受角桩冲切的承载力应按下列公式计算（图 8-12）：

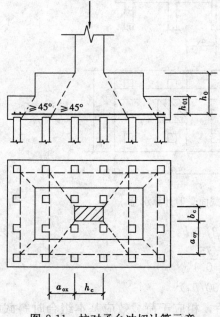

图 8-11　柱对承台冲切计算示意

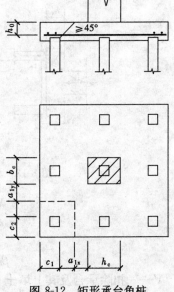

图 8-12　矩形承台角桩冲切计算示意

$$N_l \leq \left[\beta_{1x}\left(c_2 + \frac{a_{1y}}{2}\right) + \beta_{1y}\left(c_1 + \frac{a_{1x}}{2}\right)\right]\beta_{hp}f_t h_0 \tag{8-21}$$

$$\beta_{1x} = \left(\frac{0.56}{\lambda_{1x} + 0.2}\right)$$

$$\beta_{1y} = \left(\frac{0.56}{\lambda_{1y} + 0.2}\right)$$

式中 N_l——扣除承台和其上填土自重后的角桩桩顶相当于荷载效应基本组合时的竖向力设计值；

β_{1x}、β_{1y}——角桩冲切系数；

λ_{1x}、λ_{1y}——角桩冲跨比，其值满足 $0.2 \sim 1.0$，$\lambda_{1x} = a_{1x}/h_0$，$\lambda_{1y} = a_{1y}/h_0$；

c_1、c_2——从角桩内边缘至承台外边缘的距离；

a_{1x}、a_{1y}——从承台底角桩内边缘引 $45°$ 冲切线与承台顶面或承台变阶处相交点至角桩内边缘的水平距离；

h_0——承台外边缘的有效高度。

4. 承台板的斜截面受剪承载力验算

一般情况下，独立桩基承台板作为受弯构件，验算斜截面受剪承载力必须考虑互相正交的两个截面；当桩基同时承受弯矩时，则应取与弯矩作用面相交的斜截面作为验算面，通常以过柱（墙）边和桩边的斜截面作为剪切破坏面，如图 8-13 所示。斜截面受剪承载力按下列公式验算：

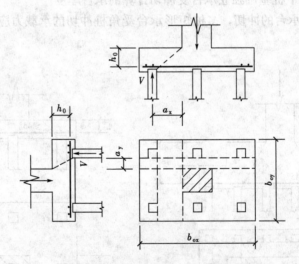

图 8-13 承台斜截面受剪计算示意

$$V \leq \beta_{hs}\beta f_t b_0 h_0 \tag{8-22}$$

$$\beta = \frac{1.75}{\lambda + 0.1}$$

$$\beta_{hs} = (800/h_0)^{1/4}$$

式中 V——扣除承台及其上填土自重后，相应于荷载效应基本组合时斜截面的最大剪力设计值；

b_0——承台计算截面处的计算宽度。阶梯形承台变阶处的计算宽度、锥形承台的计算宽度应按本规范附录确定；

h_0——计算宽度处的承台有效高度；

β——剪切系数；

β_{hs}——受剪切承载力截面高度影响系数，板的有效高度 $h_0 <800$mm 时，h_0 取 800mm；$h_0>2000$mm 时，h_0 取 2000mm；

λ——计算截面的剪跨比，$\lambda_x = \frac{a_x}{h_0}$，$\lambda_y = \frac{a_y}{h_0}$。$a_x$，$a_y$ 为柱边或承台变阶处至 x，y 方向计算一排桩的桩边的水平距离，当 $\lambda < 0.3$ 时，取 $\lambda = 0.3$；当 $\lambda > 3$ 时，取 $\lambda = 3$。

5. 局部承压验算

当承台的混凝土强度等级低于柱或桩的混凝土强度等级时，尚应验算柱下或桩上承台的局部受压承载力。

6. 承台之间的连接

(1) 单桩承台，宜在两个互相垂直的方向上设置联系梁；

(2) 两桩承台，宜在其短方向设置联系梁；

(3) 有抗震要求的柱下独立承台，宜在两个主轴方向设置联系梁；

(4) 联系梁顶面宜与承台位于同一标高。联系梁的宽度不应小于 250mm，梁的高度可取承台中心距的 1/10～1/15；

(5) 联系梁的主筋应按计算要求确定。联系梁内上下纵向钢筋直径不应小于 12mm 且不应少于 2 根，并应按受拉要求锚入承台。

【例 8-3】 桩基承台的承载力验算

条件：某二级建筑桩基如图 8-14 所示，柱截面尺寸为 450mm×600mm，作用在基础顶面的荷载设计值为：$F = 2800$kN，$M = 210$kN·m（作用于长边方向），$H = 145$kN，采用截面为 350mm×350mm 的预制混凝土方桩，承台长边和短边为：$a = 2.8$m，$b = 1.75$m，承台埋深 1.3m，承台高 0.8m，桩顶伸入承台 50mm，钢筋保护层取 40mm，承台有效高度为：

$$h_0 = 0.8 - 0.050 - 0.040 = 0.710\text{m} = 710\text{mm}$$

承台混凝土强度等级为 C20，配置 HRB335 级钢筋。

要求：验算承台承载力

【解】

1. 计算柱顶荷载设计值

取承台及其上土的平均重度 $\gamma_G = 20$kN/m³，则桩顶平均竖向设计值为：

$$N = \frac{F + G}{n} = \frac{2800 + 1.2 \times 20 \times 2.8 \times 1.75 \times 1.3}{6} = 492.1\text{kN}$$

$$N_{\min}^{\max} = N \pm \frac{(M + Hh)x_{\max}}{\Sigma x_i^2} = 492.1 \pm \frac{(210 + 145 \times 0.8) \times 1.05}{4 \times 1.05^2}$$

$$= 492.1 \pm 77.6 = \begin{matrix}569.7\\414.5\end{matrix}\text{kN}$$

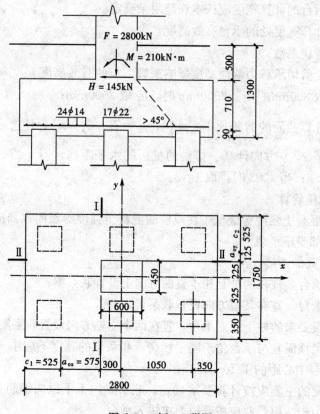

图 8-14 例 8-3 附图

2. 承台受弯承载力计算

$$x_i = 1050 - \frac{600}{2} = 750\text{mm} = 0.75\text{m}$$

$$y_i = 525 - \frac{450}{2} = 300\text{mm} = 0.3\text{m}$$

由公式可得

$$M_x = \Sigma N_i y_i = 3 \times 492.1 \times 0.3 = 442.89 \text{kN} \cdot \text{m}$$

$A_s = \dfrac{M_x}{0.9 f_y h_0} = \dfrac{442.89 \times 10^6}{0.9 \times 300 \times 710} = 2310\text{mm}^2$,选用 22 Φ 12,$A_s = 2488\text{mm}^2$

$$M_y = \Sigma N_i x_i = 2 \times 569.7 \times 0.75 = 854.55 \text{kN} \cdot \text{m}$$

$A_s = \dfrac{M_y}{0.9 f_y h_0} = \dfrac{854.55 \times 10^6}{0.9 \times 300 \times 710} = 4458\text{mm}^2$,选用 14 Φ 20,$A_s = 4398\text{mm}^2$

3. 承台受冲切承载力验算

(1) 柱对承台的冲切

$$\lambda_{ox} = \frac{a_{ox}}{h_0} = \frac{0.575}{0.710} = 0.810 < 1.0$$

$$\beta_{ox} = \frac{0.84}{\lambda_{ox} + 0.2} = \frac{0.84}{0.810 + 0.2} = 0.832$$

$$\lambda_{oy} = \frac{a_{oy}}{h_0} = \frac{0.125}{0.710} = 0.176 < 0.20 \text{ 取 } \lambda_{oy} = 0.20$$

$$\beta_{oy} = \frac{0.84}{\lambda_{oy} + 0.2} = \frac{0.84}{0.2 + 0.2} = 2.10$$

因 $h = 800$mm，故 $\beta_{hp} = 1.0$

$$2[\beta_{ox}(b_c + a_{oy}) + \beta_{oy}(h_c + a_{ox})]\beta_{hp}f_t h_0$$
$$= 2[0.832 \times (0.45 + 0.125) + 2.10 \times (0.60 + 0.575)] \times 1.0 \times 1.1 \times 710$$
$$= 4601.5 \times 10^3 \text{N}$$
$$= 4601.5 \text{kN} > \gamma_0 F_l = 1.0 \times (2800 - 0) = 2800 \text{kN} \text{ 满足要求。}$$

(2) 角柱对承台的冲切

$$c_1 = c_2 = 0.525 \text{m}$$
$$\alpha_{1x} = \alpha_{ox} = 0.575 \text{m}, \lambda_{1x} = \lambda_{ox} = 0.810$$
$$\alpha_{1y} = \alpha_{oy} = 0.125 \text{m}, \lambda_{1y} = \lambda_{oy} = 0.20$$
$$\beta_{1x} = \frac{0.56}{\lambda_{1x} + 0.2} = \frac{0.56}{0.81 + 0.2} = 0.554$$
$$\beta_{1y} = \frac{0.56}{\lambda_{1y} + 0.2} = \frac{0.56}{0.2 + 0.2} = 1.4$$

$$\left[\beta_{1x}\left(c_2 + \frac{\alpha_{1y}}{2}\right) + \beta_{1y}\left(c_1 + \frac{\alpha_{1x}}{2}\right)\right]\beta_{hp}f_t h_0$$
$$= \left[0.554 \times \left(0.525 + \frac{0.125}{2}\right) + 1.4 \times \left(0.525 + \frac{0.575}{2}\right)\right] \times 1 \times 1.1 \times 710$$
$$= 1142.6 \times 10^3 \text{N}$$
$$= 1142.6 \text{kN} > \gamma N_{max} = 1.0 \times 569.7 = 569.7 \text{kN}$$

满足要求。

4. 承台受剪承载力计算

剪跨比与以上冲跨比相同，故对 I—I 斜截面

$$\lambda_x = \lambda_{ox} = 0.810$$
$$\beta = \frac{1.75}{\lambda + 1.0} = \frac{1.75}{0.81 + 1.0} = 0.967$$

因 $h_0 = 710$mm < 800mm，故取

$$\beta_{hs} = 1.0$$
$$\beta_{hs}\beta f_t b_0 h_0 = 1.0 \times 0.967 \times 1100 \times 1.75 \times 0.71 = 1321.6 \text{kN}$$
$$> 2\gamma_0 N_{max} = 2 \times 1.0 \times 569.7 = 1139.4 \text{kN}$$

满足要求

对Ⅱ—Ⅱ斜截面，因取 $\lambda=0.3$，其受剪切承载力更大，故验算从略。

【例 8-4】 如图 8-15 所示，某工程为二级建筑物，位于软土地区，采用桩基础。已知上部结构传来的，相当于荷载效应标准组合的基础顶面竖向荷载 $N_k=3200\text{kN}$，弯矩 $M_k=350\text{kN}\cdot\text{m}$，水平方向剪力 $T_k=40\text{kN}$。工程地质勘察查明地基表层为人工填土，厚度 2.0m；第二层为软塑状态黏土，厚度达 8.5m；第 3 层为可塑状态粉质黏土，厚度 6.8m。地下水位埋深 2.0m，位于第二层黏土顶面。土工试验结果见表 8-7。采用钢筋混凝土预制桩，截面为 300mm×300mm，长 10m，进行现场静载荷试验，得单桩承载力特征值为 $R_a=320\text{kN}$，设计此工程的桩基础。

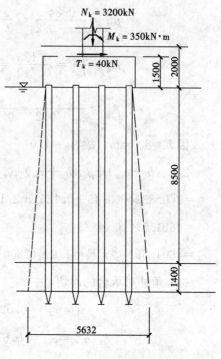

图 8-15 群桩承载力验算

地基土的性质指标　　　　　表 8-7

编号	土层名称	土层厚度(m)	w(%)	γ(kN/m³)	e	w_L(%)	w_P(%)	I_P	I_L	S_i	c(kPa)	φ(°)	E_s(MPa)	F_k(kPa)
1	人工填土	2.0		16.0										
2	灰色黏土	8.5	38.2	18.9	1.0	38.2	18.4	19.8	1.0	0.96	12	18.6	4.6	115
3	粉质黏土	6.8	26.7	19.6	0.78	32.7	17.7	15.0	0.6	0.98	18	28.5	7.0	220

【解】（1）根据地质资料确定第三层粉质黏土为桩端持力层。采用与现场载荷试验相同的尺寸：桩截面为 300mm×300mm，桩长 10m。

考虑桩承台埋深 2.0m，桩顶嵌入承台 0.1m，则桩端进入持力层 1.4m。

（2）桩身材料

混凝土强度等级为 C30，钢筋用 HRB335 级钢筋 4ϕ16

（3）单桩竖向承载力特征值

$$R_a=320\text{kN}$$

（4）估算桩数及承台面积

1）桩的数量

$$n\geqslant\mu\frac{F_k}{R_a}=1.2\times\frac{3200}{320}=12.0$$

（未考虑承台、土重及偏心距的影响，乘以 1.2 的扩大系数）

取桩数 $n=12$

2) 桩的中心距

查表桩的最小中心距 $3.5d$（挤土预制桩）取中心距为 1200mm。

3) 桩的排列，采用行列式，桩基在受弯方向排列 4 根，另一方向排列 3 根，如图 8-16 所示。

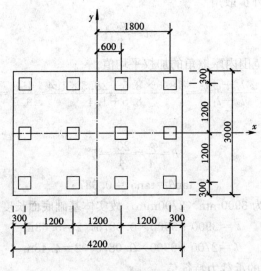

图 8-16 桩的排列

4) 桩承台

(A) 桩承台尺寸，据桩的排列，柱外缘每边外伸净距为 $\frac{1}{2}d=150\text{mm}$，则桩承台长度 $l=4200\text{mm}$，宽度 $b=3000\text{mm}$，设计埋深为 2.0m，位于人工填土层以下，黏土层顶部。

(B) 承台及上覆土重
$$G_k = 4.2 \times 3.0 \times 2.0 \times 20 = 504\text{kN}$$

(5) 单桩受力验算

1) 按中心受压桩平均受力计算，应满足下式的要求
$$Q_k = \frac{F_k + G_k}{n} = \frac{3200 + 504}{12} = 308.7\text{kN}$$
$$Q_k \leqslant R_a = 320\text{kN}$$

满足要求。

2) 按偏心荷载考虑承台四角最不利的桩的受力情况，按式计算
$$Q_{ik} = \frac{F_k + G_k}{n} \pm \frac{M_{yk} x_i}{\sum x_i^2}$$
$$= \frac{3200 + 504}{12} \pm \frac{(350 + 40 \times 1.5) \times 1.8}{6(0.6^2 + 1.8^2)}$$
$$= 308.7 \pm 34.2$$
$$= \frac{342.9}{274.5}\text{kN}$$

$$Q_{ikmax} = 342.9\text{kN} \leqslant 1.2R_a = 1.2 \times 320 = 384\text{kN}$$
$$Q_{ikmin} = 274.5\text{kN} > 0$$

偏心荷载作用下，最边缘桩受力安全。

(6) 群桩承载力验算

1) 计算假想实体基础底面尺寸

桩周摩擦力向外扩散角

$$\theta = \frac{\varphi_n}{4}$$

式中 φ_n——桩身范围内摩擦角的加权平均值。

$$\varphi_n = \frac{\varphi_2 l_2 + \varphi_1 l_1}{l_2 + l_1} = \frac{18.6 \times 8.5 + 28.5 \times 1.4}{8.5 + 1.4} = \frac{198}{9.9} = 20°$$

代入上式得

$$\theta = \frac{\varphi_n}{4} = \frac{20°}{4} = 5°$$

$$\tan\theta = \tan 5° = 0.0875$$

边桩外围尺寸为 3900mm×2700mm，故实体基础底面长度为

$$l' = 3900 + 9900 \times 0.0875 \times 2 = 5.63\text{m}$$
$$b' = 2700 + 9900 \times 0.0875 \times 2 = 4.43\text{m}$$

2) 桩端地基土的承载力特征值

$$f_a = f_{ak} + \eta_b \gamma(b-3) + \eta_d \gamma_m (d-0.5)$$

式中 f_{ak}——地基承载力特征值，查表为 220kPa；

η_b——承载力宽度修正系数，查表 $e_3 = 0.78$、$I_{L3} = 0.6$，查表得 $\eta_b = 0.3$；

γ——基础底面下土的重度，查表 $\gamma_3 = 19.6\text{kN/m}^3$，应扣除地下水的浮力，$\gamma = 19.6 - 10 = 9.6\text{kN/m}^3$；

b——假想实体深基础宽度，据计算 $b = 4.43\text{m}$；

η_d——承载力深度修正系数，查表得 $\eta_d = 1.6$；

γ_0——假想基础埋深范围土加权平均重度：

$$\gamma_0 = \frac{\gamma_1 h_1 + \gamma_2 h_2 + \gamma_3 h_3}{h_1 + h_2 + h_3} = \frac{16.0 \times 2.0 + 8.9 \times 8.5 + 9.6 \times 1.4}{2.0 + 8.5 + 1.4}$$

$$= \frac{32.0 + 75.65 + 13.44}{11.9} = \frac{121.09}{11.9} = 10.2\text{kN/m}^3;$$

d——假想实体深基础的埋深。

$$f_a = f_{ak} + \eta_b \gamma(b-3) + \eta_d \gamma_m (d-0.5)$$
$$= 220 + 0.3 \times 9.6 \times (4.43 - 3) + 1.6 \times 10.2 \times (11.9 - 0.5)$$
$$= 220 + 4.1 + 186.1 = 410.2\text{kPa}$$

3) 桩端地基承载力验算

(A) 假想实体基础自重

$$G_k = G_{k\text{水上}} + G_{k\text{水下}} = l' \times b' \times d_1 \times \bar{\gamma} + l' \times b' \times d_2 \times \bar{\gamma}$$

$$=5.63\times4.43\times2\times20+5.63\times4.43\times9.9\times9$$

$$=997.6+2222.2=3219.8\text{kN}$$

(B) 中心受压验算假想实体基础底面
压应力为

$$p_k=\frac{N_k+G_k}{A}=\frac{3200+3219.8}{5.63\times4.43}=257.4\text{kPa}$$

(C) 偏心受压验算
基础边缘最大压力为

$$p_k=\frac{N_k+G_k}{A}\pm\frac{M}{W}=\frac{3200+3219.8}{5.63\times4.43}\pm\frac{350+40\times1.5}{\frac{4.43\times5.63^2}{6}}=257.4\pm17.5$$

$$=\begin{matrix}274.9\\239.9\end{matrix}\text{kPa}$$

$$p_{k\max}<1.2f_a=1.2\times410.2=492.2\text{kPa}$$

满足设计要求。

本 章 小 结

本章主要介绍了桩的分类、特点、构造与适用条件，单桩竖向承载力特征值，单桩水平承载力，群桩竖向承载力，桩基础设计简介。通过本章的学习，应

掌握 桩基础的类型与构造要求，特点与适用条件，桩基础与复合地基的区别，能够按照现行规范确定单桩与群桩的竖向承载力特征值。

理解 桩的设置效应，荷载传递机理，承载力验算和桩基础设计原理。

了解 单桩的水平承载力，抗拔承载力。

实 践 教 学 内 容

题目：桩基础施工现场参观和桩基础施工图阅读训练

1. 目的与意义

目前桩基础已广泛应用于高层建筑、重型建筑和桥梁等工程中，能正确进行桩基础施工是施工现场技术人员必须的职业能力之一。通过实训锻炼，把桩基础施工中与桩基础设计相关的要点结合起来，把相关课程中有关桩基础的知识系统起来。

2. 内容与要求

在指导教师或工程技术人员指导下，选择一个有代表性的桩基础施工现场，熟悉桩基础施工图和桩基础施工方案，针对本工程桩基础形式、适用条件、受力特点、设计要点、构造要求、施工工艺、质量技术标准、施工现场的技术与管理工作进行分析，初步学会正确实施桩基础施工方案，把握关键点。

复习思考题

1. 桩可分为哪几种类型？端承桩与摩擦桩的受力情况有什么不同？本地区的桩通常属于哪几类？
2. 何为单桩竖向承载力？确定单桩竖向承载力的方法有哪几种？
3. 已知桩的静载试验成果 p-s 曲线，如何确定单桩竖向承载力特征值？
4. 桩基础设计包括哪些内容？偏心受压情况下，桩的数量如何确定？桩基础初步设计后还要进行哪些验算？如果验算不满足要求应如何解决？

习 题

8-1 某工程为混凝土灌注桩。在建筑场地现场已进行的3根桩的静载荷试验（ϕ377 的振动沉管灌注桩），其报告提供的桩的极限承载力标准值分别为：380kN，375kN、395kN。要求确定单桩竖向承载力特征值 R_a。

8-2 某工程为二级建筑物，位于软土地区，采用桩基础（见图8-17）。已知上部结构传来的，相当于荷载效应标准组合的基础顶面竖向荷载 N_k=3600kN，弯矩 M_k=380kN·m，水平方向剪力 T_k=50kN。工程地质勘察查明地基表层为人工填土，厚度2.0m；第二层为软塑状态黏土，厚度达9.5m；第3层为可塑状态粉质黏土，厚度8.8m。地下水位埋深2.0m，位于第二层黏土顶面。地基土的性质指标见表8-7。采用钢筋混凝土预制桩，截面为300mm×300mm，长13m，进行现场静载荷试验，得单桩承载力特征值为 R_a=400kN，设计此工程的桩基础。

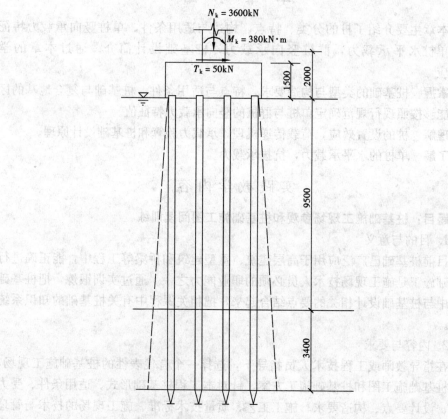

图 8-17 习题 8-2 附图

第九章 地基处理

[学习重点]
1. 地基处理、不良地基、淤泥、淤泥质土、杂填土、冲填土、最优含水量、最大干密度等概念。
2. 地基处理的目的、意义与对象。
3. 地基处理方法分类与选用原则。
4. 地基处理的常用方法。

我国地域辽阔，从沿海到内地，从山区到平原，分布着多种多样的地基土，土的性质有很大差异。因此在本章的学习中，建议结合本地区实际情况，选取2~3种常见的地基处理方法详细介绍，其余简要介绍即可。

第一节 概 述

当建筑物直接建造在未经加固的天然土层上时，这种地基称为天然地基。若天然地基不能满足强度和变形等要求，则必须事先经过人工处理后再建造基础，这种地基加固称之为地基处理。

一、地基处理的目的和意义

建筑物可能出现的地基问题主要有强度及稳定性、压缩及不均匀沉降、液化、渗漏等。地基处理的目的就是针对上述问题，采取相应的措施，改善地基条件，以保证建筑物的安全与正常使用。这些措施主要包括以下几个方面。

（1）改善剪切特性，增加地基土的抗剪强度；
（2）改善压缩特性，减少地基土的沉降或不均匀沉降；
（3）改善透水特性，使地基土变成不透水或减轻其水压力；
（4）改善动力特性，防止地基土液化，提高抗震性能；
（5）改善特殊土的不良特性，满足工程的需要。

地基虽不是建筑物本身的一部分，但它在建筑中占有十分重要的地位。地基问题处理的恰当与否，不仅直接影响建筑物的造价，而且直接影响建筑物的安危。关系到整个工程的质量、投资和进度，其重要性已愈来愈多地被人们所认识。在进行地基处理时，不仅要善于针对不同的地质条件和不同结构物选取最恰当的方法，而且要善于选取最合适的基础形式。

二、地基处理的对象

地基处理的对象是软弱地基和不良地基。

1. 软弱地基

软弱地基是指主要由淤泥、淤泥质土、冲填土、杂填土或其他高压缩性土层构成的地基。

淤泥或淤泥质土是在静水或缓慢流水的环境中沉积，经生化作用形成。天然含水量高于液限，孔隙比大于1，含有机质，在我国广泛分布于东南沿海地区和内陆江河湖泊的周围。通常可以采用液性指数 I_L 和天然孔隙比 e 来划分，当 $I_L \geq 1.0$，且 $1.0 \leq e < 1.5$ 时，称之为淤泥质土；$I_L \geq 1.0$，且 $I_L \geq 1.5$ 时，称之为淤泥；当有机质含量大于5%时，称之为有机质土；有机质含量大于60%时，称之为泥炭。

冲填土是由水力冲填泥砂而形成的沉积土。其成分和分布规律与冲填时的泥砂来源及水力条件有密切关系。工程性质主要取决于颗粒组成、均匀性和排水固结条件。

杂填土是人类活动而任意堆填的建筑垃圾、工业废料和生活垃圾等。其成因没有规律，成分复杂，分布不均匀，结构松散，性质随堆填的时间而变化。一般未经处理不宜作为持力层。

软弱土一般具有天然含水量较高，天然孔隙比较大，抗剪强度低，压缩性较高，渗透很小，结构性明显等工程特性。在外荷载作用下，地基承载力低，变形或不均匀变形大，且变形稳定历时较长。

2. 不良地基

不良地基是指饱和松散粉细砂、湿陷性黄土、膨胀土、红黏土、盐渍土、冻土、岩溶与土洞等特殊土构成的地基，大部分带有区域性特点。

三、地基处理方法的分类

地基处理方法的分类多种多样，如按时间可分为临时性处理和永久性处理；按处理深度可分为浅层处理和深层处理；按土的性质可分为砂性土处理和黏性土处理，饱和土处理和非饱和土处理；按地基处理的原理大致可分为土质改良、土的置换、土的补强等。工程中通常按地基处理原理进行分类，见表9-1。

地基处理的主要方法、原理及作用、适用范围　　　　表9-1

分类	处理方法	原理及作用	适用范围
排水固结	堆载预压法 砂井堆载预压法 真空预压法 降水预压法 电渗排水法	在荷载作用下，通过布置竖向排水井，使土中的孔隙水被慢慢排出，孔隙比减小，地基发生固结变形，地基土的强度逐渐增长，主要解决地基的沉降和稳定问题	适用与处理饱和软弱土层，对于渗透性极低的泥炭土要慎重对待
换土垫层	素土垫层 砂垫层 灰土垫层 矿渣垫层 粉煤灰垫层	一般采用开挖后回填密度大、强度高的材料，置换地基表层软弱土，形成双层地基，有效地扩散应力，提高地基承载力，减少沉降量	适用于处理浅层软弱土地基，以及湿陷性黄土、膨胀土、暗沟、暗塘等
碾压及夯实	重锤夯实法 机械碾压法 振动压实法 强夯法	利用压实原理，通过机械碾压或夯击，把表层地基土夯实。强夯则利用强大的夯击能，在地基中产生强大的冲击波和动应力，迫使地基土动力固结，提高地基土的强度并降低其压缩性，在有效影响深度范围内消除土的液化和湿陷性	适用于处理无黏性土、杂填土、非饱和黏性土、湿陷性黄土等地基。对饱和黏性土要慎重对待

续表

分类	处理方法	原理及作用	适用范围
振密及挤密	振冲挤密法 土或灰土挤密桩 石灰桩挤密法 砂井挤密法 爆破挤密法	采用一定的措施，通过振动和挤压使深层土密实，并回填砂石、灰土等材料，形成砂桩、碎石桩、灰土桩等，与桩周土组成复合地基，从而提高地基的承载力，减少沉降量	适用于处理松砂、粉土、杂填土、湿陷性黄土等地基
置换及拌入	振冲置换法 高压喷射注浆法 深层搅拌法	用砂、碎石等材料置换软弱土地基中部分软弱土体，或在部分软弱土地基中掺入水泥、石灰或砂浆等形成加固体，与未加固部分的土体形成复合地基，从而达到提高地基承载力，减少沉降量的目的	适用于处理黏性土、冲填土、粉细砂等地基。振冲置换法对于抗剪强度低的黏性土要慎用
加筋	人工聚合物 锚固技术 树根桩 加筋土	通过在土层中埋设强度较大的土工聚合物、拉筋、受力杆件，使地基或土层能承受拉力，保持整体性，从而达到提高地基承载力，减少沉降量，或维持建筑物稳定的目的	适用于处理砂土、黏性土、软土等地基和边坡加固

地基处理方法要严格分类是很困难的，许多处理方法都具有多种处理效果。如碎石桩具有挤密、置换、排水的多重作用；石灰桩既挤密又吸水，吸水后又进一步挤密等。因而在选择地基处理方法时，要综合考虑其所获得的多种处理效果。

四、地基处理方法的选用原则

地基处理方法很多，各种处理方法又有它的适用范围、优缺点和局限性，所以要根据工程的具体情况综合考虑各种影响因素，如地基土的类形、处理后土的加固深度、上部结构的影响、材料来源、机械设备的状况、周围环境的因素、施工工期的要求、施工队伍的技术素质、经济指标等。对几种处理方法进行比较，力求作到安全适用、经济合理、技术先进、确保质量、因地制宜、保护环境。

第二节 机械压实法

一定含水量范围内的土，可通过机械压实或落锤夯实以降低其孔隙比，提高其密实度，从而提高其强度，降低其压缩性。本节采用一般机具进行的影响深度有限的方法，包括重锤夯实法、机械碾压法、振动压实法等，统称为一般机械压实法。

一、土的压实原理

工程实践表明，一定的压实能量，只有在适当的含水量范围内土才能被压实到最大干密度，即最密实状态。这种适当的含水量称为最优含水量，可以通过室内击实试验测定。

对于一般的黏性土，击实试验的方法是：将测试的黏性土分别制成含水量不同的松散试样，用同样的击实能逐一进行击

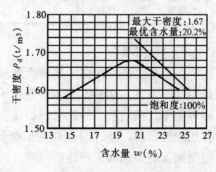

图 9-1 $\rho_d \sim w$ 关系曲线

实，然后测定各试样的含水量 w 和干密度 ρ_d，绘成 $\rho_d \sim w$ 关系曲线，如图 9-1 所示。曲线的极值为最大干密度 ρ_{dmax}，相应的含水量即为最优含水量 w_{op}。从图中可以看出含水量偏高或偏低时均不能压实。其原因是：含水量偏低时，土颗粒周围的结合水膜很薄，致使颗粒间具有很强的引力，阻止颗粒移动，击实困难；含水量偏高时，孔隙中存在着自由水，击实时孔隙中过多水分不易立即排出；当土体含水量处于特定范围时，土颗粒间的连接减弱，从而使土颗粒易于移动，获得最佳的击实效果。试验证明，最优含水量 w_{op} 与土的塑限 w_p 相近，大致为 $w_{op} = w_p \pm 2$。试验还证明，土的最优含水量将随夯击能量的大小与土的矿物组成的不同而有所不同。当击实能加大时，最大干密度将加大，而最优含水量将降低。而当固相中黏性土矿物增多时，最优含水量将增大而最大干密度将下降。

砂性土被压实时则表现出几乎相反的性质。干砂在压力与振动作用下，也容易被压实。惟有稍湿的砂土，因颗粒间的表面张力使砂土颗粒互相约束而阻止其相互移动，导致不能压实。

二、机械碾压法

机械碾压法是采用机械压实松软土的方法，常用的机械有平碾、羊足碾、压路机等。这些方法常用于大面积填土和杂填土地基的压实。

通过室内试验，确定在一定压实能量的条件下土的最优含水量、分层厚度和压实遍数。

黏性土压实前，被碾压的土料应先进行含水量测定，只有含水量在合适范围内的土料才允许进场。每层铺土厚度一般约为 300mm。碾压后地基的质量常以压实系数 λ_c 控制，λ_c 为实测的 ρ_d 与击实试验得出的 ρ_{dmax} 之比。在有些工程中也常用 ρ_d 作为填土压实的质量控制指标。不同类别的土要求也不同，但在主要受力层范围内一般要求 $\lambda_c \geq 0.96$。

机械碾压法的地基承载力一般通过现场测试取值，在无试验的情况下，亦可按表 9-2 取值。

地基承载力取值　　　　　　　　　　　　　　　　　　表 9-2

填 土 类 型	压实系数 λ_c	承载力特征值 f_k(kPa)
碎石、卵石	0.94～0.97	200～300
砂夹石（其中碎石、卵石占全重 30%～50%）		200～250
土夹石（其中碎石、卵石占全重 30%～50%）		150～200
粉质黏土、粉土（$8 < I_p < 14$）		130～180

三、振动压实法

振动压实是一种在地基表面施加振动把浅层松散土振密的方法。主要的机具是振动压实机。这种方法主要应用于处理杂填土、湿陷性黄土、炉渣、细砂、碎石等类土。振动压实的效果与被压实土的成分和振压时间有关。且在开始时振密作用较为显著，随时间推移变形渐趋于稳定。在施工前应先进行现场试验测试，根据振实的要求确定振压的时间。

振动压实的有效深度一般约 1.2～1.5m。一般杂填土地基经振实后，承载力特征值可达100～120kPa。如地下水位太高，则将影响振实效果。此外尚应注意振动对周围建筑物的影响，振源与建筑物的距离应大于3m。

四、重锤夯实法

重锤夯实法是用起重机械将重锤提到一定高度后，让其自由下落，不断重复夯击，使地基形成一层较密实的土层。这种方法可用于处理地下水距地表0.8m以上的非饱和黏性土或杂填土。夯打时地基土应保持最优含水量，否则不能密实。对于饱和软土层，在夯打时会出现"橡皮土"，应降低地下水位后再夯打。

重锤夯实法的锤重一般为15～30kN，落距一般采用2.5～4.5m，夯打遍数一般为8～12遍，有效夯实深度可达1.2m左右，夯实后的承载力特征值达100～150kPa。

第三节 强 夯 法

强夯法是将重型锤（一般为100～400kN）以8～20m落距（最高可达40m）下落，冲击能有时可达1000～6000kN·m，进行强力夯实加固地层的深层密实方法。此法可提高土的强度、降低其压缩性、减轻甚至消除砂土振动的液化危害和消除湿陷性黄土的湿陷性等，同时还能提高土层的均匀程度、减少地基的不均匀沉降。

强夯法适用于碎石土、砂土、粉土、人工填土和湿陷性黄土等地基的处理。对于淤泥和淤泥质土地基，尤其是高灵敏度的软土，须经试验证明其加固效果时才能采用。

一、强夯法的加固机理

强夯法加固地基的机理，与重锤夯实法有着本质的不同。强夯法主要是将势能转化为夯击能，在地基中产生强大的动应力和冲击波，纵波（压缩波）使土层液化，产生超静水压力，土粒之间产生位移；横波（剪切波）剪切破坏土粒之间的连接，使土粒结构重新排列密实。强夯法对土体产生加密作用、液化作用、固结作用和时效作用。

二、强夯法的设计要点

应用强夯法加固软弱地基，一定要根据现场的地质条件和工程的使用要求，正确地选用各项技术参数。这些参数包括：单击夯击能、夯击遍数、间隔时间、加固范围、夯点布置等。

强夯法的有效加固深度应根据现场试夯或当地经验确定。在缺少试验资料的情况下，可按照《建筑地基处理技术规范》（JGJ 79—2002）表6.2.1取值。

显然，夯击能是决定土层加固深度的关键。当夯击能确定后，便可根据施工设备的条件选择锤重和落距，并通过现场试夯确定。夯击次数和遍数按最佳夯击能的要求确定。最佳夯击能是指能使地基中出现的孔隙水压力达到土的自重应力时的夯击能。一般与土的种类有关，可选择每一点夯击4～8次，1～8遍不等。为减小地基的侧向变形，夯击范围应超过建筑物边沿之外约一个加固深度值。夯点间距视压缩层厚度和土质条件确定。压缩层厚、土质差，夯点间距较大，可取7～15m；较薄软弱土层、砂质土可取5～7m。按一定的间距和排列方式布置好夯点后，在每一夯点连续夯击至最后一、两击的单击夯沉量符合规定为止。终止夯击的单击夯沉量速率的不同，两遍间的间歇时间也不相同。砂土地基要求的间歇时间很短，甚至可以连续夯击；一般黏性土要求间歇15～30d。在夯完规定遍数后，往往用低能量满夯一遍，其目的是将松动的表层土夯实。

强夯法施工时，振动大，噪声大，对附近建筑物的安全和居民的正常生活影响，所以在城市市区或居民密集的地段不得采用。

第四节 换土垫层法

一、换填法的处理原理及适用范围

换填法是将天然弱土层挖去、分层回填强度较高、压缩性较低且无腐蚀性的砂石、素土、灰土、工业废料等材料，压实或夯实后作为地基垫层（持力层），亦称换土垫层法或开挖置换法。换填法适用于淤泥、淤泥质土、湿陷性黄土、素填土、杂填土地基、暗塘等的浅层处理。换填法用于消除黄土湿陷性、膨胀土胀缩性、冻土冻胀以及采用大面积填土作为建筑地基时，尚应按国家有关规范的规定执行。

换填垫层的设计，应根据建筑体型、结构特点、荷载性质和地质条件并结合机械设备与当地材料来源等综合分析，合理选择换填材料和施工方法。

二、设计要点

如图9-2所示，垫层的厚度 z 根据下卧层土层的承载力确定，应符合下式要求：

$$p_z + p_{cz} \leqslant f_{az} \quad (9\text{-}1)$$

式中 p_z——垫层底面处的附加压力设计值（kPa）；

p_{cz}——垫层底面处的自重压力标准值（kPa）；

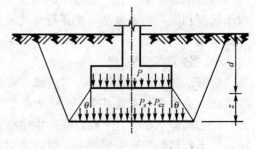

图9-2 砂垫层剖面图

f_{az}——垫层底层处下卧土层的地基承载力特征值（kPa）。

垫层的厚度不宜大于3m。垫层底面处的附加压力值 p_z 可分别按式（9-2）和式（9-3）简化计算。

条形基础
$$p_z = \frac{b(p_k - p_c)}{b + 2z\tan\theta} \quad (9\text{-}2)$$

矩形基础
$$p_z = \frac{bl(p_k - p_c)}{(b + 2z\tan\theta)(l + 2z\tan\theta)} \quad (9\text{-}3)$$

式中 b——矩形基础或条形基础底面的宽度（m）；

l——矩形基础底面的长度（m）；

p_k——基础底面压力设计值（kPa）；

p_c——基础底面处土的自重压力标准值（kPa）；

z——基础底面下垫层的厚度（m）；

θ——垫层的压力扩散角，可按表9-3采用。

压力扩散角 $\theta(°)$ 表 9-3

z/b 换填材料	中砂、粗砂、砾砂、圆砾、角砾、石屑、卵石、碎石、矿渣	粉质黏土粉煤灰	灰　土
0.25	20	6	30
>0.5	30	23	

注：1. 当 $z/d<0.25$ 时，除灰土取 $\theta=28°$ 外，其余材料均取 $\theta=0°$，必要时，宜由试验确定；
　　2. 当 $0.25<z/b<0.50$ 时，θ 值可内插求得。

垫层顶面宽度应满足基础地面应力扩散的要求，可按下式计算或根据当地经验确定：

$$b'\geqslant b+2z\tan\theta \tag{9-4}$$

式中　b'——垫层底面宽度(m)；
　　　θ——垫层的压力扩散角，可按照表 9-3 采用；当 $z/d<0.25$ 时，仍按表中 $z/b=0.25$ 取值。

整片垫层的宽度可根据施工的要求适当加宽；垫层顶面宽度宜超出基础底面每边不小于 300mm，或从垫层底面两侧向上按开挖基坑的要求放坡。

垫层的承载力应通过现场试验确定。一般工程当无试验资料时可按《建筑地基处理技术规范》选用，并应验算下卧层的承载力。

垫层的材料：

(1) 砂石：应为级配良好，不含植物残体、垃圾等杂质。当使用粉细砂时，应掺入 30% 的碎石或卵石，最大粒径不宜大于 50mm。对湿陷性黄土地基，不得选用砂石等透水材料。

(2) 粉质黏土：土料中有机质含有量不得超过 5%。不得含有冻土或膨胀土。当含有碎石时，其粒径不得大于 50mm。用于湿陷性黄土地基的素土垫层，土层中不得夹有砖、瓦和石块。

(3) 灰土：体积配合比宜为 2∶8 或 3∶7。土料宜用粉质黏土，不宜使用块状黏土和砂质粉土，不得含有松软杂质，并应过筛，其粒径不得大于 15mm。石灰宜用新鲜的消石灰，其颗粒不得大于 5mm。

(4) 工业废渣：应质地坚硬、性能稳定和无腐蚀性，其最大粒径及级配宜通过试验确定。

三、施工要点

(1) 施工机械应根据不同的换填材料选择。粉质黏土、灰土宜采用平碾、振动碾或羊足碾；砂石等宜用振动碾。当有效压实深度内土的饱和度小于并接近 60% 时，可采用重锤夯实。

(2) 施工方法、分层厚度、每层压实遍数等宜通过试验确定。一般情况下，分层铺厚度可取 200~300mm。但接近下卧软土层的垫层底层应根据施工机械设备及下卧层土质条件的要求具有足够的厚度。严禁扰动垫层下的软土。

(3) 素填土和灰土垫层土料的施工含水量宜控制在最优含水量 ±2.0% 范围内。灰土应拌合均匀并应当日铺填夯压，且压实后 3d 内不得受水浸泡。垫层竣工后，应及时进行基础施工和基坑回填。

（4）重锤夯实的夯锤宜采用圆台形，锤重宜大于 2t，锤底面单位静压力宜在 15～20kPa。夯锤落距宜大于 4m。重锤夯实宜一夯挨一夯顺序进行。在独立柱基坑内，宜先外后里顺序夯击；同一基坑底面标高不同时，应先深后浅逐层夯实。同一夯点夯击一次为一遍，夯击宜分 2～3 遍进行，累计夯击 10～15 次，最后两遍平均夯击下沉量应控制在：砂土不超过 5～10mm；细颗粒土不超过 10～20mm。

四、质量检验

对粉质黏土、灰土、粉煤灰和砂石垫层的质量检验可用环刀法、贯入仪、静力触探或标准贯入试验检验；对砂石、矿渣垫层可用重型动力触探检验。并均应通过现场试验以设计压实系数所对应的贯入度为标准检验垫层的施工质量，压实系数也可采用环刀法、灌砂法、灌水法或其他方法检验。

垫层的质量检验必须分层进行，即每夯压完一层，检验该层平均压实系数。当其干密度或压实系数符合要求后，才能填上层。

当采用环刀法检验垫层的质量时，对大基坑每 50～100m² 应不少于 1 个检验点；对基槽每 10～20m 应不少于 1 个点；每个单独柱基应不少于 1 个点。

重锤夯实的质量检验时，除按夯实要求检查施工记录外，夯后总下沉量不应小于试夯总下沉量的 90%。

第五节 排水固结法

一、加固原理及适用范围

排水固结法是在建筑物建造以前，有条件地在建筑物场地上进行预压，使地基的固结沉降基本完成以提高地基土强度的处理方法。应合理安排预压系统和排水系统，使地基在逐渐预压过程中，加荷条件下排水固结，从而提高承载力。预压系统有堆载预压和真空预压两类；排水系统有砂井、塑料排水带等方法。

排水固结法适用于淤泥、淤泥质土、冲填土等饱和黏土的地基处理。预压法施工之前，应查明：土层在水平和竖直方向的分布和变化；透水层的位置及水源补给条件等。应通过土工试验确定土的固结系数，孔隙比和固结压力的关系曲线，三轴抗剪强度以及原位十字板的抗剪强度指标等。

二、堆载预压法和砂井加载预压法

堆载预压法预压荷载的大小通常可与建筑物的基底压力大小相同。对沉降有严格要求的建筑物，应采取超载预压法。

加载的范围不应小于建筑物基础外缘所包围的范围。

为了加速地基排水，减少预压时间，可采用砂井加载预压法，砂井分普通砂井和袋装砂井。普通砂井直径可取 300～500mm，袋装砂井直径可取 70～100mm，塑料排水带的当量换算直径可按式 9-5 计算：

$$d_P = \frac{2(b+\delta)}{\pi} \tag{9-5}$$

式中 d_P——塑料排水带当量换算直径(mm);

b——塑料排水带带宽(mm);

δ——塑料排水带厚度(mm)。

砂井的平面布置可采用等边三角形或正方形排列(见图 9-3)。一根砂井的有效排水圆柱体的直径 d_e 和砂井间距 s 的关系可按下列规定取用:

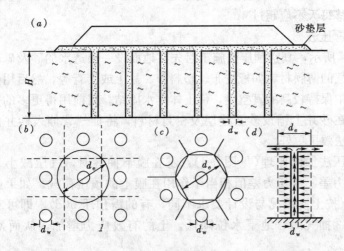

图 9-3 砂井布置图

(a)剖面图;(b)正方形布置;(c)等边三角形布置;(d)砂井的排水途径

等边三角形布置: $d_e = 1.05s$

正方形布置: $d_e = 1.13s$

砂井的间距可根据地基土的固结特征和在预定时间内所要求达到的固结度来确定。通常砂井的间距可按井径比 $n(n=d_e/d_w$,d_w 为砂井直径,d_e 为一根砂井的排水圆柱体的直径)确定。普通砂井间距可按 $n=6\sim8$ 选用;袋装砂井或塑料排水带的间距可按 $n=15\sim22$ 选用。

砂井的深度应根据建筑物对地基的稳定性和变形的要求确定。

砂井加载预压的固结度、抗剪强度、竖向变形量可按《建筑地基处理技术规范》(JGJ 79—2002)中相关公式计算。

预压处理地基必须在地表铺设排水砂垫层,砂垫层厚度宜大于 0.4m。砂垫层宜采用中粗砂,含泥量应小于 5%,砂料中可混有少量粒径小于 50mm 的石粒。砂垫层的干密度应大于 $1.5t/m^3$。在预压区内宜设置与砂垫层相连的排水盲沟,并把地基中排出的水引出预压区。

砂井的砂料宜用中粗砂,含泥量应小于 3%。

砂井的灌砂量,应按井孔的体积和砂在中密时的干密度计算,其实际灌砂量不得小于计算值的 95%。灌入砂袋的砂宜用干砂,并应灌制密实,砂袋放入孔内至少应高出孔口 200mm,以便埋入砂垫层中。

袋装砂井施工时所用钢管内径宜略大于砂井直径,以减少施工过程中对地基土的扰动。

塑料排水带应有良好的透水性及足够的湿润抗拉强度和抗弯能力。需要接长时，应采用滤膜内芯板平搭接方式。搭接长度宜大于200mm。

袋装砂井和塑料排水带施工时，平面井距偏差应不大于井径，垂直偏差宜小于1.5%。拔管后砂袋或塑料排水带的长度宜超过500mm。

加载方式应根据设计分级逐渐加载，在加载过程中应每天进行沉降、边桩位移和孔隙水压力等项目的测定。严格控制加载速率，沉降每天不应超过10mm，边桩水平位移每天不应超过4m。

三、真空预压法

如图9-4所示，真空预压法施工时先在地面设一层透水的砂及砾石，并在其上覆盖不透气的薄膜材料如橡皮布、塑料布、黏土或沥青等，然后用射流泵抽气使透水材料中保持较高的真空度，使土体排水固结。目前用得更多的是先在土中打入砂井，在砂井上铺设砂石垫层及密封材料，将抽气管伸入砂井内，然后抽气，这种方法效果更好。

真空预压法加固原理（见图9-4）：①在膜下抽气时，气压减小，与膜上大气压形成压力差，此压力差值相当于作用在膜上的预压荷载。如果此压力长期作用在膜上（按土质情况与设计要求不同，有的需预压60d），即可对地基进行预压加固；②抽气时，地下水位降低，土的有效应力增加，从而使土体压密固结。

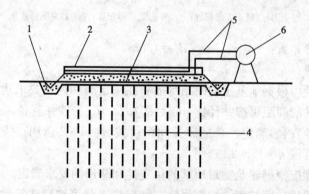

图9-4 真空预压加固地基示意图

1—黏土密封；2—塑料膜；3—砂垫层；4—袋装砂井；5—排水管；6—抽真空设备

真空预压和加载预压比较具有如下优点：①不需堆载材料，节省运输与造价；②场地清洁，噪声小；③不需分期加荷，工期短；④可在很软的地基采用。

真空预压的抽气设备宜采用射流真空泵，真空泵的设置应根据预压面积大小、真空泵效率以及工程经验确定，但每块预压区至少应设置两台真空泵。

真空管路的连接点应严格进行密封，为避免膜内真空度在停泵后很快降低，在真空管路中应设置止回阀和截门。水平向分布滤水管可采用条状、梳齿状或羽毛状等形式。滤水管一般设在排水砂垫层中，其上宜有100～200mm砂覆盖层。滤水管可采用钢管或塑料管，滤水管在预压过程中应能适应地基的变形。滤水管外设置可靠滤层,以防止滤管被堵塞。

密封膜应采用抗老化性能好、韧性好、抗穿刺能力强的不透气材料。密封膜热合时宜用两条热合缝的平搭接,搭接长度应大于15mm。密封膜宜铺设3层,覆盖膜周边可采用挖沟折铺、平铺并用黏土压边、围埝沟内覆水以及膜上全面覆水等方法进行密封。当处理区内有水源补给充足的透水层时,应采用封闭式板桩墙、封闭式板桩墙加沟内覆水或其他密封措施隔断透水层。

在预压期间应及时整理变形与时间、孔隙水压力与时间等关系曲线,推算地基的最终固结变形量、不同时间的固结度和相应的变形量,以分析处理效果并为确定卸载时间提供依据。

真空预压处理地基除应进行地基变形和孔隙水压力观测外,尚应量测膜下真空度和砂井不同深度的真空度,真空度应满足设计要求。

预压后的地基应进行十字板抗剪强度试验及室内土工试验等,以检验处理效果。

第六节 挤密法和振冲法

一、挤密法和振冲法作用机理

在砂土中通过机械振动挤压或加水振动可以使土密实。挤密法和振冲法就是利用这个原理发展起来的两种地基加固方法。

(一)挤密法的加固机理

挤密法是以振动或冲击的方法成孔,然后在孔中填入砂、石、土、石灰或其他材料,并加以捣实成为桩体。按其填入材料的不同分别称为砂桩、砂石桩、石灰桩等。挤密法的加固机理在砂土中主要靠桩管打入地基中,对土产生横向挤密作用,在一定挤密功能作用下,土粒彼此移动,小颗粒填入大颗粒空隙,颗粒间彼此靠近,空隙减少,使土密实,地基土的强度得到增强。在黏性土中,由于桩体本身具有较大的强度和变形模量,桩的断面也较大,故桩体与土组成复合地基,共同承担建筑物荷载。

挤密桩主要适用于处理松软砂类土、素填土、杂填土、湿陷性黄土等,将土挤密或消除湿陷性,其效果是显著的。

(二)振冲法的加固机理

振冲法是利用一个振冲器,在高压水流的振动下,在黏性土中成孔,在孔中填入碎石制成一根根的桩体,这样的桩体和原来的土构成比原来抗剪强度高和压缩性小的复合地基。

振冲作用在砂土中和黏性土中是不同的。在砂土中,振冲器对土施加水平振动和侧向挤压作用,使土的孔隙水压力逐渐增大。土粒便向低势能位置转移,土体由松变密。当孔隙水压力增大到大于主应力值时,土体液化、加密。所以振冲对砂土的作用主要是振动和密实振动液化,然后随着孔隙水消散固结,砂土挤密。振动液化与振动加速度有关,而振动加速度又随着离振冲器的距离增大而衰减。因此,把振冲器的影响范围从振冲器壁向外,按加速度的大小划分为液化区、过渡区和压密区。压密区外无加固效果。一般来说过渡区和压密区愈大，加固效果愈好。根据工程实践的结果，砂土加固的效果取决于土的性质（砂土的密度、颗粒的大小、形状、级配、比重、渗透性和上覆压力等）和振冲器的性能（如偏心力、振动频率、振幅和振动历时）。土的平均有效粒径＝0.2～2.0mm时加密的效果较好；颗粒较细易产生较大的液化区，振冲加固的效果较差。所以对于颗粒较细的砂土地基，需在振冲孔中添加碎石形成碎石桩，才能获得较好的加密效果。

二、设计和计算要点

根据使用材料不同，有土或灰土挤密桩法、砂石挤密桩法等，下面分别简单介绍其设计和计算要点。

（一）振冲法设计要点

振冲法加固处理范围应根据建筑物的重要性和场地条件确定，通常大于基底面积。对于一般地基，在基础外缘宜扩大1～2排桩；对可液化地基，在基础外缘应扩大2～4排桩。

桩位的布置，对大面积满堂处理宜采用等边三角形布置；对独立或条形基础，宜采用正方形、矩形或等腰三角形布置。桩的间距应根据荷载大小和原土的抗剪强度确定，可用1.5～2.5m。荷载大或原土强度低时，宜取较小的间距；反之，宜取较大的间距。对桩端未达相对硬层的短桩，应取小间距。

桩长的确定，当相对硬层的埋藏深度不大时，应按相对硬层埋藏深度确定；当相对硬层的埋藏深度较大时，应按建筑物地基变形允许值确定。桩长不宜短于4m。在可液化的地基中，桩长应按要求的抗震处理深度确定。

在桩顶部应铺设一层200～500mm厚的碎石垫层。

桩体材料可用含泥量不大的碎石、卵石、角砾、圆砾等硬质材料。材料的最大粒径不宜大于80mm。对于碎石常用的粒径为20～50mm。桩的直径可按每根桩所用的填材料量计算，常为0.8～1.2m。

振冲置换后的复合地基的承载力特征值应按现场复合地基载荷试验确定，也可按单桩和桩间土的载荷试验结果，由下式确定：

$$f_{\text{spk}} = m f_{\text{pk}} + (1-m) f_{\text{sk}} \tag{9-6}$$

式中　f_{spk}——复合地基的承载力特征值(kPa)；

　　　f_{pk}——桩体单位载面积承载力特征值(kPa)；

　　　f_{sk}——桩间土的承载力标准值(kPa)；

　　　m——面积置换率：

$$m = \frac{d^2}{d_e^2}$$

式中　d——桩的直径(m)；

　　　d_e——等效影响圆的直径(m)。

对于等边三角形布置　　$d_e = 1.05s$ 　　(9-7)

对于正方形布置　　$d_e = 1.13s$ 　　(9-8)

对于矩形布置　　$d_e = 1.13\sqrt{s_1 s_2}$ 　　(9-9)

式中　s，s_1，s_2——分别为桩的间距、纵向间距和横向间距(m)。

对于小型工程的黏性土地基如无现场载荷试验资料,复合地基的承载力特征值可按下式计算:

$$f_{spk}=[1+m(n-1)]f_{sk} \qquad (9-10)$$

或

$$f_{spk}=[1+m(n-1)](3s_v) \qquad (9-11)$$

式中 n——桩土应力比。无实测资料时可取2~4,原土强度低取大值,原土强度高取小值;

s_v——桩间土的十字板抗剪强度,也可用处理前地基土的十字板抗剪强度代替。

式(9-11)中的桩间土承载力特征值 f_{sk} 可用处理前地基土的承载力标准值代替。

地基在处理后的变形计算应按国家标准《建筑地基基础设计规范》(GB 50007—2002)的有关规定执行。复合地基的压缩模量可按下式计算:

$$E_{sp}=[1+m(n-1)]E_s \qquad (9-12)$$

式中 E_{sp}——复合地基土层的压缩模量(MPa);

E_s——桩间土的压缩模量(MPa)。

式(9-12)中的桩土应力比在无实测资料时,对黏性土可取2~4,对粉土可取1.5~3,原土强度低取大值,原土强度高取小值。

(二) 砂石挤密桩设计要点

砂石挤密桩加固地基宽度应超出基础的宽度,每边放宽不应少于1~3排;砂石桩用于防止砂层液化时,每边放宽不宜小于处理深度的1/2,且不应小于5m。当可液化土层上覆盖有厚度大于3m的非液化层时,每边放宽不宜小于液化层厚度的1/2,且不应小于3m。

砂石挤密桩孔位宜采用等边三角形或正方形布置。砂石挤密桩的直径应根据地基土质情况和成桩设备等因素确定,一般可采用300~800mm。对于饱和黏性土地区宜选用较大的直径。

砂石挤密桩的间距应通过现场试验确定,但不宜大于砂石桩直径的4倍。在有经验的地区,砂石挤密桩的间距也可按下述方法计算:

1. 松散砂土地基

等边三角形布置

$$s=0.95\xi d\sqrt{\frac{1+e_0}{e_0-e_1}} \qquad (9-13a)$$

正方形布置

$$s=0.90\xi d\sqrt{\frac{1+e_0}{e_0-e_1}} \qquad (9-13b)$$

$$e_1=e_{max}-D_r(e_{max}-e_{min}) \qquad (9-13c)$$

式中 s——砂石挤密桩间距(m);

d——砂石挤密桩直径(m);

ξ——修正系数。当考虑振动下沉密实作用时,可取1.1~1.2;不考虑振动下沉密实作用时,可取1.0;

e_0——地基处理前砂土的孔隙比,可按原状土样试验确定;

e_1——地基挤密后要求达到的孔隙比;

e_{max}, e_{min}——分别为砂土的最大、最小孔隙比,可按国家标准《土工试验方法标准》(GB/T 50123)的有关规定确定；

D_r——地基挤密后要求砂土达到的相对密度，可取 0.70~0.85。

2. 黏性土地基

等边三角形布置

$$s=1.08\sqrt{A_e} \quad (9\text{-}14a)$$

正方形布置

$$s=\sqrt{A_e} \quad (9\text{-}14b)$$

式中 A_e——每根砂石挤密桩承担的处理面积：

$$A_e=\frac{A_p}{m} \quad (9\text{-}14c)$$

式中 A_p——砂石挤密桩的截面积(m^2)；

m——面积置换率。

砂石挤密桩的长度，当地基中的松软土层厚度不大时，砂石桩宜穿过松软土层；当松软土层厚度较大时，桩长应根据建筑地基的允许变形值确定。对可液化砂层，桩长宜穿透可液化层，或按国家标准《建筑抗震设计规范》(GB 50011—2001)的有关规定执行。

砂石挤密桩孔内充填的砂石量可按下式计算：

$$s=\frac{A_p l d_s}{1+e_1}(1+0.1w) \quad (9\text{-}15)$$

式中 s——充填砂石重量(10kN)；

A_p——砂石挤密桩的截面积(m^2)；

l——桩长(m)；

d_s——砂石料的相对密度；

w——砂石料的含水量。

桩孔内填料宜用砾砂、粗砂、中砂、圆砾、角砾、卵石、碎石等。填料中含泥量不得大于5%，且不宜含有大于50mm的颗粒。

砂石挤密桩复合地基的承载力特征值，应按复合地基载荷试验确定，也可通过下列方法确定：

(1) 对砂石挤密桩复合地基，可用单桩和桩间土的载荷试验公式(9-10)计算；

(2) 对于砂桩处理的砂土地基，可根据挤密后砂土的密实状态，按国家标准《建筑地基基础设计规范》(GB 50007—2002)的有关规定确定。

砂石挤密桩复合地基的变形计算，可按《建筑地基基础设计规范》(GB 50007—2002)有关规定进行。对于其中砂石桩处理的黏性地基，可按式(9-12)确立计算指标。

三、施工

(一) 振冲法

振冲施工通常可用功率为20kW的振冲器。在既有建(构)筑物邻近施工时，宜用功率较小的振冲器。升降振冲器的机具可用起重机、自行井架式施工平车或其他合适的机具设备。

振冲施工可按下列步骤进行：
(1) 清理平整施工场地，布置桩位；
(2) 施工机具就位，使振冲器对准桩位；
(3) 启动水泵和振冲器，水压可用 400~600kPa，水量可用 200~400L/min，使振冲器徐徐沉入土中，直至达到设计处理深度以上 0.3~0.5m，记录振冲器经各深度的电流值和时间，提升振冲器至孔口；
(4) 重复上一步骤 1~2 次，使孔内泥浆变稀，然后将振冲器提出孔口；
(5) 向孔内倒入一批填料，将振冲器沉入填料中进行振密，此时电流随填料的密实而逐渐增大，电流必须超过规定的密实电流，若达不到规定值，应向孔内继续加填料，振密，记录这一深度的最终电流量和填料量；
(6) 将振冲器提出孔口，继续制作上部的桩段；
(7) 重复步骤(5)、(6)，自下而上地制作桩体，直至孔口；
(8) 关闭振冲器和水泵。

施工过程中，各段桩体均应符合密实电流、填料量和留振时间三方面的规定。这些规定应通过现场成桩试验确定。在施工场地上应事先开设排泥水沟系，将成桩过程中产生的泥水集中引入沉淀池。定期将沉淀池底部的厚泥浆挖出运送至预先安排的存放地点。沉淀池上部较清的水可重复使用。

应将桩顶部的松散桩体挖除，或用碾压等方法使之密实，随后铺设并压实垫层。

（二）砂石桩法

振冲施工可采用振动沉管、锤击沉管或冲击成孔等成桩法。当用于消除粉细砂及粉土液化时，宜用振动沉管成桩法。

振动沉管成桩施工应根据沉管和挤密情况，控制填砂石量、提升高度和速度、挤压次数和时间、电机的工作电流等。

施工前应进行成桩工艺和成桩挤密试验，当成桩质量不能满足设计要求时，应在调整设计与施工有关参数后，重新进行试验或改变设计。

锤击沉管成桩法施工可采用单管法或双管法。锤击法挤密应根据锤击的能量，控制分段的填砂石量和成桩的长度。

砂石桩的施工顺序：对砂石地基宜从外围或两测向中间进行，对黏性土地基宜从中间向外围或间排施工；在既有建(构)筑物邻近施工时，应背离建(构)筑物方向进行。

第七节 化学加固法

化学加固法指的是采用化学浆液灌入或喷入土中，使土体固结以加固地基的处理方法。这类方法加固土体的原理是，在土中灌入或喷入化学浆液，使土粒胶结成固体，以提高土体强度，减小其压缩性和加强其稳定性。

本节主要介绍几种常用的化学加固方法。

一、灌浆法

灌浆法是利用液压、气压或电化法，通过注浆管把化学浆液注入土的孔隙中，以填充、渗透、挤密等方式，替代土颗粒间孔隙或岩石裂隙中的水和气。经一定时间硬化后，松散的土粒结成整体。目前工程上采用的化学浆液主要是水泥系浆液。水泥系浆液是指以水泥为主要原料，根据需要加入稳定剂、减水剂或早强剂等外加剂组成的复合型浆液。因其价格低廉、不具毒性而得到广泛采用。

灌浆法加固地基的目的主要有以下几个方面：

(1) 防渗：增加地基的不透水性。常用于防止流砂、钢板桩渗水、坝基及其他结构漏水、隧道开挖时涌水等。

(2) 加固：提高地基土的强度和变形模量，固化地基和提高土体的整体性，常用于地基基础事故的加固处理。

(3) 托换：常用于建筑物基础下的注浆式托换。

水泥浆液一般都采用普通硅酸盐水泥为主剂，水灰比一般为 0.6~2.0，常用的水灰比是 1:1。为了调节水泥浆的性能，有时可加入速凝剂、缓凝剂、流动剂、膨胀剂等附加剂。常用速凝剂有 Na_2SiO_4（水玻璃）和 $CaCl_2$，其用量约为水泥重量的 1%~2%；缓凝剂有木质磺酸钙和酒石酸，其用量约为水泥用量的 0.2%~0.5%；木质磺酸钙还有流动剂的作用；膨胀剂常用铝粉，其用量为水泥重量的 0.005%~0.02%。水泥浆可采用加压或无压灌注。

灌浆法常采用的另一种主剂为 Na_2SiO_4（水玻璃），通过下端带孔的管子，利用一定的压力将浆液注入渗透性较大的土中（渗透系数 $k=0.1\sim80m/d$），使土中的硅酸盐达到饱和状态。硅酸盐在土中分解形成的凝胶，把土颗粒胶结起来，形成固态的胶结物。也可在不同的注浆管中分别注入水玻璃和氯化钙（$CaCl_2$）溶液。两者在土中产生化学反应而形成硅胶等物质（又称为双液硅化法）。渗透性小的黏性土（<0.1m/d），在一般的压力下难以注入浆液，应采用电动硅化法。即将所使用的金属注浆管兼作电极，在注浆过程中同时通电，使孔隙水由阳极流向阴极，化学溶液也随之流入土孔隙中起胶结作用。

经过硅化法或电动硅化法处理后的地基土，可提高强度 20%~25%；其承载力宜通过现场静载荷试验确定。

二、高压喷射注浆法

高压喷射注浆法是指利用特制的机具向土层中喷射浆液，与破坏的土混合或拌合使地基土层固化。高压喷射注浆法是利用钻机把带有特殊喷嘴的注浆管钻进至设计的土层深度，以高压设备使浆液形成压力为 20MPa 左右的射流从喷嘴中喷射出来冲击破坏土体，使土粒从土体剥落下来与浆液搅拌混合，经凝结固化后形成加固体。加固体的形状与注浆管的提升速度和喷射流方向有关。一般分为旋转喷射（简称旋喷）、定向喷射（简称定喷）和摆动喷射（简称摆喷）三种注入浆形式。旋喷时，喷嘴边喷射边旋转和提升，可形成圆柱状加固体（又称为旋喷桩）。定喷时，喷嘴边喷射边提升而且喷射方向固定不变，可形成墙板状加固体。摆喷时喷嘴边喷射边摆动一定角度和提升，可形成扇形状加固体。

高压喷射法的施工机具，主要由钻机和高压发生设备两部分组成。高压发生设备是高压泥浆泵和高压水泵，另外还有空气压缩机、泥浆搅拌机等。其施工工艺如图 9-5 所示。根据工程需要和机具设备条件可分别采用单管法、二重管法和三管法。单管法只喷射水泥浆，可形成直径为 0.6～1.2m 的圆柱形加固体；二重管法则为同轴复合喷射高压水泥浆和压缩空气两种介质，可形成直径为 0.8～1.6m 的桩体；三重管法则为同轴复合喷射高压水、压缩空气和水泥浆液三种介质，形成的桩径可达 1.2～2.2m。

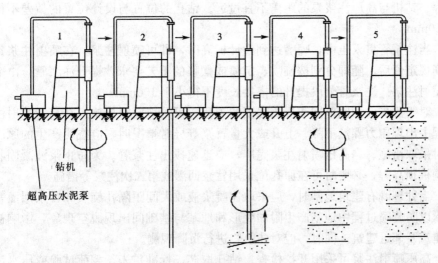

图 9-5　高压喷射法施工工艺
1—开始钻进；2—钻进结束；3—高压旋喷开始；4—喷嘴边旋转；5—旋喷结束

高压喷射注浆法适用于处理淤泥、淤泥质土、流塑、软塑或可塑黏性土、粉土、砂土、黄土、素填土和碎石土等地基。当土中含有较多的大粒径块石、坚硬黏性土、大量植物根茎或有过多的有机质时，应根据现场试验结果确定。

高压喷射注浆法可用于既有建筑和新建建筑的地基处理、深基坑侧壁挡土或挡水、基坑底部加固、防止管涌与隆起、坝的加固与防水帷幕等工程。对地下水流速过大和已涌水的工程，应慎重使用。

在制订高压喷射注浆方案时，应掌握场地的工程地质、水文地质和建筑结构设计资料等。对既有建筑尚应搜集竣工和现状观测资料、邻近建筑和地下埋设物等资料。

高压喷射注浆方案确定后，应进行现场试验、试验性施工或根据工程经验确定施工参数及工艺。

高压喷射注浆法的特点是：

(1) 能够比较均匀地加固透水性很小的细粒土，成为复合地基，可提高其承载力，降低压缩性；

(2) 可控制加固体的形状，形成连续墙可防止渗漏和流砂；

(3) 施工设备简单、灵活，能在室内或洞内净高很小的条件下对土层深部进行加固；

(4) 不污染环境，无公害。

高压旋喷桩加固处理的地基，按复合地基设计。旋喷桩的强度和直径，应通过现场试验确定。当无现场试验资料时,亦可参照相似土质条件下其他旋喷工程的经验。

旋喷桩复合地基承载力特征值应通过现场复合地基载荷试验确定。也可按规范提供的公式计算且结合当地与其土质相近工程的经验确定。

高压喷射注浆的施工工序为:机具就位、贯入注浆管、喷射注浆、拔管及冲洗等。钻机与高压注浆泵的距离不宜过远。钻孔的位置与设计位置的偏差不得大于50mm。

当注浆管贯入土中,喷嘴达到设计标高时,即可喷射注浆。在喷射注浆参数达到规定值后,随即分别按旋喷、定喷或摆喷的工艺要求,提升注浆管,由下而上喷射注浆。注浆管分段提升的搭接长度不得小于100mm。

对需要扩大加固范围或提高强度的工程,可采取复喷措施。在高压喷射注浆过程中出现压力骤然下降、上升或大量冒浆等异常情况时,应查明产生的原因并及时采取措施。当高压喷射注浆完毕,应迅速拔出注浆管。为防止浆液凝固收缩影响桩顶高程,必要时可在原孔位采用冒浆回灌或第二次注浆等措施。

当处理既有建筑地基时,应采取速凝浆液或大间距隔孔旋喷和冒浆回灌等措施,以防旋喷过程中地基产生附加变形和地基与基础间出现脱空现象,影响被加固建筑及邻近建筑。同时,应对建筑物进行沉降观测。

高压喷射注浆可采用开挖检查、钻孔取芯、标准贯入、载荷试验或压水试验等方法进行检验。检验点应布置在下列部位:

①建筑荷载大的部位;②帷幕中心线上;③施工中出现异常情况的部位;④地质情况复杂,可能对高压喷射注浆质量产生影响的部位。

质量检验应在高压喷射注浆结束4周后进行。检验点的数量为施工注浆孔数的2%~5%,对不足20孔的工程,至少应检验2个点。不合格者应进行补喷。

三、深层搅拌法

深层搅拌法是利用水泥作固化剂,通过深层搅拌机械,在加固深度内将软土和水泥强制拌合,结硬成具有整体性和足够强度的水泥土桩或地下连续墙。水泥加固土的加固机理主要有以下的三种作用:

(1) 水泥的骨架作用:水泥与饱和黏土搅拌后,首先发生水泥的水解和水化反应,生成水泥水化物并形成凝胶体[$Ca(OH)_2$],将土颗粒或小土团凝聚在一起形成一种稳定的结构整体。

(2) 离子交换和团粒化作用:水泥在水化过程中生成的钙离子与土粒表面的Ca^{2+}(或K^+)进行离子交换,使大量的土颗粒形成较大的土团粒,从而使土体强度提高。

(3) 硬凝反应和碳酸化作用:随着水泥水化反应深入,溶液中析出大量的Ca^{2+},在上述离子交换后,多余的钙离子则与黏性土中的SiO_2和Al_2O_3进行化学反应,形成稳定性好的结晶矿物,增大了土的强度。

深层搅拌法适用于处理淤泥、淤泥质土、粉土和含水量较高且地基承载力特征值不大于120kPa的黏性土等地基。当用于处理泥炭土或地下水具有侵蚀性时,宜通过试验确定其适用性。冬期施工时应注意负温对处理效果的影响。

工程地质勘察应查明填土层的厚度和组成，软土层的分布范围、含水量和有机质含量，地下水的侵蚀性质等。

深层搅拌法主要机具是双轴或单轴回转式深层搅拌机。它由电机、搅拌轴、搅拌头和输浆管等组成。电机带动搅拌头回转，输浆管输入水泥浆液与周围土拌和，形成一个平面8字形水泥加固体。

深层搅拌法在土中形成的水泥加固体，可制成柱状、壁状和块状三种形式。柱状是每隔一定的距离打设一根搅拌桩，适用于单独基础和条形、筏形基础下的地基加固；壁状是将相邻搅拌桩部分重叠搭接而成，适用于上部结构荷载大而对不均匀沉降控制严格的建筑物地基加固和防止深基坑隆起和封底使用。

由于深基搅拌法是将固化剂直接与原有土体搅拌混合，没有成孔过程，也不存在孔壁横向挤压问题，因此对附近建筑物不产生有害的影响；同时经过处理后的土体重度基本不变，不会由于自重应力增加而导致软弱下卧层的附加变形。施工时无振动、无噪声、无污染等问题。

深层搅拌法施工的场地应事先平整，清除桩位处地上、地下一切障碍物（包括大块石、树根和生活垃圾等）。场地低洼时应回填黏性土料，不得回填杂填土。基础底面以上宜预留500mm厚的土层，搅拌桩施工到地面，开挖基坑时，应将上部质量较差桩段挖去。

深层搅拌施工可按下列步骤进行：

①深层搅拌机械就位；②预搅下沉；③喷浆搅拌提升；④重复搅拌下沉；⑤重复搅拌提升直至孔口；⑥关闭搅拌机械。

施工前应标定深层搅拌机械的灰浆泵输浆量、灰浆经输浆管到达搅拌机喷浆口的时间和起吊设备提升速度等施工参数，并根据设计要求通过成桩试验，确定搅拌桩的配比和施工工艺。

施工使用的固化剂和外掺剂必须通过加固土室内试验检验方能使用。固化剂浆液应严格按预定的配比控制。制备好的浆液不得离析，泵送必须连续。

应保证起吊设备的平整度和导向架的垂直度，搅拌桩的垂直度偏差不得超过1.5%，桩位偏差不得大于50mm。搅拌机预搅下沉时不宜冲水，当遇到较硬土层下沉太慢时，方可适量冲水，但应考虑冲水成桩对桩身强度的影响。

搅拌机喷浆提升的速度和次数必须符合施工工艺的要求，应有专人记录搅拌机每米下沉或提升的时间，深度记录误差不得大于50mm，时间记录误差不得大于5s，施工中发现的问题及处理情况均应注明。

搅拌桩应在成桩后7d内用轻便触探器钻取桩身加固土样，观察搅拌均匀程度，同时根据轻便触探击数用对比法判断桩身强度。检验桩的数量应不少于已完成桩数的2%。

在下列情况下尚应进行取样、单桩载荷试验或开挖检验：

（1）经触探检验对桩身强度有怀疑的桩应钻取桩身芯样，制成试块并测定桩身强度；

（2）场地复杂或施工有问题的桩应进行单桩载荷试验，检验其承载力；

（3）对相邻桩搭接要求严格的工程，应在桩养护到一定龄期时选取数根桩体进行开挖，检查桩顶部分外观质量。基槽开挖后，应检验桩位、桩数与桩顶质量，如不符合规定要求，应采取有效补救措施。

施工过程中应随时检查施工记录，并对每根桩进行质量评定。对于不合格的桩应根据其位置和数量等具体情况，分别采取补桩或加强邻桩等措施。

本 章 小 结

本章主要介绍了地基处理的目的、意义、对象、方法及选用原则。重点讨论了常见的地基问题及相应的处理措施，各类地基处理方法的工作原理、适用条件及设计、施工要点。通过本章的学习，应

掌握 掌握本地区常用地基处理方法的基本原理、适用范围和局限性，能够按照现行地基处理规范进行简单的地基处理。

理解 地基处理方法的分类、工作机理、适用范围及设计、施工要点。

了解 了解地基处理的目的、意义、对象。

实 践 教 学 内 容

题目：地基处理案例分析

1. 目的与意义

地基虽不是建筑物本身的一部分，但它在建筑中占有十分重要的地位，地基处理恰当与否，直接关系到整个工程的质量、投资和进度。通过实践锻炼，加深对本章内容的理解，初步掌握本地区常见地基处理方法的基本原理、适用条件与局限性，能依据地基处理方案和现行规范的要求进行一般的地基处理。

2. 内容与要求

在指导教师或工程技术人员的指导下，结合本地区实际，选择有代表性的地基处理设计方案，了解施工现场的工程地质和水文地质资料，了解地基土的特性、处理要点、处理效果及该处理方法的工作机理和适用性，熟悉该处理方法的施工机具、施工程序、施工中的注意事项、施工中常见的问题与处理措施，以及质量技术标准和质量检验方法等。若条件允许，可以深入到施工现场参与施工过程。

复 习 思 考 题

1. 地基处理的目的是什么？有哪些基本方法？
2. 强夯法设计的原则是什么？其设计要点是什么？
3. 换土垫层地基的质量检验要点是哪些？
4. 真空预压法的加固机理是什么？有哪些优点？
5. 高压喷射注浆法有哪些特点？适用范围如何？
6. 深层搅拌法有哪几种主要作用？

习 题

9-1 某房屋为三层砖石混合结构，基础剖面如图 9-6 所示，承重墙传到±0.00 标高处的

荷载 $F=127$kN/m。地基持力层厚度约 10m，重力密度为 17.6kN/m³，承载力特征值为 70kPa。拟采用中砂作为垫层材料，试设计其垫层。

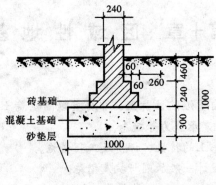

图 9-6 习题 9-1 附图

第十章 区域性地基

[学习重点]

1. 湿陷性黄土、自重湿陷性黄土、非自重湿陷性黄土、湿陷等级、膨胀土、红黏土、液化、地基抗震承载力等概念。
2. 各种特殊性地基土的特性、评价及工程措施。
3. 地基基础抗震设计一般原则与抗震措施。

我国地域辽阔，地理环境、地形高差、气温、雨量、地质成因和地质历史千差万别，加上组成土的物质成分和次生变化等多种复杂因素，形成若干特殊性土。这些天然形成的特殊性土的分布有一定的规律性和地域性。因此在本章的学习中，建议结合本地区实际情况有选择的进行学习，其余一般了解。

具有特殊工程性质的土类叫特殊土。当其作为建筑物地基时，如果不注意这些特性，可能引起事故。各种天然形成的特殊土的地理分布，存在着一定的规律，表现出一定的区域性，所以又称之为区域性特殊土。我国区域性特殊土主要有湿陷性黄土、软土、膨胀土、红黏土和多年冻土等。

山区有多种不良地质现象，如滑坡、崩塌、岩溶和土洞等，对建筑物具有直接或潜在威胁。山区建设有时由于平整场地时大量挖方与填方、地表水下渗或其他因素的影响，使斜坡地段地基失去原有稳定性。抗震、防震也是地震区地基基础设计必须考虑的主要问题。

第一节 湿陷性黄土地基

一、黄土的特征

遍布在我国西北等部分地区的黄土是一种颗粒组成以粉粒为主的黄色或褐黄色粉状土。具有天然含水量的黄土，如未受水浸湿，一般强度较高，压缩性较小。在覆盖土层的自重应力或自重应力和建筑物附加应力的综合作用下受水浸湿，使土的结构迅速破坏而发生显著的附加下沉(其强度也随着迅速降低)，称为湿陷性黄土；不发生湿陷，则称为非湿陷性黄土。非湿陷性黄土地基的设计与施工与一般黏性土地基相同。在土自重应力作用下受水浸湿后不发生湿陷称为非自重湿陷性黄土；在土自重应力下浸湿后发生湿陷则为自重湿陷性黄土。

我国的湿陷性黄土，一般呈黄色或褐黄色，粉土粒含量常占土重的60%以上，含有大量的碳酸盐、硫酸盐和氯化物等可溶盐类，天然孔隙比在1左右，一般具有肉眼可见的大孔隙，竖直节理发育，能保持直立的天然边坡。

湿陷性黄土工程地质分区略图可查阅《湿陷性黄土地区建筑规范》(GBJ 25—90)。

二、湿陷发生的原因和影响因素

黄土湿陷的发生是由于各种原因的渗漏或回水使地下水位上升而引起的。受水浸湿是湿陷发生所必须的外界条件。黄土的结构特征及其物质成分是产生湿陷性的内在原因。

干旱或半干旱的气候是黄土形成的必要条件。季节性的短期雨水把松散干燥的粉粒粘聚起来，而长期的干旱使土中水分不断蒸发，于是，少量的水分连同溶于其中的盐类都集中在粗粉粒的接触点处。可溶盐逐渐浓缩沉淀而成为胶结物。随着含水量的减少，土粒彼此靠近，颗粒间的分子引力以及结合水和毛细水的联结力也逐渐加大。这些因素都增强了土粒之间抵抗滑移的能力，阻止了土体的自重压密，于是形成了以粗粉粒为主体骨架的多孔隙结构（图10-1）。黄土结构中零星散布着较大的砂粒。附于砂粒和粗粉粒

图 10-1 黄土结构

表面的细粉粒、黏粒、腐殖质胶体以及大量集合于大颗粒接触点处的各种可溶盐和水分子形成了胶结性连接，从而构成了矿物颗粒集合体。周边有几个颗粒包围着的孔隙就是肉眼可见的大孔隙。它可能是植物的根须造成的管状孔隙。

黄土受水浸湿时，结合水膜增厚楔入颗粒之间。于是，结合水联结消失，盐类溶于水中，骨架强度随着降低，土体在上覆土层的自重应力或在附加应力与自重应力综合作用下，其结构迅速破坏，土粒滑向大孔，粒间孔隙减少。这就是黄土湿陷现象的内在过程。

黄土中胶结物的多寡和成分，以及颗粒的组成和分布，对于黄土的结构特点和湿陷性的强弱有着重要的影响。胶结物含量大，可把骨架颗粒包围起来，则结构致密。黏粒含量多，并且均匀分布在骨架之间也起了胶结物的作用。这些情况都会使湿陷性降低并使力学性质得到改善。反之，粒径大于0.05mm的颗粒增多，胶结物多呈现薄膜状分布，骨架颗粒多数彼此直接接触，则结构疏松，强度降低而湿陷性增强。此外，黄土中的盐类，如比较难溶解的碳酸钙为主而具有胶结作用时，湿陷性减弱，但石膏及易溶盐的含量愈大时，湿陷性增强。黄土的湿陷性还与孔隙比、含水量以及所受压力的大小有关。天然孔隙比愈大，或天然含水量愈小则湿陷性愈强。在天然孔隙比和含水量不变的情况下，随着压力的增大，黄土的湿陷量增加，但当压力超过某一数值后，再增加压力，湿陷量反而减少。

三、湿陷性黄土地基的评价

（一）湿陷系数

黄土是否具有湿陷性，可以用湿陷系数 δ_s 值来进行判定。湿陷系数 δ_s 是以原状土样，经室内浸水压缩试验在一定压力下用下式求得：

$$\delta_s = \frac{h_p - h_p'}{h_0} \tag{10-1}$$

式中 h_p——保持天然的湿度和结构的土样，加压至一定压力 p 时，下沉稳定后的高度(mm)；

h_p'——上述加压稳定后的土样，在浸水作用下，下沉稳定后的高度(mm)；

h_0——土样的初始高度(mm)。

按上述公式计算的湿陷系数：

$\delta_s < 0.015$　　非湿陷性黄土

$\delta_s \geqslant 0.015$　　湿陷性黄土

《湿陷性黄土地区建筑规范》规定：对自基础底面算起(初步勘察时，自地面下 1.5m 算起)的 10m 内土层，该压力应用 200kPa，10m 以下至非湿陷性土层顶面应用其上覆土的饱和自重压力(当大于 300kPa 时，仍应用 300kPa)。如基底压力大于 300kPa 时，宜用实际压力判别黄土的湿陷性。

(二) 湿陷类型和湿陷等级

1. 建筑场地湿陷类型的划分

自重湿陷性黄土在没有外荷载的作用下，浸水后也会迅速发生剧烈的湿陷，甚至一些很轻的建筑物也难免遭受其害。而在非自重湿陷性黄土地区，这种情况就很少见。所以，对于这两种类型的湿陷性黄土地基，所采取的设计和施工措施应有所区别。在黄土地区地基勘察中，应按实测自重湿陷量或计算自重湿陷量判定建筑场地的湿陷类型。实测自重湿陷量应根据现场试坑浸水试验确定。

2. 黄土地基的湿陷等级

湿陷性黄土地基的湿陷等级，应根据基底下各土层累计的总湿陷量和计算自重湿陷量的大小等因素按表 10-1 判定。

湿陷性黄土地基的湿陷等级(cm)　　　　表 10-1

总湿陷量	计算自重湿陷量	非湿陷性场地	自重湿陷性场地	
		$\Delta_{zs} \leqslant 7$	$7 < \Delta_{zs} \leqslant 35$	$\Delta_{zs} > 35$
$\Delta_s \leqslant 30$		Ⅰ(轻微)	Ⅱ(中等)	—
$30 < \Delta_s \leqslant 60$		Ⅱ(中等)	Ⅱ 或 Ⅲ	Ⅲ(严重)
$\Delta_s > 60$		—	Ⅲ(严重)	Ⅳ(很严重)

其中总湿陷量　　　　$\Delta_s = \sum_{i=1}^{n} \beta \delta_{si} h_i$

式中 δ_{si}——第 i 层土的湿陷系数；

h_i——第 i 层土的厚度；

β——考虑地基土侧向挤出和浸水几率等因素的修正系数。

计算自重湿陷量按下式计算：

$$\Delta_{zs} = \beta_0 \sum_{i=1}^{n} \delta_{zsi} h_i \tag{10-2}$$

式中 δ_{zsi}——第 i 层土在上覆土的饱和自重应力作用下的湿陷系数，测定和计算同上式的 δ_{si}；

n——总计算厚度内湿陷土层的数目；

β_0——因地区土质而异的修正系数。

四、湿陷性黄土地基的工程措施

湿陷性黄土地基的设计和施工，除了必须遵循一般地基的设计和施工原则外，还应针对黄土湿陷性这个特点和工程要求，因地制宜地采用以地基处理为主的综合措施。这些措施有：

地基处理，其目的在于破坏湿陷性黄土的大孔结构，以便全部或部分消除地基的湿陷性，从根本上避免或削弱湿陷现象的发生。常用的地基处理方法有土（或灰土）垫层，重锤夯实、强夯、预浸水、化学加固（主要是硅化和碱液加固）、土（灰土）桩挤密（见第九章和有关地基处理专著）等，也可采用将桩端进入非湿陷性土层的桩基。

防水措施，不仅要放眼于整个建筑场地的排水、防水问题，且要考虑到单体建筑物的防水措施，在建筑物长期使用过程中要防止地基被浸湿，同时也要做好施工阶段临时性排水、防水工作。

结构措施，在建筑物设计中，应从地基、基础和上部结构相互作用的概念出发，采用适当的措施，增强建筑物适应或抵抗因湿陷引起的不均匀沉降的能力。这样，即使地基处理或防水措施不周密而发生湿陷时，建筑物也不致造成严重破坏，或减轻其破坏程度。

在上述措施中，地基处理是主要的工程措施。防水、结构措施的采用，应根据地基处理的程度不同而有所差别。对地基作了处理，消除了全部地基土的湿陷性，就不必再考虑其他措施，若地基处理只消除地基主要部分湿陷量，为了避免湿陷对建筑物危害，还应辅以防水和结构措施。

第二节 膨 胀 土 地 基

一、膨胀土的特性

膨胀土一般系指黏粒成分主要由亲水性矿物组成，同时具有显著的吸水膨胀和失水收缩两种变形特性的黏性土，它一般强度较高，压缩性低，易被误认为是建筑性能较好的地基土。但由于具有膨胀和收缩的特性，当利用这种土作为建筑物地基时，对低层轻型的房屋或构筑物带来的危害更大。在膨胀土地区进行建设，要通过勘察工作，对膨胀土作出必要的判断和评价，以便采取相应的设计和施工措施，从而保证房屋和构筑物的安全和正常使用。

（一）膨胀土的特征

膨胀土的黏粒含量一般很高，其中粒径小于 0.002mm 的胶体颗粒含量一般超过 20%。其液限 w_L 大于 40%，塑性指数 I_P 大于 17，且多数在 22~35 之间。自由膨胀率一般超过 40%（红黏土除外）。膨胀土的天然含水量接近或略小于塑限，液性指数常小于零，土的压缩性小，多属低压缩性土。任何黏性土都有胀缩性，问题在于这种特性对房屋安全的影响程度。

（二）膨胀土对建筑物的危害

膨胀土具有显著的吸水膨胀和失水收缩的变形特性。建造在膨胀土地基上的建筑物，随季节性气候的变化会反复不断地产生不均匀的升降，而使房屋破坏，并具有如下特征：

建筑物的开裂破坏具有地区性成群出现的特点。遇干旱年份裂缝发展更为严重，建筑物裂缝随气候变化时而张开和闭合。

发生变形破坏的建筑物，多数为一、二层的砖木结构房屋。因为这类建筑物的重量轻，整体性差，基础埋置较浅，地基土易受外界因素的影响而产生胀缩变形，故极易裂损。

房屋墙面角端的裂缝常表现为山墙上的对称或不对称的倒八字缝，这是由于山墙的两侧下沉量较中部大的缘故。外纵墙下部出现水平缝，墙体外倾并有水平错动。由于土的胀缩交替变形，还会使墙体出现交叉裂缝。房屋的独立砖柱可能发生水平断裂，并伴随有水平位移和转动。隆起的地坪，多出现纵长裂缝，并常与室外地裂相连。在地裂通过建筑物的地方，建筑物墙体上出现上小下大的竖向或斜向裂缝。

膨胀土边坡极不稳定，易产生浅层滑坡，并引起房屋和构筑物的开裂。

（三）影响膨胀土胀缩变形的主要因素

膨胀土的胀缩变形由土的内在因素所决定，同时受到外部因素的制约。影响土胀缩变形的主要内在因素有：①矿物成分；②微观结构特征；③黏粒的含量；④土的密度和含水量；⑤土的结构强度。影响土胀缩变形的主要外部因素有：①气候条件是首要的因素；②地形地貌等因素。

二、膨胀土地基的勘察与评价

（一）膨胀土的胀缩性指标

评价膨胀土胀缩性的常用指标及其测定方法如下：

(1) 自由膨胀率 δ_{ef}：指研磨成粉末的干燥土样（结构内部无约束力），浸泡于水中，经充分吸水膨胀后所增加的体积与原土体积的百分比。试验时将烘干土样经无颈漏斗注入量土杯（容积 10mL），盛满刮平后，将试样倒入盛有蒸馏水的量筒（容积 50mL）内。然后加入凝聚剂并用搅拌器上下均匀搅拌 10 次。土粒下沉后每隔一定时间读取土样体积数，直至认为膨胀到达稳定为止。自由膨胀率按下式计算：

$$\delta_{ef}(\%) = \frac{V_w - V_0}{V_0} \times 100 \tag{10-3}$$

式中　V_0——试样原有体积(mL)；

　　　V_w——膨胀稳定后测得的试样体积(mL)。

(2) 不同压力下的膨胀率 δ_{ep}：指不同压力作用下，处于侧限条件下的原状土样在浸水后，其单位体积的膨胀量（以百分数表示）。试验时，将原状土置于压缩仪中，按工程实际需要确定对试样施加的最大压力。对试样逐级加荷至最大压力，待下沉稳定后，浸水使其膨胀并测得膨胀稳定值，然后按加荷等级逐级卸荷至零，测定各级压力下膨胀稳定时的土样高度变化值。δ_{ep} 值按下式计算：

$$\delta_{ep}(\%) = \frac{h_w - h_0}{h_0} \times 100 \tag{10-4}$$

式中 h_0——试验开始时土样的原始高度；

h_w——在侧限条件下土样浸水在压力 p_i 膨胀稳定后的高度。

(3) 线缩率 δ_s：指土的垂直收缩变形与原始高度之百分比。试验时把土样从环刀中推出后，置于20℃恒温条件下，或15～40℃自然条件下干缩，按规定时间测读试样高度，并同时测定其含水量(w)。用下式计算土的线缩率：

$$\delta_s(\%)=\frac{h_0-h}{h_0}\times 100 \quad (10-5)$$

（二）膨胀土地基的评价

膨胀土的判别是解决膨胀土地基勘察、设计的首要问题。据我国大多数地区的膨胀土和非膨胀土试验指标的统计分析，认为：土中黏粒成分主要由亲水性矿物组成。凡自由膨胀率 $\delta_{ef} \geqslant 40\%$，一般具有上述膨胀土物理力学特征和建筑物开裂破坏特征，且为胀缩性能较大的黏性土，则应判别为膨胀土。

三、膨胀土地基的工程措施

（一）设计措施

建筑场地的选择：根据工程地质和水文地质条件，建筑物应尽量避免布置在地质条件不良的地段（如浅层滑坡和地裂发育区，以及地质条件不均匀的区域）。同时应利用和保护天然排水系统，并设置必要的排洪、截流和导流等排水措施，有组织的排除雨水、地表水、生活和生产废水，防止局部浸水和出现渗漏。

建筑措施：建筑物的体型力求简单，尽量避免平面凹凸曲折和立面高低不一。建筑物不宜过长，必要时可用沉降缝分段隔开。一般无特殊要求的地坪，可用混凝土预制块或其他块料，其下铺砂和炉渣等垫层。如用现浇混凝土地坪，其下铺块石或碎石等垫层，每3m左右设分格缝。对于有特殊要求的工业地坪，应尽量使地坪与墙体脱开，并填以嵌缝材料。房屋附近不宜种植吸水量和蒸发量大的树木（如桉树），应根据树木的蒸发能力和当地气候条件合理确定树木与房屋之间的距离。

结构处理：在膨胀土地基上，一般应避免采用砖拱结构和无砂大孔混凝土、无筋中型砌块建造的房屋。为了加强建筑物的整体刚度，可适当设置钢筋混凝土圈梁或钢筋砖腰箍。单独排架结构的工业厂房包括山墙、外墙及内隔墙均采用单独柱基承重，角端部分适当加深，围护墙宜砌在基础梁上，基础梁底与地面应脱空 $10\sim15\text{cm}$。建筑物的角端和内外墙的连接处，必要时可增设水平钢筋。

地基处理：基础埋置深度的选择应考虑膨胀土的胀缩性、膨胀土层埋藏深度和厚度以及大气影响深度等因素。基础不宜设置在季节性干湿变化剧烈的土层内。一般基础的埋深宜超过大气影响深度。当膨胀土位于地表下3m，或地下水位较高时，基础可以浅埋。若膨胀土层不厚，则尽可能将基础埋置在非膨胀土上。膨胀土地区的基础设计，应充分利用地基土的承载力，并采用缩小基底面积、合理选择基底形式等措施，以便增大基底压力，减少地基膨胀变形量。膨胀土地基的承载力，可按《膨胀土规范》有关规定选用。采用垫层时，须将地基中膨胀土全部或部分挖除，用砂、碎石、块石、煤渣、灰土等材料作垫层，而且必须有足够的厚度。当采用垫层作为主要设计措施时，垫层宽度应大于基础宽度，两侧回填相同的材料。如采用深基础，宜选用穿透膨胀土层的桩(墩)基。

(二) 施工措施

膨胀土地区的建筑物，应根据设计要求、场地条件和施工季节，作好施工组织设计。在施工中应尽量减少地基中含水量的变化，以便减少土的胀缩变形。建筑场地施工前，应完成场地土方、挡土墙、护坡、防洪沟及排水沟等工程，使排水畅通、边坡稳定。施工用水应妥善管理，防止管网漏水。临时水池、洗料场、搅拌站与建筑物的距离不少于 5m。应作好排水措施，防止施工用水流入基槽内。基槽施工宜采取分段快速作业，施工过程中，基槽不应曝晒或浸泡。被水浸湿后的软弱层必须清除。雨期施工应有防水措施。基础施工完毕后，应即将基槽和室内回填土分层夯实。填土可用非膨胀土、弱膨胀土或掺有石灰的膨胀土。地坪面层施工时应尽量减少地基浸水，并宜用覆盖物湿润养护。

第三节 红黏土地基

炎热湿润气候条件下石灰岩、白云岩等碳酸盐岩系的出露区，岩石在长期的成土化学风化作用(又称红土化作用)下形成的高塑性黏土物质，其液限一般大于50%，一般呈褐红、棕红、紫红和黄褐色等，称为红黏土。它常堆积于山麓坡地、丘陵、谷地等处。当原地红黏土层受间歇性水流的冲蚀、红黏土的颗粒被带到低洼处堆积成新的土层，其颜色较未搬运者浅，常含粗颗粒，仍保持红黏土的基本特性，液限大于 45% 者称次生红黏土。

红黏土的矿物成分以石英和高岭石(或伊利石)为主。土中基本结构单元除静电引力和吸附水膜连结外，还有铁质胶结，使土体具有较高的连接强度，有抑制土粒扩散层厚度和晶格扩展的作用，在自然条件下浸水可表现出较好的水稳性。由于红黏土分布区现今气候仍潮湿多雨，其起始含水量远高于其缩限，在自然条件下失水，使红黏土具有明显的收缩性和裂缝发育等特征。红黏土常为岩溶地区的覆盖层，因受基岩起伏的影响，其厚度不大，但变化颇剧。

红黏土中较高的黏土颗粒含量(55%～70%)使其具有高分散性和较大的孔隙比($e=1.1\sim1.7$)。常处于饱和状态($S_r>85\%$)，它的天然含水量($w=30\%\sim60\%$)几乎与塑限相等，但液性指数较小($I_L=-0.1\sim0.4$)，这说明红黏土中的水以结合水为主。因此，红黏土的含水量虽高，但土体一般仍处于硬塑或坚硬状态，而且具有较高的强度和较低的压缩性。在孔隙比相同时，它的承载力约为软黏土的 2～3 倍。因此，从土的性质来说，红黏土是建筑物较好的地基，但也存在下列一些问题：

(1) 有些地区的红黏土受水浸泡后体积膨胀，干燥失水后体积收缩而具有胀缩性。

(2) 红黏土厚度分布不均，其厚度与下卧基岩面的状态和风化深度有关。常因石灰岩表面石芽、溶沟等的存在，而使上覆红黏土的厚度在小范围内相差悬殊，造成地基的不均匀性。

(3) 红黏土沿深度从上向下含水量增加、土质有由硬至软的明显变化。接近下卧基岩面处，土常呈软塑或流塑状态，其强度低、压缩性较大。

（4）红黏土地区的岩溶现象一般较为发育。由于地面水和地下水的运动引起的冲蚀和潜蚀作用，在隐伏岩溶上的红黏土层常有土洞存在，因而影响场地的稳定性。

红黏土地基的设计及工程措施：

红黏土上部常呈坚硬至硬塑状态，设计时应根据具体情况，充分利用它作为天然地基的持力层。当红黏土层下部存在局部的软弱下卧层或岩层起伏过大时，应考虑地基不均匀沉降的影响，采取相应措施。

红黏土地基，应按它的特殊性质采取相应的处理方法。须注意的是，从地层的角度这种地基具有不均匀的特性，故应按照不均匀地基的处理方法进行处理。为消除红黏土地基中存在的石芽、土洞或土层不均匀等不利因素的影响，应对地基、基础或上部结构采取适当的措施，如换土、填洞、加强基础和上部结构的刚度或采取桩基础等。

施工时，必须做好防水排水措施，避免水分渗透进地基中。基槽开挖后，不得长久暴露使地基干缩开裂或浸水软化，应迅速清理基槽修筑基础，并及时回填夯实。由于红黏土的不均匀性，对于重要建筑物，开挖基槽时，应注意做好施工验槽工作。

对于天然土坡和开挖人工边坡或基槽时，必须注意土体中裂隙发育情况，避免水分渗入引起滑坡或崩塌事故。应防止破坏坡面植被和自然排水系统，土面上的裂隙应填塞，应做好建筑场地的地表水、地下水以及生产和生活用水的排水、防水措施，以保证土体的稳定性。

第四节 地震区的地基基础问题

一、地震的概念

（一）影响震害程度的场地因素

基本烈度是一个较大范围内普遍遭遇到的平均地震烈度。在此范围内各建筑场地所受到的地震影响尚有差别。建筑场地的地质条件（岩性及产状等）、水文地质条件（地下水埋藏深度等）及地形（起伏变化和陡峭程度等）对地震灾害的程度均有显著的影响。在地震区各建筑物受到的地震灾害有很大的差别，宏观地震烈度可能相差 $1 \sim 2$ 度，主要原因在于场地条件不同。因此，建筑场地的选择至关重要。

进行地质勘察、选择场地时，应根据实际需要，按场地的地质、地形、地貌特点划分对建筑有利、不利和危险地段，提供建筑的场地类别及岩土地震稳定性（如滑坡、崩塌等）评价。由坚硬土或开阔平坦、密实均匀的中硬土等组成的地段是有利的；软弱土、可液化土，条状突出的山嘴，高耸孤立的山丘，非岩质的陡坡，河岸和边坡边缘，平面分布上成因、岩性、状态明显不均匀的土层等属于不利地段；至于地震时可能发生滑坡、崩塌地陷、地裂、泥石流等激发震断裂带上可能发生地表位错的部位则是危险地段。对不利地段，基本原则是避开，凡无法避开时，从工程勘察到结构设计都要认真对待。

场地选定后，在考虑建筑物的地震作用、进行结构抗震验算时，就要根据场地土类型和场地覆盖层厚度对场地类型予以确定。

(二) 饱和砂土和粉土的震动液化

饱和砂土受到震动后趋于密实，导致孔隙水压力骤然上升，相应地减小了土粒间的有效应力，从而降低了土体的抗剪强度。在周期性的地震荷载作用下，孔隙水压力逐渐累积，甚至可以完全抵消有效应力，使土粒处于悬浮状态，而接近液体的特性，这种现象称为液化。表现的形式近似于流砂，产生的原因在于震动。当某一深度处砂层产生液化，则液化区的超静水压力将迫使水流涌向地表，使上层土体受到自下而上的动水压力。若水头梯度达到了临界值，则上层土体的颗粒间的有效应力也将等于零，构成"间接液化"。

砂土液化的宏观标志是：在地表裂缝中喷水冒砂，地面下陷，建筑物产生巨大沉降和严重倾斜，甚至失稳。例如唐山地震时，液化区喷水高度可达 8m，厂房沉降达 1m。

《建筑抗震设计规范》规定饱和砂土或粉土，当符合下列条件之一时，可初步判别为不液化或不考虑液化影响：①对第四纪晚更新世(Q_3)及其以前的土，7 度、8 度时可判为不液化土；②粉土的黏粒（粒径小于 0.005mm）含量百分率，7 度、8 度、9 度分别不小于 10、13 和 16 时，可判为不液化土；③采用天然地基的建筑，当上覆非液化土层厚度和地下水位深度符合规范规定的条件时可不考虑液化影响。当初步判别认为需进一步进行液化判别时，应采用标准贯入试验或其他已有成熟经验的判别法。采用标准贯入试验时，在地面 15m 深度范围内的土如符合下列条件，是可液化土：

$$N < N_0 [0.9 + 0.1(d_s - d_w)] \sqrt{\frac{3}{\rho_c}} \tag{10-6}$$

式中　N——饱和土标准贯入锤击数实测值（未经杆长修正）；

　　　N_0——液化判别标准贯入锤击数基准值，烈度为 7，近震为 6、远震为 8；烈度为 8，近震为 10、远震为 12；烈度为 9，近震为 16；

　　　d_s——饱和土标准贯入点的深度(m)；

　　　d_w——地下水位深度(m)，宜按建筑物使用期内年平均最高水位或近期内最高水位采用；

　　　ρ_c——黏粒含量百分率，当小于 3 或为砂类土时，均应采用 3。

存在液化土层的地基，还应进一步探明各液化土层的深度和厚度，并应按规范公式计算液化指数 I_{lE}，将地基划分为轻微、中等、严重三个液化等级，结合建筑物类别选择抗液化措施。

(三) 地震滑坡和地裂

地震导致滑坡的原因，一方面在于地震时边坡滑动时承受了附加惯性力，下滑力加大；另一方面，土体受震趋于密实，孔隙水压力增高，有效应力降低，从而减小阻止滑动的内摩擦力。这两方面因素对边坡稳定都是不利的。地质调查表明：凡发生过地震滑坡的地区，地层中几乎都有夹砂层。黄土中夹有砂层或砂透镜体时，由于砂层震动液化及水分重新分布，抗剪强度将显著降低而引起流滑。在均质黏土内，尚未有过关于地震滑坡的实例。

此外，在地震后，地表往往出现大量裂缝，称为"地裂"。地裂可使铁轨移位、管道扭曲，甚至可拉裂房屋。地裂与地震滑坡引起的地层相对错动有密切关系。例如路堤的边坡滑动后，坡顶下降将引起沿路线方向的纵向地裂。因此，河流两岸、深坑边缘或其他有临空自由面的地带往往地裂较为发育。也有由于砂土液化等原因使地表沉降不均而引起地裂的。

（四）土的震陷

地震时，地面的巨大沉陷称为"震陷"或"震沉"。此现象往往发生在砂性土或淤泥质土中。震陷是一种宏观现象，原因有多种：①松砂经震动后趋于密实而沉缩；②饱和砂土经震动液化后涌向四周洞穴中或从地表裂缝中逸出而引起地面变形；③淤泥质黏土经震动后，结构受到扰动而强度显著降低，产生附加沉降。振动三轴试验表明，振动加速度愈大则震陷量也愈大。为减轻震陷，只能针对不同土质采取相应的密实或加固措施。

二、地基基础抗震设计原则

（一）一般原则

1. 选择有利的建筑场地

参照地震烈度区划资料结合地质调查和勘察，查明场地土质条件、地质构造和地形特征，尽量选择有利地段，避开不利地段，而不得在危险地段进行建设。实践证明，在高烈度地区往往可以找到低烈度地段作为建筑场地，反之亦然，不可不慎。

从建筑物的地震反应考虑，建筑物的自震周期应远离地层的卓越周期，以避免共震。为此，除须查明地震烈度外，尚要了解地震波的频率特性。各种建筑物的自振周期可根据理论计算或经验公式确定。地层的卓越周期可根据当地的地震记录加以判断。如经核查有发生共振的可能时，可以改变建筑物与基础的连接方式、建筑材料、结构类型和尺寸，以调整建筑物的基本周期。

2. 加强基础和上部结构的整体性

加强基础与上部结构的整体作用可采用的措施有：①对一般砖混结构的防潮层采用防水砂浆代替油毡；②在内外墙下室内地坪标高处加一道连续的闭合地梁；③上部结构采用组合柱时，柱的下端应与地梁牢固连接；④当地基土质较差时，还宜在基底配置构造钢筋。

3. 加强基础的防震性能

基础在整个建筑物中一般是刚度比较大的组成部分，又因处于建筑物的最低部位，周围还有土层的限制，因而振幅较小，故基础本身受到的震害总是较轻的。一般认为，如果地基良好，在7～8度烈度下，基础本身强度可不加核算。加强基础的防震性能的目的主要是减轻上部结构的震害。措施如下：①合理加大基础的埋置深度；②正确选择基础类型。

（二）天然地基的抗震验算

天然地基的抗震承载力应按下式计算：

$$f_{sE} = \zeta_s f_s \tag{10-7}$$

式中 f_{sE}——调整后的地基抗震承载力特征值；
ζ_s——地基抗震承载力调整系数(表10-2)；
f_s——深宽修正后的地基承载力特征值。

对下列建筑可不进行天然地基及基础的抗震承载力验算：

(1) 砌体房屋、多层内框架砖房、底层框架砖房、水塔；

(2) 地基主要受力层范围内不存在软弱黏性土层(指7度、8度和9度时地基静承载力分别小于80kPa、100kPa和120kPa的土层)的一般单层厂房、单层空旷房屋和多层民用框架房屋及与其基础荷载相当的多层框架厂房；

(3) 7度和8度时，高度不超过100m的烟囱；

地基抗震承载力调整系数 表10-2

岩土名称及性状	ζ_s
岩石，密实的碎石类土，密实的砾、粗、中砂，$f_{ak} \geq 300$kPa的黏性土和粉土	1.5
中密、稍密的碎石土，中密、稍密的砾、粗、中砂，密实和中密的细、粉砂，150kPa$\leq f_{ak} < 300$kPa的黏性土和粉土	1.3
稍密的细、粉砂，100kPa$\leq f_{ak} < 150$kPa的黏性土和粉土，新近沉积的黏性土和粉土	1.1
淤泥、淤泥质土，松散的砂类土，填土	1.0

(4) 规范规定可不进行上部结构抗震验算的建筑。

(三) 地基基础抗震措施

1. 软弱黏性土

软黏土的承载力较低，地震引起的附加荷载与其经常承受的静荷载相比占有很大比例，往往超过了承载力的安全贮备。此外，软黏土的特点是：在反复荷载作用下，沉降量持续增加；当基底压力达到临塑荷载后，急速增加荷载将引起严重下沉和倾斜。地震对土的作用，正是快速而频繁的加荷过程，因而非常不利。因此，对软黏土地基要合理选择地基的承载力值，基底压力不宜过大，以保证留有足够的安全贮备。地基的主要受力层范围内如有软弱黏性土层时，应结合具体情况综合考虑；采用桩基或各种地基处理方法、扩大基础底面积和加设地基梁、加深基础、减轻荷载、增加结构整体性和均衡对称性等。桩基是抗震的良好基础形式，但应补充说明的是，一般竖直桩抵抗地震水平荷载的能力较差，如承载力不够，可加斜桩或加深承台埋深并紧密回填；当地基为成层土时，松、密土层交界面上易于出现错动，为防止钻孔灌注桩开裂，在该处应配置构造钢筋。

2. 不均匀地基

不均匀地基包括土质明显不均、有古河道或暗沟通过及半挖半填地带。土质偏弱部分可参照上述软黏土处理原则采取抗震措施。可能出现地震滑坡及地裂部位也可参照本章滑坡防治一节采取措施。鉴于大部分地裂来源于地层错动，单靠加强基础或上部结构是难以奏效的。地裂发生与否的关键是场地四周是否存在临空面。要尽量填平不必要的残存沟渠，在明渠两侧适当设置支挡，或代以排水暗渠；尽量避免在建筑物四周开沟挖坑，以防患于未然。

3. 可液化地基

对可液化地基采取的抗液化措施应根据建筑物的重要性、地基的液化等级，结合具体情况综合确定，选择全部或部分消除液化沉陷、基础和上部结构处理等措施，或不采取措施等。

全部消除地基液化沉陷的措施有：采用底端伸入液化深度以下稳定土层的桩基或深基础，以振冲、振动加密、砂桩挤密、强夯等加密法加固（处理至液化深度下界）以及挖除全部液化土层等。

部分消除地基液化沉陷的措施应使处理后的地基液化等级为"轻微"，对单独基础与条形基础，尚不应小于基础底面下液化土特征深度和基础宽度的较大值；处理深度范围内，应挖除其液化土层或采用加密法加固，使处理后土层的标准贯入锤击数实测值大于相应的临界值。

减轻液化影响的基础和上部结构处理，可以综合考虑埋深选择、调整基底尺寸、减小基础偏心、加强基础的整体性和刚度（如采用连系梁、加圈梁、交叉条形基础，筏板或箱形基础等），以及减轻荷载、增强上部结构刚度和均匀对称性、合理设置沉降缝等。

本 章 小 结

本章主要介绍了湿陷性黄土地基、膨胀土地基、红黏土地基和地震区地基基础。重点讨论了各类特殊性土的特性、产生的原因、影响因素、评价和工程措施。通过本章的学习，应

掌握 本地区特殊性土地基的特性、产生的原因、影响因素和工程处理措施。

理解 其余特殊性土的特性、地基基础抗震设计原则与抗震措施。

了解 各种特殊性土的测定指标与评价。

复 习 思 考 题

1. 如何划分湿陷性黄土的类型和等级？
2. 膨胀土的工程措施有哪些？
3. 什么是红黏土？其地基处理应采取哪些措施？
4. 地基常见的震害有哪些？如何抗震？

土工试验指导书

土工试验是学习土力学基本理论不可缺少的教学环节。通过土工试验,可以加深对基本理论的理解,学会试验技能及分析试验结果的能力。土工试验方法应遵照《土工试验方法标准》(GBJ 123—1999)。

【试验一】 土的基本物理指标测定

一、密度试验

土的密度测定方法有环刀法、蜡封法、灌水法和灌砂法等。环刀法适用于一般黏性土;蜡封法适用于易碎裂的土或形状不规则的坚硬土;灌水法和灌砂法适用于现场测定原状砂和砾质土的密度。下面仅介绍环刀法。

(一)试验目的

测定土的基本指标。

(二)仪器设备

1. 环刀:内径为 61.8±0.15mm 或 79.8±0.15mm,高度为 20±0.016mm。
2. 天平:称量 500g,最小分度值 0.1g;或称量 200g,最小分度值 0.01g。
3. 钢丝锯、削土刀、玻璃片、凡士林等。

(三)操作步骤

1. 取直径和高度略大于环刀的原状土样,放在玻璃片上,在天平上称环刀质量 m_1。

2. 环刀内壁涂一薄层凡士林,将环刀刀口向下放在土样上。用削土刀或钢丝锯将土样削成略大于环刀直径的土柱,环刀垂直下压,边压边削,直到土样上端伸出环刀为止。将环刀两端余土削去修平,然后擦净环刀外壁,两端盖上玻璃片。

3. 将取好土样的环刀放在天平上称量,记下环刀加土总质量 m_2。

4. 计算土的密度:$\rho=\dfrac{m}{V}=\dfrac{m_2-m_1}{V}$ (g/cm³)

式中 V——试样体积(即环刀内净体积)(cm³);

m——试样质量(g);

m_1——环刀质量(g);

m_2——环刀加试样总质量(g)。

土的重力密度 $\gamma=g\rho=9.81\rho$

(四)成果整理

密度试验需进行两次平行测定,要求平行差值≤0.03g/cm³,取其两次试验结果的平均值。实验记录格式见表1。

密度试验记录

工程名称_____   试验日期_____
试样编号_____   试 验 者_____

表1

环刀号	环刀质量 m_1	试样体积 V	环刀加试样质量 m_2	试样质量 m	密度 ρ	平均密度 $\bar{\rho}$

二、天然含水量试验

测定土的含水量常用的方法有烘干法和酒精燃烧法。下面介绍酒精燃烧法。

（一）试验目的

测定土的基本指标。

（二）仪器设备

1. 天平：称重200g，最小分度值0.01g。
2. 无水酒精、称量盒、火柴等。

（三）操作步骤

1. 取5~10g试样，装入称量盒内，称湿土加盒总质量 m_1。将无水酒精注入放有试样的称量盒中，至出现自由液面为止，点燃盒中酒精，烧至火焰熄灭。一般烧2~3次，待冷却至室温后称干土加盒总质量 m_2。

2. 计算含水量：$w = \dfrac{m_w}{m_s} \times 100\% = \dfrac{m_1 - m_2}{m_2 - m_0} \times 100\%$

式中　m_w——试样中水质量(g)；
　　　m_s——试样中土粒质量(g)；
　　　m_0——称量盒质量(g)。

（四）成果整理

含水量试验也需进行两次平行试验测定。当 $w<40\%$ 时，平行差值不得大于1%；当 $w \geqslant 40\%$，平行差值不得大于2%。取两次试验值的平均值。实验记录格式见表2。

含水量试验记录

工程名称_____   试验日期_____
试样编号_____   试 验 者_____

表2

盒 号	称量盒质量 m_0	湿土加盒总质量 m_1	干土加盒总质量 m_2	含水量 w	平均含水量 $\bar{w}$

三、土粒相对密度(比重)试验

测定土粒相对密度常用比重瓶法。比重瓶法适用于颗粒粒径小于5mm的土。对于颗粒粒径大于5mm的土，可采用虹吸筒法或浮称法。下面仅介绍比重瓶法。

(一) 试验目的

测定土的基本指标。

(二) 仪器设备

比重瓶(容量 100mL)、天平(称量 200g,最小分度值 0.001g)、温度计(量测范围 0~50℃,精度 0.5℃)、煮沸设备(电炉或酒精灯)、其他(蒸馏水、滴管、恒温水槽等)。试验图 1 为比重瓶示意图。

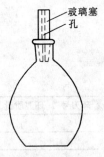

试验图 1　比重瓶

(三) 操作步骤

1. 将比重瓶洗净、烘干,称比重瓶质量 m_0 精确至 0.001g;取烘干后的土约 15g,装入比重瓶内,称干土和瓶总质量 m_3,精确至 0.001g。

2. 在装有干土的比重瓶中,注入蒸馏水至瓶的一半处,摇动比重瓶,使干土完全浸入水中然后将瓶放在电炉(或酒精灯)上煮。煮沸时间砂土、粉土一般不少于 30min,黏性土一般不少于 1h。煮沸时间自悬液沸腾时开始算。煮沸时应常摇动比重瓶,且注意悬液不能溢出瓶外。

3. 将比重瓶放进恒温水槽内冷却至室温,注入煮沸过(排除气泡)的蒸馏水至瓶颈中部。待瓶内上部悬液澄清后,用滴管注入煮沸过的蒸馏水至瓶口,塞紧瓶塞,擦干瓶外水分,称得比重瓶、水和土总质量 m_2 精确至 0.001g。然后立即量测瓶内水的温度 t。量测时,应放在桌子上或用手指捏住瓶颈量测,不宜用手握住比重瓶量测。

4. 倒出悬液,洗净比重瓶,装满煮沸过的蒸馏水,并使瓶内温度与步骤 3 中称量后测得的温度 t 相同,塞紧瓶塞,擦干瓶外水分,称得比重瓶和水总质量 m_1 精确至 0.001g。

(四) 成果整理

计算土粒相对密度 d_s:

$$d_s = \frac{m_s}{m_1 + m_s - m_2} \cdot \frac{\rho_{wt}}{\rho_{w0}} = \frac{m_3 - m_0}{m_1 + m_3 - m_0 - m_2} \cdot \frac{\rho_{wt}}{\rho_{w0}}$$

式中　ρ_{wt}——t℃时水的密度(g/cm³);

　　　ρ_{w0}——4℃时水的密度,它等于 1g/cm³。

本试验需进行两次平行试验测定,取其平均值,要求平行差值≤0.02。实验记录格式见表 3。

土粒相对密度(比重)试验记录

工程名称_____　　　试验日期_____

试样编号_____　　　试　验　者_____

表 3

比重瓶号	温度 t	水密度比 $\dfrac{\rho_{wt}}{\rho_{w0}}$	比重瓶质量 m_0	瓶加干土总质量 m_3	干土质量 m_s	瓶加水总质量 m_1	瓶加水加土总质量 m_2	与干土等体积的水质量 m_w	土料相对密度 d_s	平均值 $\overline{d_s}$
A		B	C	D	E=D-C	F	G	H=E+F-G	I=$\dfrac{E}{H}×B$	

【试验二】 黏性土的液限、塑限试验

一、碟式仪液限试验

（一）试验目的

用作细粒土分类依据和测定地基容许承载力的指标。

（二）仪器设备

碟式液限仪（见试验图2）、天平、盛土器、调土刀、称量盒、烘箱、干燥器等。

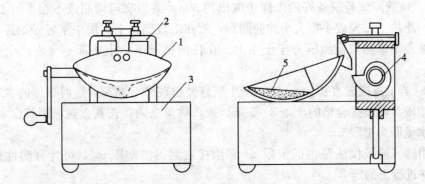

试验图2 碟式液限仪
1—铜碟；2—支架；3—底座；4—蜗形轴；5—土样

（三）操作步骤

1. 制备土样：取粒径<0.5mm 黏性土样，分成若干份，各放入盛土器中，分别加入不同数量的水，制备成不同稠度的试样，盖上湿布，静置一昼夜。若采用天然含水量试样，可不静置。

2. 将制备好的试样平铺于铜碟前半部，用调土刀将试样刮平，试样厚度为10mm，然后用开槽器经蜗形轴的中心沿铜碟直径将试样划开，形成 V 形槽。

3. 以2转/秒的速度转动摇柄，使铜碟反复起落，击在底座上，直至 V 形槽两边的试样被振动而合拢长度为13mm 时为止，记录击数 N，取槽两边附近的试样测含水量。

4. 将不同含水量的试样（4～5 个）重复步骤2、3。

（四）成果整理

计算含水量

$$w_n = \frac{m_w}{m_s} \times 100\%$$

式中　w_n——N 击下试样的含水量；
　　　m_w——试样中水的质量(g)；
　　　m_s——试样中干土质量(g)。

在半对数坐标纸上绘出数 N 与含水量 w_n 关系直线。取直线上击数为25时对应的整数含水量为试样的液限 w_L。

二、滚搓法塑限试验

（一）试验目的

用作细粒土分类依据和测定地基容许承载力的指标。

（二）仪器设备

1. 毛玻璃板：尺寸宜为 200mm×300mm。
2. 天平：最小分度值 0.01～0.001g。
3. 直径为 3mm 粗的铁丝、卡尺、称量盒、蒸馏水、吹风机、滴管、酒精等。

（三）操作步骤

1. 从液限试验制备好的土样中取出约 30g，适当吹风调制成不黏手的土团。取出一小块土，捏成手指大小的椭圆形，放在毛玻璃板上，用手掌轻轻滚搓。滚搓时注意手掌均匀施加压力于土条上。在任何情况下，土条都不允许产生中空现象。

2. 若土条搓成直径 3mm 时，产生裂缝并出现节节断裂，这时试样的含水量即为塑限。取滚搓合格的土条 3～5 条，放入称量盒内，盖紧盒盖，测其含水量，该含水量即为塑限 w_p。

由碟式液限仪法测得的液限 w_l 和滚搓法测得的塑限 w_p，可计算塑性指数 I_P，并进行土的定名。

【试验三】 土的压缩（固结）试验

土的压缩试验通过测定土样的各级压力 P 作用下产生的压缩变形值，计算在 P 作用下土样相应的孔隙比 e，绘制土的压缩曲线，计算土的压缩系数 a 和压缩模量 E_s。

一、试验目的

测定土样的各级压力 P 作用下产生的压缩变形值；测定土样在各级压力 P 作用下产生的孔隙比 e。

二、仪器设备

压缩仪（见试验图 3）、环刀、透水石、量表、天平、刮刀、钢丝锯、玻璃片、秒表等。

三、操作步骤

（1）环刀取土，测环刀两侧余土的含水量和黏土相对密度。称环刀加土总质量并计算试样的密度。

（2）在压缩仪容器底析上放透水石，将土样放入护环，再在试样上放透水石和加压盖板。将其置于加压框架正中，安装量表。

（3）施加 0.001N/mm² 的预压力，让试样与压

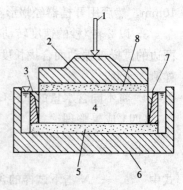

试验图 3 压缩仪构造示意
1—荷载；2—加压活塞；
3—刚性护环；4—土样；
5—透水石；6—底座；
7—环刀；8—透水石

缩容器各部分保持接触。调整量表,使其指针指向0或某一整数。

(4) 记下量表读数,施加第一级荷载,同时开动秒表,以10min、20min、60min、120min、23h、24h的时间顺序记下量表读数,直到沉降稳定。

(5) 记下稳定读数后加第二级荷载。一般的加载等级为$0.0125N/mm^2$、$0.025N/mm^2$、$0.05N/mm^2$、$0.1N/mm^2$、$0.2N/mm^2$、$0.4N/mm^2$、$0.8N/mm^2$、$0.16N/mm^2$,最后一级荷载应比地基土的计算压力大$0.1\sim0.2 N/mm^2$。

四、成果整理

(一) 计算初始孔隙比 e_0

$$e_0 = \frac{d_s(1-w_0)\rho_w}{\rho_0} - 1$$

式中　w_0——压缩前试样的含水量;
　　　d_s——土粒的相对密度;
　　　ρ_0——压缩前试样的密度(g/cm^3);
　　　ρ_w——水的密度(g/cm^3)。

(二) 计算试样中颗粒净高 h_s

$$h_s = \frac{h_0}{1+e_0} \quad (mm)$$

式中　h_0——试样的起始高度,即环刀高度(mm)。

(三) 计算各级荷载下的孔隙比 e_i

$$e_i = \frac{h_i}{h_s} - 1$$

式中　h_i——在荷载 p_i 的作用下压缩稳定后的试样高度。

(四) 绘制 $e\sim p$ 压缩曲线(见试验图4),并计算某一荷载范围的压缩系数 a

$$a = \frac{e_1 - e_2}{p_2 - p_1} \quad (mm^2/N)$$

(五) 计算某一荷载范围的压缩模量 E_s

$$E_s = \frac{1+e_1}{a}$$

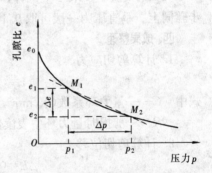

试验图4　压缩($e\sim p$)曲线

【试验四】 直接剪切试验

直接剪切试验是的一种常用方法。

一、试验目的

测定土的抗剪强度指标。

二、仪器设备

直剪仪(见试验图5)、环刀、位移量测设备百分表、天平、削土刀、钢丝锯、玻璃片、蜡纸、秒表等。

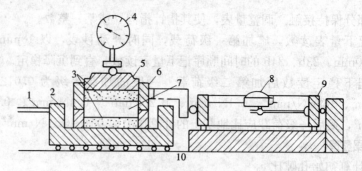

试验图5　应变控制式直剪仪的构造
1—轮轴；2—底座；3—透水石；4—百分表；5—活塞；
6—上盒；7—土样；8—百分表；9—量力环；10—下盒

三、试验步骤

(1) 将直剪仪的上下盒对正，然后由环刀切取土样。将环刀刀口向上，平口向下对准剪切盒，再在试样上放一块透水石将试样徐徐推入剪切盒内。

(2) 轻轻地施加垂直压力，开动秒表，均匀转动手轮（手轮的转速为0.8mm/min），每转一圈记下量表读数，直到土样剪损为止，土样剪损的标志为：量力环的量表读数有显著后退或量表读数不再增大。

(3) 本试验至少取4个试样，分别加以不同的垂直压力进行剪切试验。试验步骤同上。垂直压力一般可取 $0.1N/m^2$、$0.2N/m^2$、$0.3N/m^2$、$0.4N/mm^2$。

四、成果整理

1. 计算剪切应力

$$\tau = CR \quad (N/mm^2)$$

式中　C——量力环系数($N/mm^2/0.01mm$)；
　　　R——剪损时量力环中表读数(0.01mm)。

2. 计算剪切位移

$$\Delta L = 0.2n - R \quad (mm)$$

式中　0.2——手轮每转一周，剪切盒位移0.2mm；
　　　n——手轮转数。

3. 绘制剪应力 τ 与剪切位移 ΔL 的关系曲线，如试验图6所示。

4. 绘制抗剪强度 τ_f 与垂直压力 p 的关系曲线，如试验图7所示。

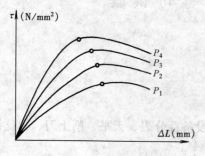

试验图6　$\tau \sim \Delta L$ 曲线

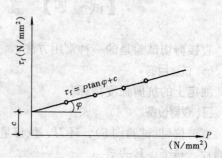

试验图7　$\tau_f \sim p$ 直线

在 $\tau \sim \Delta L$ 曲线上取各峰值点作为抗剪强度 τ_f,再以垂直荷载 p 为横坐标,抗剪强度 τ_f 为纵坐标绘制 $\tau_f \sim p$ 关系直线。取直线截距为黏聚力 c,直线倾角为内摩擦角 φ。

【试验五】 击 实 试 验

击实试验是使用轻型或重型击实仪,对土进行击实。其目的在于测定击实土的含水量与密度的关系,从而确定该土的最优含水量以及相应的最大干密度。

一、试验目的

测定土的最优含水量以及相应的最大干密度。

二、仪器设备

(1) 击实仪:由击实筒和击实锤组成,如试验图 8 所示。
(2) 推土器:螺旋式的千斤顶。
(3) 天平:称量 200g,最小分度值 0.01g。
(4) 台秤:称量 5kg,最小分度值 5g。

三、操作步骤

(一) 试样制备(分干法和湿法两种)

1. 干法

将具有代表性的风干土样 20kg,放在橡皮板上用木碾碾散,过 5mm 筛后拌匀,测定其风干含水量。预估最优含水量 w_{0p}(一般认为 $w_{0p} \doteq w_p + 2$)。预定 5 个不同含水量,使各含水量依次相差约 2%,其中各有两个大于和小于 w_p,一个接近于 w_p。按各个预定含水量及土样原有含水量(由试验室给出),用下式计算各个试样所需的加水量:

$$m_w = \frac{m_0}{1+m_1}$$

式中 m_w——试样所需的加水量(g);
m_1——试样要求的含水量(%);
m_0——风干土的质量(g)。

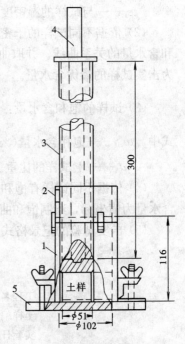

试验图 8 击实仪
1—击实筒;2—护筒;3—导筒;
4—击实锤;5—底板

2. 湿法

将天然含水量的土样碾碎,过 5mm 筛,将筛下的土样拌匀,并测定土样的天然含水量。根据土的塑限预估最优含水量,选择 5 个含水量,视其大于或小于天然含水量,分别将土样风干或加水制备一组试样。

(二) 试样击实

轻型击实分三层击实,每层 25 击;重型击实分五层击实,每层 56 击;每层试样高度应相等。击实后超出击实筒顶的试样高度应小于6mm。

（三）拆去护筒

称筒和试样的总质量，精确至1g，并计算试样的湿密度。

（四）用推土器将试样从筒中推出，取两块代表性的土样测定其含水量，其平行差值不得大于1％。

四、成果整理

（1）可计算试样的干密度 ρ_d。通过以上试验步骤的操作可得出不同试样的密度和与之对应的含水量。按下式计算试样的干密度 ρ_d：

$$\rho_d = \frac{\rho_0}{1+w_1}$$

式中 ρ_d——试样的干密度 (g/cm^3)；

ρ_0——试样的湿密度 (g/cm^3)；

w_1——与试样的湿密度对应的试样含水量(％)。

（2）依据不同试样的干密度及与之对应的含水量，在直角坐标上绘制干密度和含水量的关系曲线。并取曲线峰值点为击实试样的最大干密度，相应的横坐标为击实试样的最优含水量。

（3）试样的饱和含水量：$w_{sat} = \left(\frac{\rho_w}{\rho_d} - \frac{1}{d_s}\right) \times 100$

式中 w_{sat}——饱和含水量(％)；

d_s——土试样的比重。

（4）依据不同试样有饱和含水量和相应的干密度，以干密度为纵坐标，饱和含水量为横坐标，绘制饱和曲线图。

（5）击实试验的记录格式见表4。

击实试验记录

工程名称_____ 试验者_____
土样编号_____ 计算者_____
实验日期_____ 校核者_____

表4

试验仪器：			土样类别：		每层击数：				
估计最优含水量：			风干含水量：		土粒比重：				
试 验 点 号					1	2	3	4	5
干密度	筒+土重	g	(1)						
	筒重	g	(2)						
	湿土重	g	(3)	(1)-(2)					
	密度	g/cm³	(4)						
	干密度	g/cm³	(5)	$\frac{(4)}{1+0.01w}$					

续表

	试 验 点 号				1	2	3	4	5
含水量	盒号	—							
	盒+湿土重	g	(1)						
	盒+干土重	g	(2)						
	盒重	g	(3)						
	水重	g	(4)	(1)−(2)					
	干土重	g	(5)	(2)−(3)					
	含水量	%	(6)	(4)÷(5)					
	平均含水量	%							
	最大干密度：g/cm³				最优含水量：%			饱和度：%	

主要参考文献

1. 高大钊主编. 天然地基上的浅基础. 第2版. 北京：机械工业出版社，2002
2. 陈兰云主编. 土力学与地基基础. 第1版. 北京：机械工业出版社，2001
3. 郭继武，郭瑶编. 地基基础. 第3版. 北京：清华大学出版社，2002
4. 黄林青主编. 地基基础工程. 第1版. 北京：化学工业出版社，2003
5. 陈晓平，陈书申主编. 土力学与地基基础. 第1版. 武汉：武汉工业大学出版社，1997
6. 凌治平，易经武主编. 基础工程. 第1版. 北京：人民交通出版社，2002
7. 顾晓鲁，钱鸿缙等主编. 地基与基础. 第3版. 北京：中国建筑工业出版社，2003
8. 陈晓平，陈书申主编. 土力学与地基基础. 武汉：武汉理工大学出版社，2003
9. 沈克仁主编. 地基与基础. 第1版. 北京：中国建筑工业出版社，1995
10. 王成华主编. 土力学原理. 第1版. 天津：天津大学出版社，2002